省级一流本科专业建设成果教材

材料成型与加工实验

郭连贵 主 编

颜永斌 朱 磊 副主编

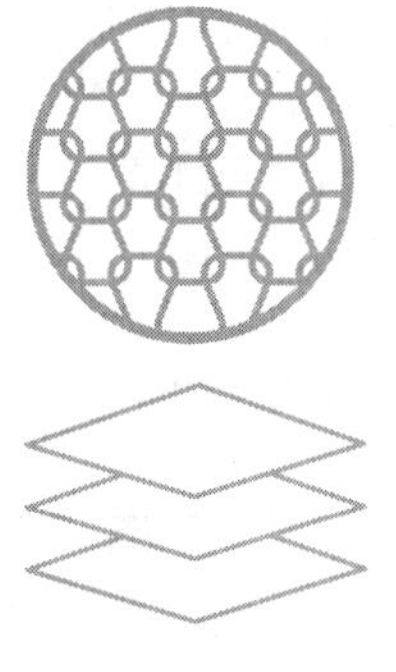

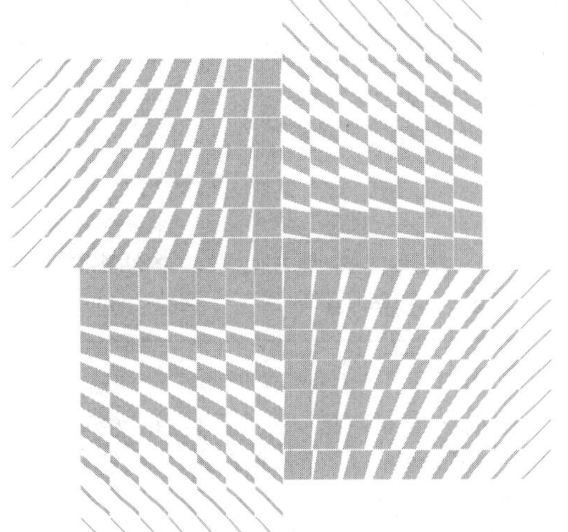

化学工业出版社

·北京·

内容简介

《材料成型与加工实验》共5章，包括73个实验。第1章介绍材料成型与加工实验的目的、意义及相关实验要求；第2章为金属材料成型与加工实验（包括铸造成型、塑性成型及焊接成型）；第3章为粉体材料（包括金属粉体、陶瓷、玻璃和水泥）成型与加工实验；第4章为高分子材料（包括塑料、橡胶、纤维、胶黏剂及3D打印）成型与加工实验；第5章为复合材料（包括聚合物基复合材料、金属基复合材料、陶瓷基复合材料、水泥基复合材料及功能复合材料）成型与加工实验。

本书可作为应用型高等院校材料类专业本科生的实验教材，亦可作为专科、高职高专院校材料类专业的教材，也可供从事材料类专业及相关专业的教师及工程技术人员参考使用。

图书在版编目（CIP）数据

材料成型与加工实验 / 郭连贵主编 ; 颜永斌, 朱磊副主编. -- 北京 : 化学工业出版社, 2024. 7. -- (省级一流本科专业建设成果教材). -- ISBN 978-7-122-46151-3

Ⅰ. TB3-33

中国国家版本馆CIP数据核字第20248C2F47号

责任编辑：王　婧　　　　文字编辑：毕梅芳　师明远

责任校对：田睿涵　　　　装帧设计：张　辉

出版发行：化学工业出版社（北京市东城区青年湖南街13号　邮政编码100011）

印　　装：大厂回族自治县聚鑫印刷有限责任公司

787mm×1092mm　1/16　印张14¼　字数350千字　2025年1月北京第1版第1次印刷

购书咨询：010-64518888　　　　售后服务：010-64518899

网　　址：http://www.cip.com.cn

凡购买本书，如有缺损质量问题，本社销售中心负责调换。

定　　价：49.00元

前言

材料、能源和信息被称为现代社会发展的三大支柱。材料是人类生活和生产赖以进行的物质基础，所有技术的发展都与材料的发展密切相关。“玉不琢，不成器”，大到卫星、航母这些国之重器，小到锅、碗、瓢、盆这些日常生活用品，所使用的材料在被制造成有用物品的过程中，都要经过成型加工。因此，材料成型与加工是实现材料应用的前提，是从材料研究到材料应用的桥梁，是现代制造业的主要支撑性技术之一。

材料成型加工课程是材料类专业（材料科学与工程、高分子材料与工程、材料化学等）学生必修的一门专业基础课程，该课程有利于学生掌握各类材料成型加工的基本原理、基本工艺方法和材料设计。材料成型加工课程是一门实践性很强的课程，作为材料成型加工理论课程的配套实验课程，材料成型与加工实验课程的开设不仅可以帮助学生巩固课堂所学的理论知识，而且能让学生熟悉相关材料成型加工机械设备的使用方法，理解相关材料成型加工的工艺过程，让课堂理论教学和生产实践紧密结合，有利于培养学生的动手能力以及发现问题、分析问题、解决问题的能力，以便将来能更快更好地适应工作和科研的需要。

本书是编者在多年材料成型与加工实验课自编讲义的基础上，结合多年“材料成型工艺基础”及“材料加工原理”理论课的讲授经验，参考国内外大量实验教材和期刊文献编著而成的。本书由材料成型与加工实验基本知识、金属材料成型与加工实验、粉体材料成型与加工实验、高分子材料成型与加工实验及复合材料成型与加工实验五个部分构成。其中，材料成型与加工实验基本知识主要介绍材料成型与加工实验课开设的目的与意义、实验操作及实验报告撰写相关要求；金属材料成型与加工实验主要介绍金属铸造成型、塑性成型及焊接成型等方面 20 个实验；粉体材料成型与加工实验主要介绍金属粉体、陶瓷、玻璃和水泥等材料成型加工 10 个实验；高分子材料成型与加工实验主要介绍塑料、橡胶、纤维、胶黏剂及 3D 打印成型加工 18 个实验；复合材料成型与加工实验主要介绍聚合物基复合材料、金属基复合材料、陶瓷基复合材料、水泥基复合材料及几种典型功能复合材料成型加工 25 个实验。本书所选材料成型与加工实验项目覆盖面广、内容丰富，可根据学校实际情况和自身条件选择实验项目进行授课。

本书的出版得到了“2019 年度湖北省省级一流本科专业建设项目（教高厅函

〔2019〕46 号）”“湖北工程学院自编教材立项项目（JC201804）”及“高校生均拨款扩招项目（200301012209）”的支持。

本书由郭连贵主编，并负责第 1、2、3、4（4.9～4.18 节）及 5 章（5.1～5.18 节）的编写，颜永斌负责第 4 章（4.1～4.8 节）的编写，朱磊负责第 5 章（5.19～5.25 节）的编写。全书由郭连贵统稿。此外，湖北工程学院化学与材料科学学院的汪连生教授、王锋教授、刘海教授、钟菲博士和伽亮亮实验员在本书编写过程中提出了很多有益的建议；同时本书在编写过程中还参考了国内外同行编写的相关教材和相关文献资料，以充实本书的内容；化学工业出版社对本书的出版也给予了大力支持，在此一并表示感谢！

由于材料成型与加工技术的发展日新月异，再加上编者水平有限，书中难免有不足和疏漏之处，恳请各位专家、同仁和广大读者批评指正。

编者

2024 年 3 月

目录

第1章

材料成型与加工实验基本知识

1.1 材料成型与加工实验的目的与意义

材料是可以用来制造产品的物质，是人类社会发展的物质基础。我们的“衣、食、住、行”都会接触和使用各种材料制造的物品，比如出行乘坐的交通工具是由金属材料、塑料和橡胶等材料制造的，住宅是由钢筋混凝土材料建造的，家里的生活用品是由金属、陶瓷、玻璃、塑料等材料制造的。我们熟悉的交通工具汽车，其发动机中的缸体、缸盖、曲轴等一般都是铸造而成的；其连杆、传动轴、车轮轴等是锻造而成的；其车身、车门、车架、油箱等是经冲压和焊接制成的；其车内饰件、仪表盘、车灯罩、保险杠等是塑料成型制件；其轮胎、密封圈等是橡胶成型制品；其火花塞等是陶瓷制件。军事国防、航空航天领域的“国之重器”（如航空母舰、人造卫星、洲际导弹、核潜艇等）也是用各种材料通过一定的成型加工方法制造装配出来的。

通常把材料从原材料的形态通过一定的成型加工方法转变为具有所要求形状及尺寸的毛坯或制品的过程称为材料成型加工。材料成型加工在国民经济中占有重要的地位，尤其对于制造业来说更是具有举足轻重的作用，没有先进的材料成型加工，就没有现代制造业。因此，材料成型与加工是实现材料应用的前提，是从材料研究到材料应用的桥梁，是制造业的基础。

材料成型与加工实验是一门材料类专业学生必修的专业实验课，旨在完成材料科学基础、材料工程基础、材料合成与制备、材料加工原理、复合材料原理等专业理论课程的系统学习后，进一步学习各大类材料在实际生产中各种成型加工方法、工艺控制等方面的知识，使学生掌握材料在成型加工过程中形状、结构和性能等方面的变化；掌握材料成型加工的各种形式，如铸造、锻造、焊接、粉末冶金、挤出、注射、压延、模压、真空成型及3D打印成型等。

材料成型与加工实验是一门以实验为基础的课程，具有很强的实践性。材料成型与加工实验技能是材料类相关专业（材料科学与工程、高分子材料与工程、材料化学等）学生必备的基本素质，开设材料成型与加工实验课程，对于培养21世纪高素质的材料类应用型人才具有十分重要的意义。首先，开设材料成型与加工实验课程有利于验证巩固课堂上所学的理论知识，这是因为材料成型与加工的理论、原理和方法都是在实践的基础上产生的，同时又依靠理论与实践的结合才能继续发展。因此，学习材料成型与加工方面的理论课程必须做好材料成型与加工实验课程的配套跟进，只有通过材料成型与加工实验的实践，才能使学生掌握不同材料的不同成型与加工工艺方法，才能更加熟悉材料成型与加工所用设备的基本工作原理和操作步骤。其次，开设材料成型与加工实验课程有利于培养材料类专业学生的动手能力和工作能力，有利于培养学生理论联系实际的工作作风和发现问题、分析问题、解决问题的能力，从而为以后进一步的专业课程学习、课程设计、生产实习和毕业设计等做好相应准备，也为学生毕业后进一步深造或工作打下扎实的基础。

1.2 材料成型与加工实验的基本要求与安全

1.2.1 实验要求

(1) 做好实验指导书的预习

每次材料成型与加工实验之前必须提前做好实验指导书的预习，实验指导书可以参考相关实验教材或参考文献，也可以由指导老师撰写发给学生。预习实验指导书是做好每次材料成型与加工实验的前提和保证。学生通过预习实验指导书，可以明确本次材料成型与加工实验的目的和要求，了解本次实验涉及的基本原理，特别是所用成型加工设备的基本结构和工作原理，同时可以了解本次实验的大概内容，对实验步骤及实验过程中需要注意的事项做到心中有数，从而能够较熟练地掌握实验设备的操作流程，并对实验过程中可能出现的安全问题提前预判，避免实验过程中出现手忙脚乱、盲目操作的现象。

此外，在预习实验指导书的基础上要求学生撰写预习报告并上交给实验指导老师检查。预习报告主要包括实验目的、成型与加工的方法原理、实验设备及材料、实验具体操作步骤等，同时绘制好可以记录实验现象及实验数据的相关表格。

(2) 做好实验现象的观察和记录

实验记录是实验工作的第一手资料，是撰写实验报告的基本依据。在材料成型与加工实验过程中，学生应认真听实验指导老师的理论讲解，认真观察指导老师的演示操作，对不能确定的操作步骤应及时向指导老师提出。学生在自己实际操作时要认真仔细，严格按照设备操作规程和老师的指导意见进行操作，同时要做好实验观察和记录。实验记录应记在专用的数据记录纸或记录本上，实验记录应实事求是、简明扼要、字迹整洁，记录实验日期、所用实验设备型号、所用实验原料及规格、详细的实验现象及数据。

(3) 做好实验后的整理、归位工作

每次材料成型与加工实验完成后，应按照操作规程关闭实验设备的电源、水源等，及时打扫实验产生的垃圾并倾倒废物，及时擦洗实验室桌面和地面，以保持实验室的整洁卫生。此外，学生离开实验室前应检查整个实验室的水、电、气及门窗是否已全部关闭，然后将相关的实验记录本、实验样品交给指导老师检查并签字确认后方可离开实验室。

1.2.2 实验安全

材料成型与加工实验跟其他实验课一样也要特别注意实验安全问题。对于金属材料的成型加工实验，有些金属原料需要高温熔化成液态金属，有些金属制件需要高温塑性变形，有些金属制件焊接成型后冷却过程中具有很高的温度，因此在进行金属材料的成型与加工实验时要特别注意发生烫伤事故；对于陶瓷、玻璃、水泥等无机非金属材料的成型加工实验，也会涉及高温熔化或烧结的过程，同样需要注意烫伤、机械伤害等问题；对于高分子材料及树脂基复合材料的成型加工实验，所用原料大多是易燃的，部分还具有腐蚀性或毒性，所用成型加工设备大多结构复杂，体积庞大，实验过程往往需要较高的温度和压力，稍有不慎就有可能对实验人员造成伤害。

因此，在材料成型与加工实验过程中必须高度重视人身和设备安全，力求做到以下几点。

① 师生应严格遵守实验纪律，穿好实验服、戴好防护镜，女生束起长发。

② 指导老师在讲解和演示过程中，学生应保持课堂安静，不得彼此推搡和打闹。

③ 实验过程中不得随意离岗，不得大声喧哗，防止触电以及机械伤害。实验过程中若发生意外事故，应及时关闭设备，同时报告老师，并积极采取补救措施，当事故较严重且可能威胁人身安全时，应立即撤离。

④ 在设备运行过程中不得随意触摸任何按键，不得打开成型机械密封部件，不得随意使用或关闭控制设备的计算机或控制开关，如果盲目操作，违背实验操作规程或者疏忽一些实验细节问题，很容易发生意外事故，更为严重的可能导致重大财产损失甚至死亡。

安全在于防范，充分重视实验安全问题，加强安全措施，严格按实验指导书和设备的操作规程进行实验，大多数实验室安全事故是可以避免的。了解实验过程中可能发生的事故，并学会如何及时正确地处理这些事故，以减少事故造成的损失。以下为进行材料成型与加工实验时实验室应遵循的一些基本安全守则，以及一些实验室安全事故预防与处理的基本常识。

1.2.2.1　实验室基本安全守则

① 实验室应配备相应种类和数量的消防器材和设施，由专人管理，使其保持良好的备用状态，发现短缺或失效应立即报告保卫部门，予以补充或更换。实验室工作人员应掌握基本的灭火方法，会使用所配备的消防器材和消防设施，能根据不同原因引发的火情采取相应的灭火措施，熟悉紧急情况下的应对方法和逃离路线，牢记相关急救电话。实验过程中如果发生意外，切勿慌张，应及时向老师汇报处理。

② 首次进入实验室的实验人员，必须接受相关实验室安全教育，认真学习相关的安全法规，加强安全意识，掌握安全知识。所有实验必须按操作规程进行；凡有危险性的实验必须在指导老师的监护下进行，不得随意操作；实验中实验人员不得擅自离开岗位，对正在运行的设备应严加看管。

③ 实验过程中师生全程必须穿工作服，戴防护镜，必要时需戴手套进行操作（根据具体实验，服从指导老师安排）；长发需要束起；不得穿背心、拖鞋、露趾凉鞋等进入实验室；未经实验室管理人员批准，不准携带外人进入实验室；实验应在指定的区域内完成，不得在实验室内随意走动。

④ 实验设备开始运行前应熟悉成型加工设备的各种电气开关，尤其是所用设备的紧急按钮，不可随意触碰与实验无关的其他成型加工设备；实验开始前应认真检查成型加工设备是否处于正常工作状态、是否存在安全隐患，开启成型加工设备前要确保其他同学远离危险区域；熟悉实验所用原料的特性和可能存在的危险，对实验中可能出现的问题做到心中有数。必要时，在征求指导老师同意之后才能开始启动设备进行实验。

⑤ 实验过程中应保持实验室门和过道通畅无障碍，保持地面干燥，且不得擅自离开实验现场，不可背朝成型加工设备；要严密观察实验进程，观察实验现象是否正常，观察实验设备是否工作正常。实验过程中碰到任何疑问，或发现成型加工设备出现异常状态，应及时向指导老师反映，不得盲目操作。

⑥ 实验过程中严禁在实验室内喝水、饮食，实验室内也不允许储存食品、饮料等个人生活用品；不得在实验室内、走廊、电梯间等实验室区域吸烟；未经允许且未采用必要的防

护措施时严禁动用明火；实验结束后要及时用自来水将手洗干净。

⑦ 实验完毕后要及时关闭水、电、气开关，及时打扫卫生，并将成型加工设备清理干净；实验过程中产生的废料需倒入相应的垃圾桶，不得乱扔；实验过程中产生的废液及废弃的化学药品禁止直接倒入下水道，需交由专门机构收集处理；实验结束离开实验室时禁止将实验原料带离实验室。

⑧ 晚上、周末或节假日进行实验时，需报请实验室管理人员批准，且实验室内至少有两人，以确保实验安全；做实验的同学必须由各组负责进行登记，并书面申报实验时间、内容及使用仪器，各组应明确实验的责任人。

⑨ 凡违反上述实验室基本安全守则造成安全事故的，追究肇事者和相关人员的责任，并予以严肃处理。

1.2.2.2 实验室安全事故预防与处理

(1) 火灾事故的预防和处理

无论是金属材料、无机非金属材料、高分子材料还是复合材料的成型与加工实验，使用的一些原料（如聚合物、纤维，以及苯、乙醇、乙醚、丙酮等易挥发、易燃烧的有机溶剂）大多是易燃品，如操作处置不当，很容易引起火灾事故。为了防止火灾事故的发生，操作和处理易燃、易爆溶剂时，应远离火源；对易爆固体的残渣，必须小心销毁；对于易发生自燃的物质及沾有它们的滤纸，不能随意丢弃，以免造成新的火源，引起火灾。此外，在满足实验需要的前提下，尽可能减少易燃化学化工原料的储存量。

实验中一旦发生火灾，切不可惊慌失措，应保持镇静。首先立即切断室内一切火源和电源，熟悉实验室内灭火器材的位置和灭火器的使用方法，然后根据具体情况正确地进行抢救和灭火。常用的方法如下。

① 在可燃液体燃着时，应立即移开着火区域内的一切可燃物质，关闭通风器，防止燃烧扩大。

② 酒精及其他可溶于水的液体着火时，可用水灭火。

③ 汽油、乙醚、甲苯等有机溶剂着火时，应用石棉布或干砂进行扑灭，绝对不能用水，否则会扩大燃烧面积。

④ 金属钾、钠或锂着火时，绝对不能用水、泡沫灭火器、二氧化碳、四氯化碳等灭火，可用干砂、石墨粉扑灭。

⑤ 电器设备的插座、导线等着火时，不能用水及二氧化碳灭火器（泡沫灭火器），以免触电；应先切断电源，再用二氧化碳或四氯化碳灭火器灭火。

⑥ 衣服着火时，千万不要奔跑，应立即用石棉布或厚外衣盖熄，或者迅速脱下衣服，火势较大时，应卧地打滚以扑灭火焰。

⑦ 发现烘箱有异味或冒烟时，应迅速切断电源，使其慢慢降温，并准备好灭火器备用；千万不要急于打开烘箱门，以免突然供入空气助燃（爆），引起火灾。

⑧ 发生火灾时应注意保护现场，较大的着火事故应立即报警（消防 119），若有伤势较重者应及时拨打 120 急救电话，将伤者立即送往医院。

(2) 爆炸事故的预防和处理

① 对于易爆物品（如有机化合物中的过氧化物、芳香族多硝基化合物和硝酸酯、干燥的重氮盐、叠氮化物、重金属的炔化物等），在使用和操作时应特别注意。含过氧化物的乙醚蒸馏时，有爆炸的危险，事先必须除去过氧化物；若有过氧化物，可加入硫酸亚铁酸性溶

液予以除去；芳香族多硝基化合物不宜在烘箱内干燥；乙醇和浓硝酸混合在一起，容易引起强烈的爆炸。

② 对于仪器装置不正确或操作错误引起的爆炸。如果在常压下进行蒸馏或加热回流，仪器必须与大气相通；在蒸馏时要注意，不要将物料蒸干；在减压操作时，不能使用不耐外压的玻璃仪器（例如平底烧瓶和锥形烧瓶等）。

③ 对于氢气、乙炔、环氧乙烷等气体，其与空气混合达到一定比例时，会生成爆炸性混合物，遇明火即会爆炸。因此，使用上述物质时必须严禁明火。

④ 对于放热量很大的合成设备，要小心地慢慢添加物料，并注意冷却，同时要防止因漏斗的活塞堵塞而造成安全事故。

(3) 中毒事故的预防和处理

材料成型与加工实验过程中有些有毒物质往往通过呼吸吸入、皮肤渗入、误食等方式导致中毒。为了预防中毒事故发生，处理具有刺激性、恶臭和有毒的化学药品时必须在通风橱中进行；通风橱开启后，不要把头伸入橱内，同时保持实验室通风良好。实验中应避免手直接接触化学药品，尤其严禁手直接接触剧毒品；沾在皮肤上的有机物应当立即用大量清水和肥皂洗去，切莫用有机溶剂洗，否则只会增加化学药品渗入皮肤的速度。对于溅落在桌面或地面的有机物应及时除去，如不慎损坏水银温度计，洒落在地上的水银应尽量收集起来，并用硫黄粉盖在洒落的地方。

此外，实验中所用剧毒物质由各课题组技术负责人负责保管、适量发给使用人员并回收剩余物。装有毒物质的器皿要贴标签注明，用后及时清洗，经常使用有毒物质实验的操作台及水槽要注明，实验后的有毒残渣必须按照实验室规定进行处理，不准乱丢。操作有毒物质实验中若出现咽喉灼痛、嘴唇脱色或发绀、胃部痉挛或恶心呕吐、心悸头晕等症状时，则可能系中毒所致，应立即送医院治疗，不得延误。

(4) 触电事故的预防和处理

材料成型与加工实验中常使用电炉、电热套、电动搅拌机等，使用电器时，应防止人体与电器导电部分直接接触及石棉网金属丝与电炉电阻丝接触；不能用湿的手或手握湿的物体接触电插头；电热套内严禁滴入水等溶剂，以防止电器短路。为了防止触电，装置和设备的金属外壳等应接地线，实验后应先关仪器开关，再将连接电源的插头拔下；检查电器设备是否漏电应该用试电笔，凡是漏电的仪器，一律不能使用。

发生触电时的急救方法：关闭电源；用干木棍使导线与触电者分开；使触电者和地面分离；急救时急救者必须做好防止触电的安全措施，手或脚必须绝缘；必要时进行人工呼吸并送医院救治。

(5) 其他事故的预防和处理

① 玻璃割伤：一般轻伤应及时挤出污血，并用消过毒的镊子取出玻璃碎片，用蒸馏水洗净伤口，涂上碘酒，再用创可贴或绷带包扎；大伤口应立即用绷带扎紧伤口上部，使伤口停止流血，急送医院就诊。

② 烫伤：被火焰、蒸汽、红热的玻璃、铁器等烫伤时，应立即将伤口用大量水冲洗或浸泡，从而迅速降温避免烧伤。对轻微烫伤，可在伤处涂些鱼肝油、烫伤油膏或万花油后包扎。若皮肤起泡（二级灼伤），不要弄破水泡，防止感染，应用纱布包扎后送医院治疗；若伤处皮肤呈棕色或黑色（三级灼伤），应用干燥且无菌的消毒纱布轻轻包扎好，急送医院治疗。

③ 酸、碱或酚灼伤：a. 皮肤被酸灼伤时要立即用大量流动清水冲洗（皮肤被浓硫酸沾污时切忌先用水冲洗，以免硫酸水合时强烈放热而加重伤势，应先用干抹布吸去浓硫酸，然后再用清水冲洗），彻底冲洗后可用2%～5%的碳酸氢钠溶液或肥皂水进行中和，最后用水冲洗，涂上药品凡士林。b. 皮肤被碱液灼伤时要立即用大量流动清水冲洗，再用2%乙酸或3%硼酸溶液进一步冲洗，最后用水冲洗，再涂上药品凡士林。c. 皮肤被酚灼伤时立即用30%酒精揩洗数遍，再用大量清水冲洗干净，而后用硫酸钠饱和溶液湿敷4～6h，由于酚用水冲稀1∶1或2∶1浓度时，瞬间可使皮肤损伤加重而增加酚吸收，故不可先用水冲洗污染面。受上述灼伤后，若创面起水泡，均不宜把水泡挑破；重伤者经初步处理后，急送医务室。

1.3 实验数据处理与实验报告撰写

材料成型与加工实验过程中会产生一些实验现象及实验数据。对实验现象要求能用课堂所学的理论知识进行解释，对实验数据要求掌握一定的数据分析和处理方法，从而得出相应的结论。实验做完后要求按照一定的格式撰写实验报告。下面介绍一些实验数据的分析和处理方法，并对实验报告的结构及撰写注意事项进行介绍。

1.3.1 实验数据的分析方法

(1) 聚类分析法

聚类分析法是指将物理或抽象对象的集合分组，分成由类似的对象组成的多个类的分析过程。聚类是将数据分类到不同的类或者簇的过程，所以同一个簇中的对象有很大的相似性，而不同簇间的对象有很大的相异性。聚类分析是一种探索性的分析，在分类的过程中，不必事先给出一个分类的标准。聚类分析能够从样本数据出发，自动进行分类。聚类分析所使用方法的不同，常常会得到不同的结论。不同研究者对于同一组数据进行聚类分析，所得到的聚类数未必一致。

(2) 因子分析法

因子分析法是指从变量群中提取共性因子的统计技术。因子分析就是从大量的数据中寻找内在的联系，减少决策的困难。因子分析的方法有10多种，如重心法、影像分析法、最小平方法等。这些方法本质上大都属于近似方法，是以相关系数矩阵为基础的，所不同的是相关系数矩阵对角线上的值，采用不同的共同性估值。

(3) 相关分析法

相关分析法是研究现象之间是否存在某种依存关系，并对具体有依存关系的现象探讨其相关方向以及相关程度的方法。相关关系是一种非确定性的关系，例如，以 X 和 Y 分别表示一个人的身高和体重，或分别表示每公顷施肥量与每公顷小麦产量，则 X 与 Y 显然有关系，但又没有确切到可由其中一个去精确地决定另一个的程度，这就是相关关系。

(4) 对应分析法

对应分析法也称关联分析法、R-Q型因子分析法，通过分析由定性变量构成的交互汇总表来揭示变量间的联系，可以揭示同一变量各个类别之间的差异，以及不同变量各个类别之间的对应关系。对应分析的基本思想是将一个联列表的行和列中各元素的比例结构以点的形式在较低维的空间中表示出来。

(5) 回归分析法

研究一个随机变量 Y 对另一个（X）或一组（X_1，X_2，…，X_k）变量的相依关系的统计分析方法。回归分析是确定两种或两种以上变量间相互依赖的定量关系的一种统计分析方法，运用十分广泛。回归分析按照涉及的自变量的多少，可分为一元回归分析和多元回归分析；按照自变量和因变量之间的关系类型，可分为线性回归分析和非线性回归分析。

(6) 方差分析法

方差分析法又称“变异数分析法”或“F 检验法”，是 R. Fisher 提出的，用于两个及两个以上样本均数差别的显著性检验。由于各种因素的影响，研究所得的数据呈波动状。造成波动的原因可分成两类：一类是不可控的随机因素，另一类是研究中施加的对结果形成影响的可控因素。方差分析是从观测变量的方差入手，研究诸多控制变量中哪些变量是对观测变量有显著影响的变量。

1.3.2　实验数据的处理方法

(1) 平均值法

取算术平均值是为减小偶然误差而常用的一种数据处理方法。通常在同样的测量条件下，对于某一物理量进行多次测量的结果不会完全一样，用多次测量的算术平均值作为测量结果，是真实值的最好近似。

(2) 列表法

列表法就是将一组实验数据和计算的中间数据依据一定的形式和顺序列成表格。列表法可以简单明了地表示出物理量之间的对应关系，便于检查测量结果和运算是否合理，便于分析和发现数据的规律性，也有助于检查和发现实验中的问题，这就是列表法的优点。设计记录表格时应注意以下几点。

① 表格设计要合理，以利于记录、检查、运算和分析，表格要直接反映有关物理量之间的关系，一般把自变量写在前边，因变量紧接着写在后面，便于分析。

② 表格要清楚地反映测量的次数，测得的物理量的名称及单位，计算的物理量名称及单位。物理量的单位可写在标题栏内，一般不在数值栏内重复出现。

③ 表中数据要正确反映测量结果的有效数字和不确定度。列入表中的除原始数据外，计算过程中的一些中间结果和最后结果也可以列入表中。

④ 表格要加上必要的说明。实验室所给的数据或查得的单项数据应列在表格的上部，说明写在表格的下部。

(3) 作图法

作图法是在坐标纸上用图线表示物理量之间的关系，揭示物理量之间的联系，便于找出其中的规律，确定对应量的函数关系。作图法具有简明、形象、直观、便于比较研究实验结果等优点，它是一种最常用的数据处理方法。作图法的基本方法如下。

① 根据函数关系选择适当的坐标纸（如直角坐标纸、单对数坐标纸、双对数坐标纸、极坐标纸等）和比例，画出坐标轴，一般以横轴为自变量，纵轴为因变量，坐标轴要标明所代表的物理量的名称、单位和刻度值，并写明测试条件。

② 坐标轴标度的选择应合适，使测量数据能在坐标轴上得到准确的反映。为避免图纸上出现大片空白，坐标原点可以是零，也可以不是零，可根据测试范围进行选择。坐标分格最好使最低数字的一个单位可靠数与坐标最小分度相当；坐标轴分度的估读数应与测量值的

估读数（即有效数字的末位）相对应。纵横坐标比例要恰当，以使图线居中。

③ 描点和连线。根据测量数据，用直尺和笔使函数对应的实验点准确地落在相应的位置。一张图纸上画几条实验曲线时，每条曲线应用不同的标记，如“＋”×”“·”“△”等符号标出，以免混淆。连线时，要顾及数据点，使曲线呈光滑曲线（含直线），并使数据点均匀分布在曲线（直线）的两侧，且尽量贴近曲线。个别偏离过大的点要重新审核，属过失误差的应剔去。

④ 标明图名，即做好实验图线后，应在图纸下方或空白的明显位置处，写上图的名称、作者和作图日期，有时还要附上简单的说明，如实验条件等，使读者一目了然。作图时，一般将纵轴代表的物理量写在前面，横轴代表的物理量写在后面，中间用“～”连接。

1.3.3 实验报告要求及撰写注意事项

材料成型与加工实验做完并对实验现象和实验数据进行分析和处理后，需要按照实验报告的要求撰写实验报告。实验报告是对实验操作过程的总结，是表达实验成果的一种形式。实验报告的书写是一项重要的基本技能，可以初步培养和训练学生的逻辑归纳能力、综合分析能力和文字表达能力，是科学论文写作的基础。因此，参加实验的每位学生，均应及时认真地书写实验报告。实验报告要求内容实事求是，分析全面具体，文字简练通顺，誊写清楚整洁。下面对实验报告的内容和要求以及撰写注意事项进行介绍。

1.3.3.1 实验报告的内容及要求

（1）实验名称

要求简明扼要地反映实验内容和所采用的实验方法，一般写实验教材或实验指导书给出的实验名称即可。

（2）实验目的

要求目的明确，抓住重点，可以从理论和实践两个方面考虑。在理论上，验证定理、公式、算法，并使实验者获得深刻和系统的理解；在实践上，掌握使用实验设备的技能技巧和程序的调试方法。

（3）实验原理

要求简要说明进行实验的理论依据，包括实验涉及的重要概念和基本原理，实验依据的主要定律、公理、公式、相应的电路图或光路图等。此外，实验涉及的工艺过程及影响实验制品性能的工艺因素也应在此部分进行阐述。

（4）实验设备及材料

要求写明实验所用仪器设备的名称、型号和主要规格，有实验装置的结构示意图更好。另外，要求写明实验所用原料、耗材的名称。

（5）实验步骤

要求只写出主要操作步骤，不要照抄实验教材或实验指导书，要简明扼要；必要时还应该画出实验流程图，再配以相应的文字说明，这样既可以节省许多文字说明，又能使实验报告简明扼要，清楚明白。

（6）实验记录与结果分析

实验结果是实验活动价值的反映和体现，要求如实地记录实验的所有结果，包括实验中的各种现象和各项数据，并通过代入公式计算等方式进行必要的处理。实验结果必须真实、准确、可靠，内容包括影响实验的各种因素；对实验中观察到的各种现象进行分析和解释；

实验结果与预测或由已知推论的结果进行比较；实验中发现的规律等。实验结果部分是实验由感性认识到理性认识的反映，表达的是实验者的见解。此外，对实验中的异常现象、实验成功或失败的原因等进行分析，写出实验后的心得体会等，或者新的发现和不同见解、建议等。

(7) 注意事项

要求从实验安全及品质保证两个方面对实验过程中的一些细节问题加以预防，以防出现安全事故或出现废品、残次品等现象。

(8) 思考题

要求对与本次实验相关的几个问题进行思考并作出回答，思考题可以是跟实验原理、实验方法、影响因素、工艺特点、应用前景等方面有关的问题。

1.3.3.2　撰写实验报告的注意事项

(1) 实验报告的书写内容应客观真实

实验者要认真仔细地观察实验过程中发生的各种现象，分析各种现象发生的原因，并实事求是地记录和描述各种现象和测得的数据，不可夸大、缩小或杜撰实验数据，严禁照搬教材或抄袭他人的实验结果，切忌弄虚作假。

(2) 实验报告的书写应层次清晰

撰写时要准确地介绍实验的目的、设备、原理、方法、步骤、结论等，结合实验结果展开分析、推导结论、升华认识，数据确凿可靠，说明恰如其分，分析条理清晰、脉络分明，图表准确合理，书写工整规范，养成良好的行文习惯，加强对科学思维和科学意识的训练。

(3) 实验报告的各项内容应格式规范、表述科学

写作时应严格按照统一的形式和规范进行撰写，不得随意增减项目。实验报告一般应多用精练的短句，文字表述要简洁明了、恰当准确，避免模棱两可和易产生歧义的表述，尽量采用专业术语，不用自造的不规范的简化字或代号。

第2章

金属材料成型与加工实验

金属材料是现代制造工业中应用最广泛的材料之一。金属材料不仅资源丰富，具有优良的物理、化学和力学性能，而且还具有较简单的成型方法和良好的成型工艺性能。因此，在我们的生产和生活中金属材料得到了广泛的应用，比如使用金属材料制造各种机械设备、工具量具、武器装备和生活用品，其中在各种机械设备中金属材料所占的比例高达90%以上。

金属材料的成型加工路线如图2-1所示。首先将自然界中开采的金属矿石通过冶炼制成金属或合金，然后再通过铸造成型（即金属液态成型）或塑性成型加工成毛坯（需要进行热处理及机械加工才能成为零件）或零件，最后通过焊接成型将加工好的零件进行连接装配制造出机械产品。

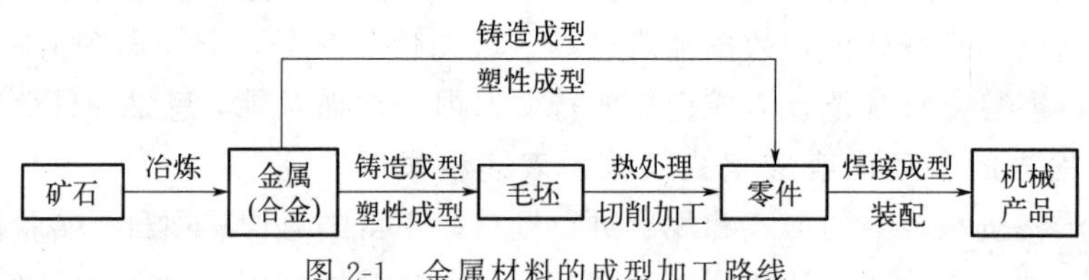

图2-1　金属材料的成型加工路线

金属材料的成型加工方法主要有铸造成型、塑性成型以及焊接成型三种。铸造成型是将熔化的液态金属浇注到铸型的型腔中，冷却凝固后获得具有一定形状、尺寸和性能的铸件的成型方法。金属的铸造成型方法具体可分为砂型铸造和特种铸造（如金属型铸造、离心铸造、熔模铸造等）两大类。金属塑性成型也称压力加工，是指金属材料在外力作用下产生塑性变形，获得具有一定形状、尺寸和力学性能的毛坯或零件的成型方法。金属的塑性成型加工方法主要有锻造、冲压、轧制、挤压和拉拔。焊接成型是指通过加热或加压（或两者并用）使分离的金属物件在被连接的表面间产生原子结合而连接成一体的成型方法。根据焊接过程中工艺特点的不同，焊接成型方法可分为熔焊、压焊和钎焊三大类。随着科学技术的发展，金属材料的成型加工近年来也出现了一些新技术、新方法，如快速成型技术、定向凝固技术、电弧增材技术、粉末锻造技术、喷雾锻造技术等。

本章主要介绍与金属材料三大成型加工方法（铸造成型、塑性成型以及焊接成型）相关的实验。

2.1　手轮的砂型铸造成型实验

2.1.1　实验要求

① 了解砂型铸造型砂和芯砂的种类及其性能要求。

② 掌握砂型铸造的工艺过程。

③ 学会使用黏土砂造外部上、下型，并浇注成型得到零件。

2.1.2　实验原理

砂型铸造是以型砂和芯砂为造型材料制成铸型，液态金属在重力作用下充填铸型生产铸件的铸造方法。钢、铁和大多数有色合金铸件都可用砂型铸造方法获得。由于砂型铸造所用的造型材料价廉易得，铸型制造简便，生产周期短，对铸件的单件生产、成批生产和大量生产均能适应，因此长期以来一直是铸造生产中应用最广泛的一种基本工艺。目前，国际上在全部铸件生产中，60%～70%的铸件是用砂型铸造生产的，而且其中 70%左右是用黏土砂型生产的。

砂型铸造所用铸型一般由外砂型和型芯组合而成。制造外砂型的基本原材料是型砂，通常由铸造砂、型砂黏结剂（黏土）和水按一定比例混合而成，其中黏土约为 9%，水约为 6%，其余为铸造砂；有时还加入少量煤粉、植物油、木屑等附加物以提高型砂的性能。最常用的铸造砂是硅砂（如山砂或河砂），当硅砂的高温性能不能满足使用要求时则使用锆英砂、铬铁矿砂、刚玉砂等特种砂。型砂黏结剂的作用是将松散的砂粒黏结起来成为型砂，从而使制成的砂型具有一定的强度，以便在搬运、合型及浇注液态金属时不致变形或损坏。应用最广的型砂黏结剂是黏土，也可采用各种干性油或半干性油、水溶性硅酸盐或磷酸盐及各种合成树脂（如呋喃树脂）作型砂黏结剂。砂型铸造中所用的外砂型按型砂所用的黏结剂及其建立强度的方式不同分为黏土湿砂型、黏土干砂型和化学硬化砂型。黏土湿砂型是以黏土和适量的水为型砂的主要黏结剂，制成砂型后直接在湿态下合型和浇注。黏土干砂型是指砂型制好以后，型腔表面涂以耐火涂料，再置于烘炉中烘干，待其冷却后才可合型和浇注。烘干黏土砂型需很长时间，要耗用大量燃料，而且砂型在烘干过程中易产生变形，使铸件精度受到影响。黏土干砂型一般用于制造铸钢件和较大的铸铁件。化学硬化砂型使用的黏结剂一般都是在硬化剂作用下能发生分子聚合进而成为立体结构的物质，常用的有各种合成树脂和水玻璃。良好的型砂应具备下列性能。

① 透气性好。高温金属液浇入铸型后，型内充满大量气体，这些气体必须从铸型内顺利排出去（型砂这种能让气体透过的性能称为透气性），否则将会使铸件产生气孔、浇不足等缺陷。铸型的透气性受砂的粒度、黏土含量、水分含量及砂型紧实度等因素的影响。一般砂的粒度越细、黏土及水分含量越高、砂型紧实度越高，透气性则越差。

② 足够的强度。型砂抵抗外力破坏的能力称为强度。型砂必须具备足够高的强度才能在造型、搬运、合箱过程中不引起塌陷，浇注时也不会破坏铸型表面。型砂的强度也不宜过高，否则会因透气性、退让性的下降而使铸件产生缺陷。

③ 耐火性好。高温的金属液体浇进后对铸型产生强烈的热作用，因此型砂要具有抵抗高温热作用的能力，即耐火性。如造型材料的耐火性差，铸件易产生黏砂。型砂中 SiO_2 含量越多，型砂颗粒越大，耐火性越好。

④ 可塑性好。可塑性指型砂在外力作用下变形，去除外力后能完整地保持已有形状的能力。因此，造型材料要求可塑性好，造型操作方便，制成的砂型形状准确、轮廓清晰。

⑤ 退让性好。铸件在冷凝时，体积发生收缩，型砂应具有一定的被压缩的能力，称为退让性。型砂的退让性不好，铸件易产生内应力或开裂。型砂越紧实，退让性越差。在型砂

中加入木屑等物可以提高退让性。

型芯主要用于形成铸件的内孔、腔，某些妨碍起模、易出砂的外形部分也可用型芯形成。用于制造型芯的造型材料称为芯砂。为了保证铸件的质量，砂型铸造中所用的型芯一般为干态型芯。根据型芯所用的黏结剂不同分为黏土型芯、油砂型芯和树脂型芯几种。黏土型芯是用黏土砂制造的简单型芯；油砂型芯是用干性油或半干性油作黏结剂的芯砂所制作的型芯，应用较广；树脂型芯是用树脂砂（如呋喃树脂、水玻璃）制造的各种型芯。型芯的工作条件较为恶劣，因此要求芯砂有足够的强度和刚度、排气性好、退让性好、收缩阻力小、溃散性好及不易出砂。型砂和芯砂的质量直接影响铸件的质量，型砂质量不好会使铸件产生气孔、砂眼、黏砂、夹砂等缺陷。

砂型铸造的工艺流程如图 2-2 所示。

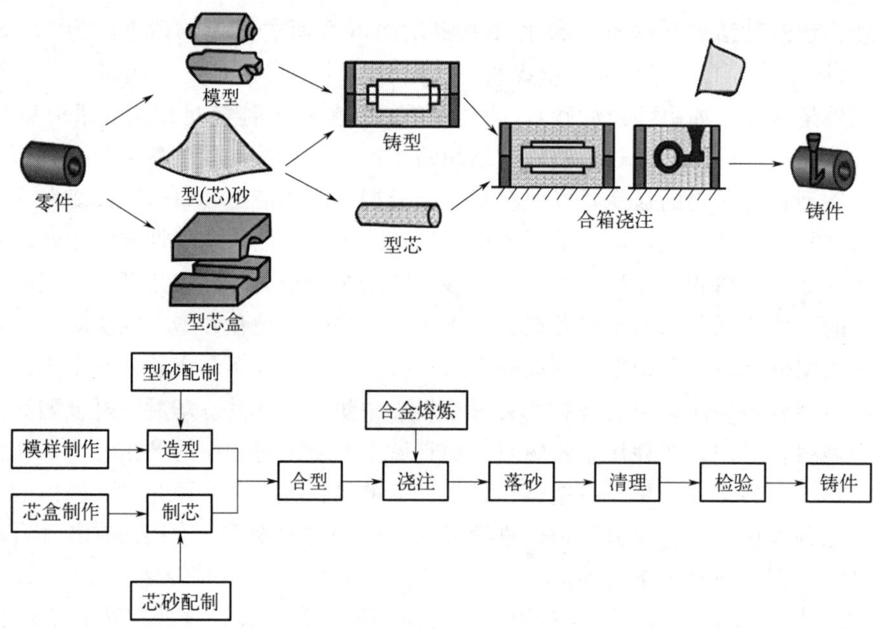

图 2-2　砂型铸造工艺流程

基本步骤如下。

① 混砂阶段。制备型砂和芯砂供造型所用，一般使用混砂机，放入硅砂和适量黏土进行搅拌。

② 制模阶段。根据零件图纸制作模样和芯盒，一般单件可以用木模，批量生产可制作塑料模或金属模（俗称铁模或钢模），大批量铸件可以制作型板。现在模样基本上都是使用雕刻机，使制作周期大大缩短。

③ 造型（制芯）阶段。包括造型（用型砂形成铸件的型腔）、制芯（用芯砂形成铸件的内部形状）、配模（把型芯放入型腔里面，把上下砂箱合好）。造型是砂型铸造工艺的关键环节。

④ 熔炼阶段。按照所需要的金属成分配好化学成分，选择合适的熔化炉（如电炉）熔化合金材料，形成合格的液态金属（包括成分合格、温度合格）。

⑤ 浇注阶段。把电炉里熔化的熔融金属注入造好的铸型里。浇注时需要注意浇注的速度，让熔融金属注满整个型腔。另外，浇注熔融金属比较危险，一定要注意安全！

⑥ 清理阶段。浇注后等熔融金属凝固后，拿锤子去掉浇口并振掉铸件的砂子，然后使用喷砂机进行喷砂处理，将铸件清理干净，检验合格后入库。

下面以手轮铸件为例介绍砂型铸造成型实验。由于手轮铸件不需要内孔，因此手轮铸件砂型铸造成型时只需造型，无需制芯。

2.1.3　实验设备及材料

① 设备：辗轮式混砂机；熔炼炉；台秤；天平；量杯；托板；手轮木模；砂箱。

② 材料：原砂（水洗砂）；钙基（或钠基）膨润土黏土砂；水；金属铝块。

2.1.4　实验步骤

① 将原砂装入辗轮式混砂机内，按拟定成分加入钙基（或钠基）膨润土黏土砂（不超过原砂的 9%），保持水土比为 30%，开动混砂机，先干混 2min，再将称量好的水倒入混砂机内继续混 5min；将混好的砂卸入盛砂盆内以供造型使用。

② 用混制好的黏土砂按照图 2-3 进行造型：第 1 步，将根据手轮零件图制造的手轮模样放置并造下型；第 2 步，反转砂箱并在最大截面处挖出分型面；第 3 步，造上型并安放浇口棒；第 4 步，取出模型，扎通气孔并开挖浇口通道。

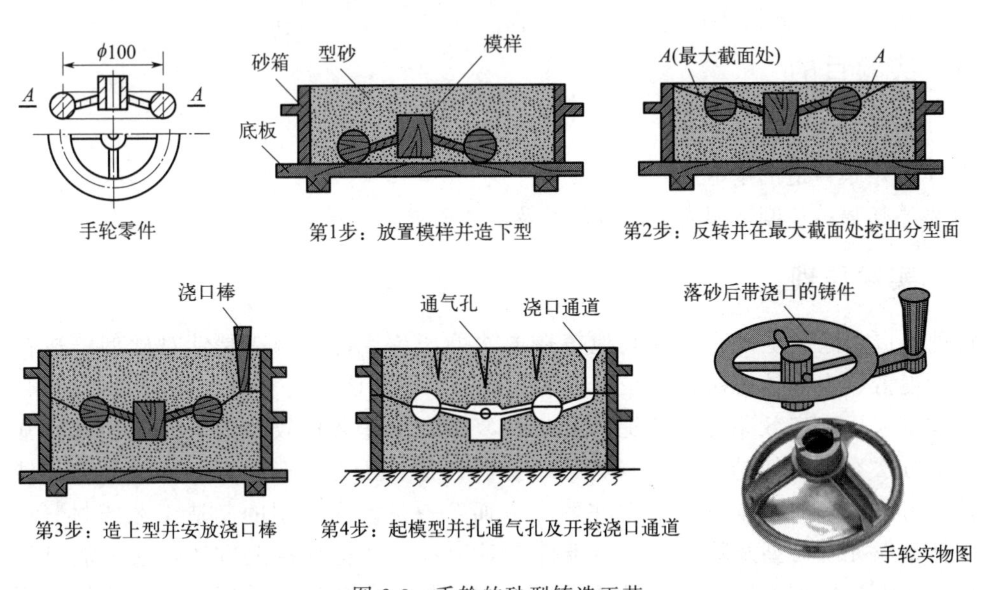

图 2-3　手轮的砂型铸造工艺

③ 混砂造型的同时将一定量的金属铝块放入熔炼炉中加热熔化，待造型过程完成后将熔化的铝液通过浇口通道浇注进造好的型腔中。

④ 冷却凝固后打开上、下箱，落砂并清理后得到带浇口的手轮铸件。

⑤ 将手轮铸件的浇口部位机械加工去除后得到手轮铸件。

2.1.5　实验记录与结果分析

① 分组进行实验，记录原砂、黏土及水的不同配比所得铸件的外观质量，分析型砂对手轮铸件质量的影响。

② 分组进行实验，记录金属铝块在不同浇注温度下所得铸件的外观质量，分析金属液浇注温度对手轮铸件质量的影响。

③ 分组进行实验，在型砂配比相同的情况下，记录使用钙基膨润土黏土砂和钠基膨润土黏土砂所得铸件的外观质量，分析不同类型黏土砂对手轮铸件质量的影响。

2.1.6 注意事项

① 混黏土砂时戴上口罩，避免吸入粉尘。

② 型砂造型时，要扎足够数量的通气孔，以利于金属液的散热及排气。

③ 金属铝液熔炼时，注意防烫伤。

2.1.7 思考题

① 黏土湿砂型铸造具有哪些优点？

② 型砂黏结剂有哪些类型？它们各自的黏结原理是什么？

③ 砂型铸造中如果铸件出现气孔、夹渣等缺陷，在实验中可以采取哪些措施预防？

2.2 熔模铸造成型实验

2.2.1 实验目的

① 了解特种铸造及其特点。

② 了解熔模铸造的基本工艺流程及其特点。

③ 熟悉熔模铸造制造型壳的模料种类及工艺要求。

2.2.2 实验原理

特种铸造是除砂型铸造以外其他铸造方法的统称。特种铸造是针对砂型铸造存在铸件尺寸精度低、表面较粗糙、内在组织不够致密、不能浇注薄壁件、铸型只能使用一次、造型工作量大、生产效率低、铸造工艺过程复杂、工作条件较差等缺点提出的。常用的特种铸造方法有熔模铸造、消失模铸造、金属铸造、压力铸造、离心铸造等。与砂型铸造相比，特种铸造的基本特点表现在两个方面：一是改变铸型的制造工艺或材料；二是改善液体金属充填铸型及随后的冷凝条件。对于每一种特种铸造方法，它可能只具有某一方面的特点，也可能同时具有两方面的特点。如压力铸造、采用金属型或熔模型壳的低压铸造、采用石膏型的差压铸造、离心铸造等均具有两方面的特点；而陶瓷型精密铸造、消失模铸造等只是改变了铸型的制造工艺或材料，金属液充填过程仍是在重力作用下完成的。与砂型铸造相比，特种铸造在改善铸件质量、提高生产率、降低劳动强度或生产成本等方面展现了其优越之处。

熔模铸造是指将易熔材料制成模样，然后在模样表面包覆若干层耐火材料制成型壳，再将模样熔化排出型壳，从而获得无分型面的铸型，最后经高温焙烧后即可填砂浇注的铸造成型方法。由于实际中模样广泛采用蜡质材料来制造，故常将熔模铸造称为“失蜡铸造”。熔模铸造的工艺过程如图 2-4 所示，其主要工序包括蜡模制造、制造型壳、失蜡、焙烧和浇注等。

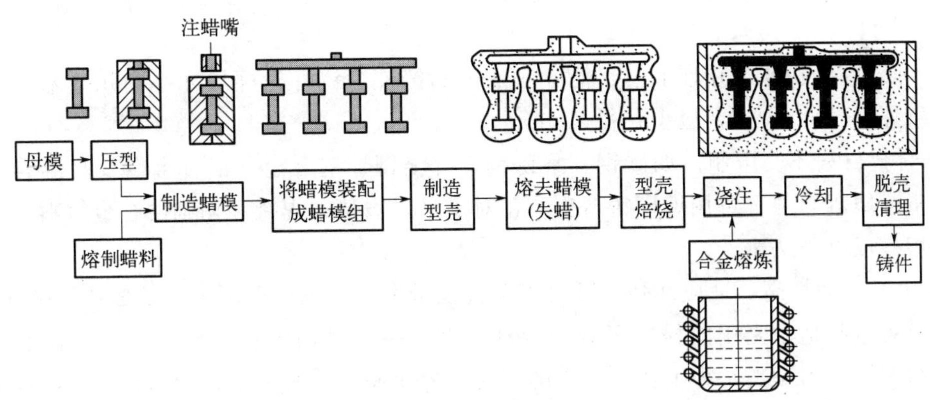

图 2-4　熔模铸造工艺过程

(1) 蜡模制造

制造蜡模常用的是 50%石蜡和 50%硬脂酸配成的蜡料。用来制造蜡模的工艺装备称为压型，通常由根据铸件的形状和尺寸制成的母模来制造压型。把熔化成糊状的蜡料压入压型，待冷凝后取出就可得到蜡模。若零件较小，则常把若干个蜡模黏合在一个浇注系统上，构成蜡模组，以便一次浇出多个铸件。

(2) 制造型壳

制造型壳的原材料是耐火材料（如石英、刚玉、锆砂等）、黏结剂及其他附加物。常用的黏结剂有水玻璃和硅溶胶等，生产一般件时可用水玻璃作黏结剂，生产高精度要求的熔模铸件时则应采用硅溶胶作黏结剂。型壳制作过程：将蜡模或蜡模组浸入由黏结剂和耐火材料配成的涂料浆中，使涂料均匀地覆盖在蜡模表层，然后在上面均匀地撒一层砂，硅溶胶型壳可在空气中干燥硬化结壳，水玻璃型壳则需放入硬化剂（如氯化铵溶液）中硬化结壳。上述结壳过程重复进行，小铸件的型壳为 4～6 层，大铸件的型壳需 6～9 层。其中第一、二层用粒度较细的砂，而以后各层（加固层）用粒度较粗的原砂，最后在蜡模外表形成由多层耐火材料组成的坚硬的型壳。

(3) 熔去蜡模

将包有蜡模的型壳浸入 85～95℃的热水中或置于 150～160℃的过热蒸汽釜中，使蜡料熔化并从型壳中脱除，从而在型壳中留下型腔。

(4) 焙烧

型壳在浇注前必须在 800～950℃下进行焙烧，其目的是去除型壳中的水分、残余蜡料和其他杂质，使型腔洁净。为了防止型壳在浇注时变形或破裂，可将型壳排列于砂箱中，周围用砂填紧，然后进行焙烧。

(5) 浇注

为了提高合金的充型能力，防止浇不足、冷隔等缺陷，通常在焙烧后随即趁热在 600～700℃进行浇注。

熔模铸造是少/无切削加工工艺的方法之一，几乎应用于所有工业部门，特别是电子、石油、化工、能源、交通运输、轻工、纺织、制药、医疗器械、泵和阀等部门。熔模铸造同其他铸造方法和零件成型方法相比具有以下优点：

① 铸件尺寸精度高，表面粗糙度值小。铸件的尺寸精度可达到 4～6 级，表面粗糙度

可达 0.4～3.2μm，可大大减小铸件的加工余量，并可实现无余量制造，降低了生产成本。

② 可铸造形状复杂并难于用其他方法加工的铸件。铸件轮廓尺寸小到几毫米大到上千毫米，壁厚最薄 0.5mm，最小孔径 1.0mm。

③ 合金材料不受限制。如碳钢、不锈钢、合金钢、铜合金、铝合金以及高温合金、钛合金和贵金属等材料都可用熔模铸造生产，对于难以锻造、焊接和切削的合金材料，更是特别适合熔模成型方法生产。

④ 生产灵活性高，适应性强。既可用于大批量生产，也可适用于小批量甚至单件生产。

熔模铸造制造型壳用的材料可分为两种类型：一类是用来直接形成型壳的，如耐火材料、黏结剂等；另一类是为了获得优质的型壳，简化操作、改善工艺用的材料，如熔剂、硬化剂、表面活性剂等。熔模铸造中所用的耐火材料主要为石英和刚玉，以及硅酸铝耐火材料，如耐火黏土、铝矾土、焦宝石等；有时也用锆砂、镁砂（MgO）等。在熔模铸造中用得最普遍的黏结剂是硅酸胶体溶液（简称硅酸溶胶），如硅酸乙酯水解液、水玻璃和硅溶胶等，它们的成分主要为硅酸（H_2SiO_3）和溶剂，有时也有稳定剂，如硅溶胶中的 NaOH。硅酸乙酯水解液是硅酸乙酯经水解后所得的硅酸溶胶，是模铸造中用得最早、最普遍的黏结剂；水玻璃壳型易变形、开裂，用它浇注的铸件尺寸精度和表面光洁度都较差。在我国，当生产精度要求较低的碳素钢铸件和熔点较低的有色合金铸件时，水玻璃仍被广泛应用于生产；硅溶胶的稳定性好，可长期存放，制型壳时不需专门的硬化剂，可用于生产高精度要求的熔模铸件，但硅溶胶对熔模的润湿性稍差，型壳硬化过程是一个干燥过程，需时较长。

下面以铝合金铸件为例介绍熔模铸造成型实验。

2.2.3 实验设备及材料

① 设备：制造蜡模的金属型；挤压设备；烘干炉。

② 材料：石蜡；硬脂酸；石英砂；石英粉；水玻璃；氯化铵等。

2.2.4 实验步骤

(1) 熔模的制造

采用自由浇注法将液态模料浇入金属型，固化后将蜡模取出。液态模料采用 50%石蜡+50%硬脂酸，化蜡温度 90℃，浇注温度 45～48℃。注意：压制时应在型腔表面涂上薄层的分型剂，以防止粘模及便于取出熔模，压制蜡基模料时，分型剂可用机油、松节油等。

(2) 型壳的制备

① 模组的脱脂。为了改善涂料对模组的润湿性，将模组用中性肥皂水或表面活性剂洗涤数次，再用水清洗干净。

② 上涂料和撒砂。涂料为水玻璃和石英粉按 1∶1 均匀混合而成。为了保证模组能均匀地涂上涂料，避免缺陷，应使模组在涂料桶中不断转动，必要时可用毛刷局部涂刷。上涂料后，应使多余涂料淌滴完毕，再进行撒砂，撒砂时应保证模组能均匀地撒上砂子。各层砂子的粒度见表 2-1。

表 2-1　各层砂子的粒度

层次	层别	撒砂粒度/筛号(目)	含粉(泥)量(质量分数)/%	含水量(质量分数)/%
1	表面层	50/100 或 40/70	≤0.3	≤0.3
2	过渡层	40/70 或 20/40	≤0.3	≤0.3
3	加固层	12/20	≤0.3	≤0.3
4			≤0.3	≤0.3
5～8			≤0.3	≤0.3

(3) 型壳硬化前的自然干燥

由于水玻璃中含有较多的水分，硬化前的自然干燥可使型壳脱水，由于是自由脱水，故型壳收缩缓慢，而水分的蒸发会在黏结膜中留下空隙和裂纹，有利于此后硬化剂对涂层的渗透扩散，使硬化速度加快。故硬化前自然干燥可消除或减少表面出现褶皱、蚁孔等缺陷，并使型壳和铸件的表面粗糙度值变小。

(4) 化学硬化

水玻璃型壳的化学硬化主要是在硬化液中完成的。实验采用氯化铵水溶液。氯化铵硬化剂工艺参数见表 2-2。

表 2-2　氯化铵硬化剂工艺参数

层别	浓度(质量分数)/%	温度/℃	硬化时间/min	干燥时间/min
表面层	22～25	20～25	3～10	30～45
加固层	22～25	20～25	3～10	15～30

(5) 脱模

型壳制成后一般要停放一段时间后方可进行脱蜡。停放期间也是型壳中残留的硬化剂对涂料层继续硬化的过程，随着停放时间的增加，型壳的湿强度增大，抗水性增强。本实验采用 w(盐酸)＝1%的热水脱蜡。水温 95～98℃，避免沸腾，脱蜡时间控制在 15～20min，不超过 30min 为宜。脱蜡后，内腔用热水冲洗［热水中可加入 w(盐酸)＝0.5%］，脱蜡后型壳可倒放。

(6) 型壳的焙烧

焙烧的目的是去除型壳中的水分、残留模料等，避免浇注时产生气体，导致出现气孔、浇不到或恶化铸件表面等缺陷。同时，经高温焙烧可进一步提高型壳的强度和透气性。氯化铵硬化的型壳适宜的焙烧温度为 850℃，保温 0.5～2.0h。焙烧良好的型壳表面呈白色或浅色，出炉时不冒黑烟。

(7) 合金的浇注

实验选用铝合金，浇注温度为 700℃，型壳温度为 300～500℃，浇注时间小于 10s。铸件冷却速度快，对细化晶粒有利，并可减少铸件内部疏松，但铸件易产生变形和裂纹。

2.2.5　实验记录与结果分析

① 记录熔模铸造所用设备型号，记录压型尺寸并画出压型示意图。

② 分组进行实验，记录使用不同形状和尺寸的压型，在熔模工艺流程相同的情况下利

用铝合金浇注出不同零件。

2.2.6 注意事项

① 模具型腔不要喷过多的分型剂。

② 压制熔模的循环参数设定完成以后，不可以再轻易变动。如果发现压出的蜡模质量存在问题，必须立即通知相关技术管理人员来解决。

③ 如果发现蜡模存在以下缺陷，则必须将此蜡模报废处理，送去修模和组焊都是没有意义的。这些缺陷包括：模料中卷入了空气，造成蜡模局部出现了鼓起；在蜡模上任何一个部位出现了缺角；蜡模发生了较为严重的变形，不能够通过简单修理复原；蜡模的尺寸不符合规定。

④ 将蜡模放置在存放盘中时，应该避免彼此间发生接触，以免碰撞受损。另外，如果确有必要，还可以采用专用的夹具固定，避免蜡模变形。

⑤ 在使用新的模具以前，一定要事先熟悉整个操作流程，包括熔模铸造工艺、模具的组装和拆卸顺序、蜡模的取出方法、模具在压注机上的固定方法等，并对最初压制的蜡模进行严格的检查。如果不能获得优质蜡模，应及时与相关技术管理人员联系。

⑥ 每次模具使用完毕以后，都应该用软布或者棉棒对模具进行仔细清理，并使用螺钉将其紧固牢靠。如发现模具发生损伤或使用不正常，应立即报告相关技术管理人员来进行处理。

2.2.7 思考题

① 熔模铸造时熔模的组装有哪些方法？

② 熔模铸造时常用的浇注方法有哪些？

③ 在蜡模制作过程中，易出现哪些缺陷？试举例说明原因。

2.3 消失模铸造成型实验

2.3.1 实验目的

① 了解消失模铸造造型设备与工艺设备。

② 掌握消失模铸造的成型加工原理。

③ 比较消失模铸造工艺与黏土砂砂型铸造工艺的异同点。

2.3.2 实验原理

消失模铸造又称实型铸造或气化模铸造。这种铸造方法的实质是采用泡沫聚苯乙烯塑料制作的模样代替砂型铸造的木模或金属模样，造型后不取出模样（砂型中没有空腔，故称实型），当浇入高温金属液时，在液态金属的热作用下，泡沫塑料模样因燃烧、气化而消失，金属液取代了原来泡沫塑料模所占据的空间位置，冷却凝固后即可获得所需要的铸件。消失模铸造与砂型铸造的根本差异在于没有型腔和分型面。

消失模铸造的型砂主要是以水玻璃或树脂为黏结剂的自硬砂和无黏结剂的干砂。真空负压消失模铸造的工艺过程如图 2-5 所示，基本步骤是：①制作模样，消失模模样的制作方法可分为模具发泡成型和机械加工黏结两种；②浸涂料，模样做好后必须在其表面涂上涂料并烘干，消失模铸造涂料一般由耐火材料、黏结剂、载体、悬浮剂及其他添加物组成，其对铸件质量有重要影响；③加砂，造型时先在砂箱中填入部分干砂，然后放入上过涂料的泡沫塑料模样，继续在砂箱中填满干砂，填砂的同时进行微振以获得具有一定紧实度的铸型；④浇注，先通过砂箱的抽气室抽真空，造成型内负压，使砂型进一步受压紧实，然后浇注金属液，同时继续抽真空保持型内负压；⑤落砂清理，待铸件凝固冷却后，即可落砂取出铸件。

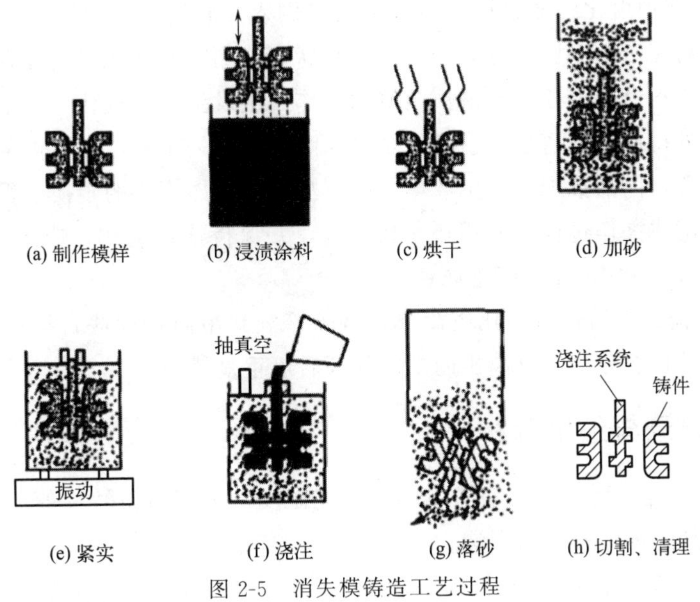

图 2-5　消失模铸造工艺过程

下面以玩具熊铸件为例介绍消失模铸造成型实验。

2.3.3　实验设备及材料

① 设备：负压砂箱；振实台；真空稳压系统；金属熔炼设备；涂料搅拌机；烘箱。

② 材料：金属铝块；干砂；消失模铸造专用涂料（成品）；塑料玩具熊模样若干（成品，如图 2-6 所示）；橡胶乳液；塑料薄膜。

图 2-6　塑料玩具熊模样

2.3.4　实验步骤

① 设计浇注系统。

② 将外购的塑料玩具熊模样与设计的浇冒口模型通过黏结组合在一起，目前使用的黏结材料主要有：橡胶乳液、树脂溶剂、热熔胶及胶带纸。

③ 将消失模铸造专用涂料在涂料搅拌机内加水搅拌，使其得到合适的黏度，搅拌后的涂料放入容器内，用浸、刷、淋和喷的方法将模型组涂覆；一般涂两遍，使涂层厚

度为0.5～1.5mm，然后放入烘箱内将涂层在40～50℃下烘干。

④ 将带有抽气室的砂箱放在振动台上并卡紧，底部放入一定厚度的底砂（厚度50～100mm），然后将模样放入砂箱，填砂并振动紧实；填砂时采用分层填料，每层料高100～300mm，振动一段时间后再填一层，使型砂充满模型的各个部位，且使型砂的堆积密度增加。

⑤ 在砂箱表面用塑料薄膜密封，放上浇口杯砂型，用真空泵将砂箱内抽成一定真空，靠大气压力与铸型内压力之差将砂粒“黏结”在一起，并维持铸型浇注过程中不崩散，称为“负压定型”。

⑥ 将金属熔炼炉熔化的金属铝液通过浇道口倒入，砂箱内真空度一般会显著下降，这是由于高温金属将密封塑料膜烧穿，破坏了密封状态，而金属液还未封住直浇口，因而吸进了气体；同时，塑料玩具熊模样在液体金属的热作用下发生热解气化，产生大量气体，不断通过涂层型砂向外排放，在铸型、模型及金属间隙内形成一定气压，液体金属不断地占据塑料玩具熊模样位置，向前推进，发生液体金属与塑料玩具熊模样的置换过程，置换的最终结果是形成铸件。浇注操作过程宜采用慢—快—慢，并保持连续浇注，应防止浇注过程断流，浇后铸型真空维持5～10min后停止抽真空。

⑦ 冷却后，消失模铸造落砂比较简单，将砂箱倾斜吊出铸件或直接从砂箱中吊出铸件均可，铸件与干砂自然分离，分离出的干砂处理后可重复使用。

2.3.5 实验记录与结果分析

① 分组进行实验，记录金属铝块不同的浇注温度，根据所得铸件的外观质量分析金属液浇注温度对玩具熊铸件质量的影响。

② 分组进行实验，在其他条件相同的情况下，记录使用大小不同的塑料玩具熊模样时所得铸件的外观质量，分析型腔大小对玩具熊铸件质量的影响。

2.3.6 注意事项

① 由于消失模铸造的浇注过程同时也是泡沫塑料模样气化消失的过程，因此浇道始终要充满金属液，若不充满，由于涂料层强度有限，极容易发生型砂塌陷以及进气现象，造成铸件缺陷。

② 浇注时注意调节和控制负压真空度在一定范围内，浇注完毕后保持在一定负压状态下一段时间，负压停止、金属液冷凝后出箱。

③ 浇注金属液时要稳、准、快，瞬时充满浇口杯，并且快速不断流，以免造成塌砂现象或者铸件气孔增多的问题，导致铸件报废。

2.3.7 思考题

① 消失模塑料模样为什么要浸涂料？

② 消失模铸造浇注金属液时为什么还要继续抽真空保持型内负压？

③ 与传统的砂型铸造相比，消失模铸造具有哪些特点？

④ 比较消失模铸件与黏土湿砂型铸件的表面质量有何区别？

2.4　金属型铸造成型实验

2.4.1　实验目的

① 了解金属型的基本组成结构。

② 了解金属型铸造的浇注工序过程。

2.4.2　实验原理

金属型铸造是将液态金属浇入金属铸型，在重力作用下充型而获得铸件的铸造方法。由于铸型是用金属制成的，可以反复使用，故金属型铸造又称硬模铸造或永久型铸造。金属型的结构有水平分型式和垂直分型式两种。金属型的材料根据浇注合金的种类选择，浇注低熔点合金（如锡合金、锌合金、镁合金）时可选用灰铸铁；浇注铝合金、铜合金时可选用合金铸铁；浇注铸铁和铸钢时必须选用碳钢和合金钢等。

金属型铸造的工艺过程包括以下要点：

① 金属型预热。未预热的金属型不能进行浇注。这是因为金属型导热性好，液体金属冷却快，流动性急剧降低，容易使铸件出现冷隔、浇不足、夹杂、气孔等缺陷。此外，未预热的金属型在浇注时，铸型将受到强烈的热冲击，应力倍增，使其极易破坏。因此，金属型在开始工作前，应该先预热，适宜的预热温度（即工作温度）随合金的种类、铸件结构和大小而定。一般情况下，金属型的预热温度不低于 150℃。金属型的预热方法有：用喷灯或煤气火焰预热；采用电阻加热器；采用烘箱加热；先将金属型放在炉上烘烤，然后浇注液体金属将金属型烫热。

② 金属型喷刷涂料。在金属型铸造过程中，常需在金属型的工作表面喷刷涂料。喷刷涂料的作用是保护金属型腔工作表面免受金属液的直接冲蚀和热冲击，使铸件获得光洁的表面；另外还可通过涂料层的厚薄来调节铸件各部位的冷却速度；利用涂料层还可蓄气排气。不同的合金采用的涂料不同，如铝合金铸件常用含氧化锌粉、滑石粉和水玻璃的涂料。

③ 金属型浇注。由于金属型的导热能力强，因此相同合金的浇注温度应比砂型铸造高 20～30℃；适当提高浇注温度可降低铸件的冷却速度和提高金属液的流动性。

④ 及时开型取件。由于金属型和金属芯没有退让性，如果铸件在型腔内停留时间过长，温度过低，铸件会因收缩而引起内应力增大，容易产生裂纹；同时，温度过低也会增加开型、抽芯和取出铸件的难度，因此应尽早开型取出铸件。一般铸铁件的开型温度为 900℃左右，非铁合金铸件只要冒口基本凝固即可开型。

下面以拉力试棒铸件为例介绍金属型铸造成型实验，拉力试棒金属型模具如图 2-7 所示。

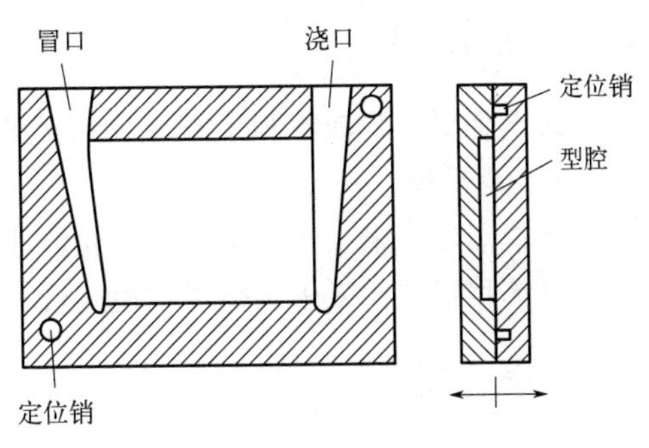

图 2-7　拉力试棒金属型模具图

2.4.3 实验设备及材料

① 设备：熔炼浇注工具（浇勺、渣勺）；锭模；拉力试棒钢模；坩埚电阻炉；带热电偶自动控温仪；箱式电阻炉；万能材料试验机。

② 材料：铸铝合金 ZL102；变质剂。

2.4.4 实验步骤

① 将坩埚清理好，并预热至 150～250℃时涂料；把渣勺、浇勺、拉力试棒钢模和锭模清理后，在箱式炉中预热至 250～300℃时喷涂料。

② 将金属炉料铸铝合金 ZL102 放在箱式电炉内预热至 300～400℃，变质剂按炉料总量的 1%～3%计算，并放在炉子旁边进行预热。

③ 将预热的金属炉料加入坩埚电阻炉中，待炉料全部熔化后搅拌均匀，并升温至 680～720℃。

④ 从箱式炉中取出预热的钢模、浇勺，把钢模放于铸铁板上用钳子夹紧；用浇勺从坩埚中取出铝水，于 700～720℃时平稳地浇入钢模；当试棒冒口变硬时，打开钢模，取出零件；待试棒冷却后，在每根试棒的夹头上打上钢印标记。

⑤ 把烘干的变质剂均匀地撒在合金液面上并保持密封，变质剂在液面停留 10～12min；打破液面硬壳层，用渣勺将硬壳碎块压入合金液内约 150mm 处，至全部吸收为止；变质处理完毕后，将液面熔渣清理并立即浇注；待拉力试棒冷却后，将浇口和冒口多余的部分锯掉。

⑥ 检查变质前后试样的断口组织，并在万能材料试验机上测定变质前后试棒的力学性能。

2.4.5 实验记录与结果分析

① 分组进行实验，记录铸铝合金 ZL102 不同的浇注温度，根据所得试棒的力学性能分析浇注温度对金属型铸件质量的影响。

② 分组进行实验，在其他条件相同的情况下，记录使用变质剂及不使用变质剂时的情况，根据变质前后试棒的力学性能分析加入变质剂对金属型铸件质量的影响。

③ 根据所测量的金属型模具的数据，画出金属型的结构形式，并标出金属型的基本组成部分（如分型面、浇冒系统等）。

2.4.6 注意事项

① 由于金属型的激冷和不透气，浇注速度应做到先慢、后快、再慢，在浇注过程中应尽量保证液流平稳。

② 严禁潮湿及未预热的铝锭、熔化浇注工具接触铝液，以免引起爆炸事故。

③ 严禁将铝液倒入未预热的钢模、锭模内或地面，以免爆炸。

2.4.7 思考题

① 比较金属型铸造与砂型铸造在技术上与经济上有哪些优点？

② 铸铝合金 ZL102 变质前后断口及力学性能各有什么不同?

③ 铝合金进行变质处理的基本原理是什么?

2.5　金属压力铸造成型实验

2.5.1　实验目的

① 了解压力铸造的特点及应用。

② 掌握压力铸造的基本原理及工艺流程。

③ 了解压铸机的结构及压铸机的操作方法。

2.5.2　实验原理

压力铸造简称压铸，是通过压铸机将熔融或半熔融的金属以高速压入金属铸型，并使金属在压力下快速凝固的铸造方法。常用压力为 5～150MPa，充型速度为 0.5～50m/s，充型时间为 0.01～0.2s。压铸法与其他铸造方法相比具有下列特点：

① 高压和高速充型是压力铸造的最大特点。压铸法可以铸出形状复杂、轮廓清晰的薄壁铸件，如铝合金压铸件的最小壁厚可为 0.5mm，最小铸出孔直径为 0.7mm。

② 压铸法生产率高，易于实现机械化和自动化，劳动条件好。压力铸造是所有铸造方法中生产率最高的，最高可达 500 件/时。

③ 铸件尺寸精度高，表面粗糙度小。压铸件尺寸公差等级可达 CT3～CT6，表面粗糙度 Ra 一般为 0.8～3.2μm。一般不需机械加工可直接使用，而且组织细密、铸件强度高。

④ 压铸件中可嵌铸零件（材料可以是钢、铁、铜合金、金刚石等），既节省贵重材料和机加工工时，也替代了部件的装配过程，可以省去装配工序，简化制造工艺。

压力铸造工艺也存在下列不足之处：

① 压铸时液体金属充填速度高，型腔内气体难以完全排除，铸件易出现气孔和裂纹及氧化夹杂物等缺陷，压铸件通常不能进行热处理。

② 压铸模的结构复杂、制造周期长、成本较高，不适合小批量铸件生产。

③ 压铸机造价高、投资大，受到压铸机锁模力及装模尺寸的限制，不适宜生产大型压铸件。

④ 合金种类受限，适用于锌、镁、铜等有色合金，对压铸某些内凹件、高熔点合金铸件比较困难。

压力铸造的基本原理主要是金属液的压射成型原理。通常铸造条件是通过压铸机的速度、压力以及速度的切换位置来调整的。压力铸造的工艺过程如图 2-8 所示：①合型与浇

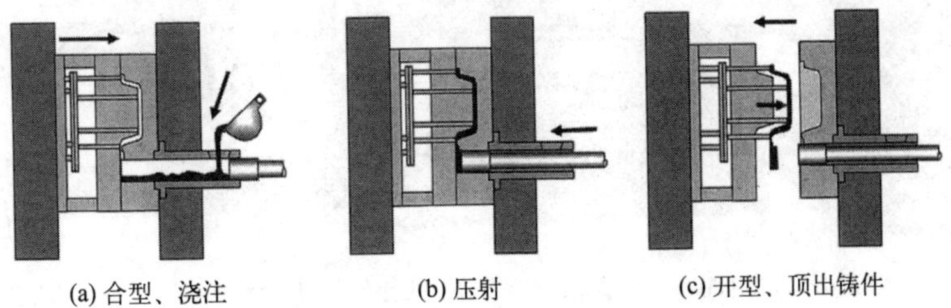

(a) 合型、浇注　(b) 压射　(c) 开型、顶出铸件

图 2-8　压力铸造的工艺过程

注。先闭合压型，然后手工将定量勺内金属液体通过压射室上的注液孔向压射室内注入。②压射。将压射冲头向前推进，将金属液迅速压入铸型型腔。③开型及顶出铸件。金属在压力下凝固完毕后，抽芯机构将型腔两侧芯同时抽出，动型左移开型，压射冲头退回，压铸型打开，铸件借冲头的前伸动作被顶离压室。

在压铸生产中，压铸机、压铸合金和压铸型是三大要素。对压射比压的选择，应根据不同合金和铸件结构特性确定；对充填速度的选择，一般对于厚壁或内部质量要求较高的铸件，应选择较低的充填速度和高的增压压力；对于薄壁或表面质量要求高的铸件以及复杂的铸件，应选择较高的比例和高的充填速度。

① 浇注温度。浇注温度是指进入型腔时液态金属的平均温度，由于对压室内的液态金属温度测量不方便，一般用保温炉内的温度表示。浇注温度过高，收缩大，使铸件容易产生裂纹、晶粒粗大，还能造成粘型；浇注温度过低，易产生冷隔、表面花纹和浇不足等缺陷。因此，浇注温度应与压力、压铸型温度及充填速度同时考虑。

② 压铸型的温度。压铸型在使用前要预热到一定温度，一般多用煤气、喷灯、电器或感应加热。在连续生产中，压铸型温度往往升高，尤其是压铸高熔点合金，升高很快。温度过高除使液态金属产生粘型外，还使铸件冷却缓慢，晶粒粗大。因此，在压铸型温度过高时，应采用冷却措施。通常用压缩空气、水或化学介质进行冷却。

③ 充填、持压和开型时间。自液态金属开始进入型腔起到充满型腔为止所需的时间称为充填时间。充填时间的长短取决于铸件的体积大小和复杂程度。对大而简单的铸件，充填时间要相对长些；对复杂和薄壁铸件充填时间要短些。从液态金属充满压铸模具型腔到内浇口完全凝固，冲头压力作用在金属液上所持续的时间称持压时间。持压时间的长短取决于铸件的材质和壁厚。持压后应开型取出铸件。从压射终了到压铸打开的时间称为开型时间，开型时间应控制准确。开型时间过短，由于合金强度尚低，可能在铸件顶出和自压铸型落下时引起变形；但开型时间太长，则铸件温度过低，收缩大，对抽芯和顶出铸件的阻力亦大。一般开型时间按铸件壁厚 1mm 需 3s 计算。

压力铸造所用的设备称压铸机，它为金属液提供充型压力。压铸机可分为热压室式和冷压室式两大类。热压室式压铸机压室与合金熔化炉成一体或压室浸入熔化的液态金属中，用顶杆或压缩空气产生的压力进行压铸。热压室式压铸机压力较小，压室易被腐蚀，一般只用于铅、锌等低熔点合金的压铸，生产中应用较少。冷压室式压铸机压室和熔化金属的坩埚是分开的。根据压室与铸型的相对位置不同，可分为立式和卧式两种。图 2-9 为工程上应用较广的卧式冷室压铸机。压力铸造使用的金属铸型称压铸型，它安装在压铸机上，主要由定

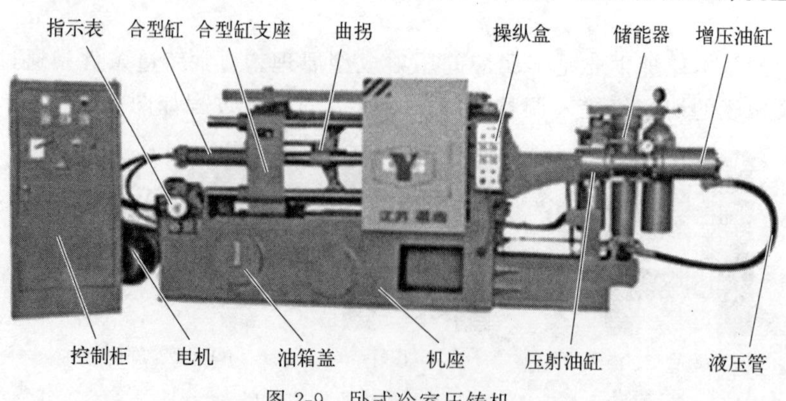

图 2-9　卧式冷室压铸机

型、动型和铸件顶出机构等部分组成。

目前压铸工艺主要用于大批量生产低熔点有色金属铸件，其中铝合金占总量的 30%～60%，其次为锌合金及铜合金。汽车、拖拉机制造业应用压铸件最多，在仪表、电气和农业、国防、计算机、医疗等机器制造业也有广泛应用。压铸生产的零件主要有发动机气缸体、气缸盖、变速箱体、发动机罩、仪表和照相机壳体、支架、管接头及齿轮等。

下面以铝合金 ZL102 为例介绍金属压力铸造成型实验。

2.5.3　实验设备及材料

① 设备：卧式冷室压铸机；压铸模；游标卡尺；电阻炉。

② 材料：压铸铝合金 ZL102；压铸涂料。

2.5.4　实验步骤

① 压铸合金及其熔炼。将坩埚清理干净并刷上氧化锌涂料，将电炉接通电源（设定温度为 750℃），待坩埚涂料烘烤至淡黄色时投入铸铝 ZL102（炉温设定为 750℃），待投入的铝合金全部熔化后按除渣剂说明加入除渣剂除渣，等待浇注。

② 将压铸模具装到压铸机上，用压板压紧（注意压室凸台需对准直浇道）。

③ 准备浇注工具进行浇注，浇注工具经 2000℃预热涂上涂料，再烤干。

④ 按照设定的压射力、浇注温度、压射速度进行压铸。

⑤ 实验完毕后取出铸件。

2.5.5　实验记录与结果分析

① 记录实验中使用的压铸机型号及主要指标，记录压铸模相关尺寸。

② 分组进行实验，记录不同压射力（其他保持不变）时的情况，根据取出铸件有无缺陷分析压射力对铝合金 ZL102 压铸件质量的影响。

③ 分组进行实验，记录不同浇注温度（其他保持不变）时的情况，根据取出铸件有无缺陷分析浇注温度对铝合金 ZL102 压铸件质量的影响。

④ 分组进行实验，记录不同压射速度（其他保持不变）时的情况，根据取出铸件有无缺陷分析压射速度对铝合金 ZL102 压铸件质量的影响。

2.5.6　注意事项

① 严禁潮湿及未预热的铝锭、熔化浇注工具接触铝液，以免引起爆炸事故。

② 严禁将铝液倒入未预热的钢模、锭模内或地面，以免爆炸。

③ 操作时，关掉电源，以免触电。

④ 穿戴好防护用品。

⑤ 压铸过程中，为了避免铸件与压铸型焊合，减少铸件顶出的摩擦阻力和避免压铸型过分受热，应采用涂料。

⑥ 压铸铸件表面清理多采用普通多角滚筒和振动埋入式清理装置。对批量不大的简单小件，可用多角清理滚筒；对表面要求高的装饰品，可用布制或皮革的抛光轮抛光；对大量生产的铸件可采用螺壳式振动清理机。清理后的铸件按照使用要求，还可进行表面处理和浸渍，以增加光泽，防止腐蚀，提高气密性。

2.5.7 思考题

① 压铸法与其他铸造方法相比具有哪些优点?

② 压力铸造与低压铸造的工作原理有什么不同?

③ 压力铸造过程中为什么要使用压铸涂料?

2.6 金属离心铸造成型实验

2.6.1 实验目的

① 了解离心铸造的基本概念、工艺过程、特点及适用范围。

② 了解离心铸造机的基本结构、工作原理和操作方法。

③ 理解离心铸造工艺对共晶铝合金组织结构的影响规律。

2.6.2 实验原理

离心铸造是将熔融金属浇入高速旋转的铸型中,使其在离心力作用下填充铸型并结晶,从而获得铸件的方法。离心铸造可以在金属型中浇注,也可以在砂型中浇注。金属过滤、浇注温度、铸型转速、熔渣利用、涂料使用、铸件脱型、浇注系统、浇注定量等是在离心铸造生产中必须确定或解决的工艺问题,因为它们直接影响着铸件的质量和生产效率。

① 金属过滤。有些合金液中有较多难以除去的渣滓,可在浇注系统中放置各种过滤网清除渣滓,如泡沫陶瓷过滤网、玻璃丝过滤网等。

② 浇注温度。离心铸件大多为管状、套状、环状件,金属液充型时遇到的阻力较小,又有离心压力或离心力加强金属液的充型能力,故离心铸造时的浇注温度可较重力浇注时低5~10℃。

③ 铸型转速。铸型转速是离心铸造时的重要工艺因素,不同的铸件,不同的铸造工艺,铸件成型时的铸型转速也不同。过低的铸型转速会使立式离心铸造时金属液充型不良,卧式离心铸造时出现金属液雨淋现象,也会使铸件内出现疏松、夹渣、铸件内表面凹凸不平等缺陷;铸型转速太高,铸件上易出现裂纹、偏析等缺陷,砂型离心铸件外表面会形成胀箱等缺陷,还会使机器出现大的振动、磨损加剧、功率消耗过大。所以,铸型转速的选择原则应是在保证铸件质量的前提下,选取最小的数值。铸型转速一般在250~1500r/min范围内。

④ 熔渣利用。为克服厚壁离心铸件双向凝固所引起的皮下缩孔缺陷,可在浇注时把造渣剂与金属液一起浇入型内,熔渣覆盖在铸件内表面上,阻止内表面的散热,创建由外向里的顺序凝固条件,消除皮下缩孔。同时,造渣剂还可起精炼金属液的作用。浇注造渣剂的方法是:浇注时在浇注槽中撒粉状造渣剂;把熔融的渣滓与金属液一起浇入型内。

⑤ 涂料使用。离心金属型用涂料的组成与重力金属型铸造相似。浇注细长离心铸件时,由于清除铸型工作面上的残留涂料较为困难,故涂料组成中黏结剂在高温工作后的残留量应尽量低,以便于清除。

⑥ 铸件脱型。为了提高生产效率,在保证质量的前提下,应尽早进行铸件的脱型。有

时为了防止铸件的开裂，脱型后的铸件应立即放入保温炉或埋入砂堆中降温。对一些不易脱型又须缓冷防裂的铸件，则可在铸型停止转动后立刻把有铸件的铸型从离心铸造机上取下，埋入砂堆中缓慢冷却，至室温时再脱型。

⑦ 浇注系统。离心铸造时的浇注系统主要指接收金属的浇杯和与它相连的浇注槽，有时还包括铸型内的浇道。设计浇注系统时，应注意以下原则：a. 浇注长度长、直径大的铸件时，浇注系统应使金属液能较快地均匀铺在铸型的内表面上；b. 浇注易氧化金属液或采用离心砂型时，浇注槽应使金属液能平衡地充填铸型，尽可能减少金属液的飞溅，减少对砂型的冲刷；c. 浇注成型铸件时，铸型内的浇道应能使金属液顺利流入型腔；d. 浇注终了后，浇杯和浇注槽内应不留金属和熔渣。如有残留金属和熔渣，也应易于清除。

⑧ 浇注定量。离心铸件内径常由浇注金属液的数量决定，故在离心浇注时，必须控制浇入型内的金属液数量，以保证内径大小。在浇注包架子上安装压力传感器进行离心浇注自动定量和保温感应炉电磁泵定量浇注也已在生产中应用。

离心铸造的优点是：

① 液体金属能在铸型中形成中空的自由表面，不用型芯即可铸出中空铸件，简化了套筒、管类铸件的生产过程。

② 在离心力作用下，提高了金属液的充型能力，金属液自外表面向内表面顺序凝固，因此铸件组织致密，无缩孔、气孔、夹渣等缺陷，力学性能提高。因此，一些流动性较差的合金和薄壁铸件都可用离心铸造法生产。

③ 便于制造筒、套类“双金属”复合铸件，如制造钢套铜衬滑动轴承、外层高铬钢芯部球墨铸铁的复合轧辊等。

④ 几乎不存在浇注系统和冒口系统的金属消耗，金属利用率较高。

离心铸造的不足之处是：利用自由表面形成内孔，故尺寸误差大；金属液中的气体和夹杂物因密度小而集中在铸件内表面，使其质量较差；铸件易产生比重偏析，对易产生比重偏析的合金铸件（如铅青铜）不适合，尤其不适合铸造杂质比重大于金属液的合金。

离心铸造主要用于生产空心回转体铸件，如铸铁管、铜套、缸套、活塞环等。此外，在耐热钢管、特殊无缝钢管毛坯、冶金轧辊等生产方面，离心铸造的应用也很有成效。离心铸造使用的设备为离心铸造机，通常可分为立式和卧式两大类（图 2-10）。立式离心铸造机的铸型是绕垂直轴回转的，主要用来生产高度小于直径的环类铸件；卧式离心铸造机的铸型绕水平轴旋转，主要用来生产长度大于直径的套类和管类铸件。

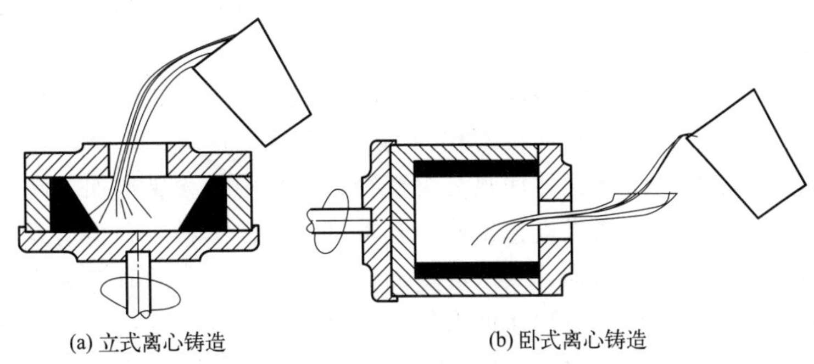

(a) 立式离心铸造　　(b) 卧式离心铸造

图 2-10　离心铸造的设备

下面以共晶铝合金为例介绍金属离心铸造成型实验。

2.6.3 实验设备及材料

① 设备：卧式离心铸造机；筒状铸件成型模具；电阻炉；浇注工具。

② 材料：过共晶 Al-Si-Mg 合金（主要合金成分为 Al23Si5Mg）。

2.6.4 实验步骤

① 拟定铸造工艺参数。根据离心铸造工艺特征及铸造制备的需要，拟定铸造工艺参数。

② 将过共晶 Al-Si-Mg 合金放入电阻炉中加热熔化，温度范围为 700～800℃。

③ 在离心机上安装筒状铸件成型模具，并对模具进行预热。

④ 设定离心铸造机的转速及旋转时间，开启离心铸造机。

⑤ 定量浇注铝合金。采用合适的浇注方式将铝合金液浇入离心成型铸件型腔中，让其在离心力的作用下充型。

⑥ 停机，冷却凝固后获得铸件，观察铸件宏观结构特征。

2.6.5 实验记录与结果分析

① 记录实验中使用的离心铸造机的型号及主要指标，记录筒状铸件成型模具相关尺寸。

② 分组进行实验，记录不同浇注温度（其他保持不变）时的情况，根据取出铸件有无缺陷分析浇注温度对过共晶 Al-Si-Mg 合金套筒铸件质量的影响。

③ 分组进行实验，记录不同离心转速（其他保持不变）时的情况，根据取出铸件有无缺陷分析离心转速对过共晶 Al-Si-Mg 合金套筒铸件质量的影响。

2.6.6 注意事项

① 铸型的转数是离心铸造的重要参数，既要有足够的离心力以增加铸件金属的致密性，又不能太大，以免阻碍金属的收缩。尤其是对于铅青铜，过大的离心力会在铸件内外壁间产生成分偏析。一般转速在每分钟几十转到 1500 转左右。

② 在离心铸造工件的时候，需要先烘烤铸模，将其中的水汽去除并且通过提高模温来防止爆炸飞溅。烘烤可用喷灯或红铁块等方式来操作，同时也为涂料的烘干做好准备。

③ 对低碳钢铸件，浇注时应尽可能采用底注式浇注方式，使钢水充型流动平稳，模样热分解产物能顺利进入集渣腔或冒口中，从而减少模样热分解产物中液相和固相的接触反应时间，降低或消除增碳概率。低碳钢铸件一般不宜使用雨淋式浇注系统，易使铸件增碳、渗碳、积碳，导致铸件产生严重缺陷。

④ 选择并确定铸件适宜的浇注温度和浇注速度。相同的铸件如浇注工艺不同，在相同温度浇注钢液时，实际充型温度是完全不相同的。如浇注温度提高，浇注速度也提高，将造成模样热分解加快而不易完全气化，使热分解产物在液相中的含量增加，同时因钢液与模样的间隙较小，液相中的热分解物常被挤出间隙，被挤到模样涂料层和金属液之间，或钢液流动的冷角、死角，造成接触面增加，碳浓度增加，渗碳量增大。同时特别要注意，如浇注工艺不合理，钢液浇注温度过高且浇注速度太快，将会造成冒气、反喷等生产事故。

⑤ 在筒状铸件成型模具上涂料过程中添加防渗碳材料。在涂料配制过程中加入某些抗增碳的催化剂，如碱金属盐、石灰石粉等，浇注后使涂料层中能分解出足够量的 CO、CO_2 气体进行吸碳，从而防止铸件渗碳；或在涂料中加入氧化剂，促使模样热分解后的 C、H_2

气体转变为中性气体，从而减少模样热分解后形成的 C 与 H 向铸件内渗入，避免造成铸件增碳或氢脆现象。

2.6.7　思考题

① 离心铸造工艺有哪些优点与缺点？

② 离心铸造铸件的微观组织有哪些特点？它对铸件的力学性能有哪些影响？

③ 离心铸造模具涂料具有哪些功能？

2.7　圆柱体自由镦粗成型实验

2.7.1　实验目的

① 分析锻造成型过程中金属材料变形过程及流动规律，加深对塑性成型相关概念的理解。

② 熟悉锻造成型加热设备（如箱式电阻炉）和成型设备（如四柱液压机），培养学生实际动手能力。

③ 掌握圆柱体镦粗的实验方法和操作要领，增强对成型工艺的感性认识。

2.7.2　实验原理

锻造是在一定的温度条件下，用工具或模具对坯料施加外力，使坯料发生塑性变形，从而使坯料发生体积的转移和形状的变化，获得一定尺寸和性能的锻件。锻造工艺分为自由锻和模锻。自由锻的基本工序是使金属产生一定程度的塑性变形，以达到所需形状及尺寸的工艺过程。自由锻常用的基本工序有镦粗、拔长（横截面积或壁厚减小，长度增加）和冲孔（形成通孔或不通孔）。其中镦粗是指在外载荷的作用下，使毛坯高度减小而横截面积增大的锻造工序。

镦粗的作用：将高径（宽）比大的坯料锻成高径（宽）比小的饼块锻件；锻造空心锻件时在冲孔前使坯料横截面增大和平整；锻造轴杆锻件时可以提高后续拔长工序的锻造比；提高锻件的横向力学性能和减少力学性能的异向性等。此外，反复进行镦粗和拔长还可以破碎合金工具钢中的碳化物，并使其分布均匀。

镦粗一般采用如图 2-11 的平砧镦粗进行，镦粗后锻件的变形程度大小可分为如图 2-11 所示的三个区域：Ⅰ难变形区、Ⅱ大变形区及Ⅲ小变形区。

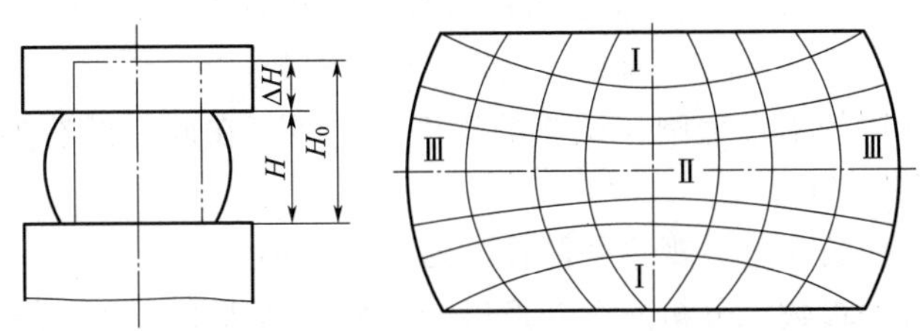

图 2-11　平砧镦粗及镦粗时的变形分布

区域Ⅰ：称为难变形区，这是和上下平砧相接触的区域。由于表层受到很大的摩擦阻力，这个区域内的单元体都处于三向压应力状态，愈接近试样件中心，三向压缩愈强烈。这个区域的变形很小。同时，离接触表面的距离越远，摩擦力的影响越小，所以区域Ⅰ大体上是一个圆锥体。该区域由于变形程度小和温度低，故镦粗钢锭时此区铸态组织变形不易破碎和再结晶，结果仍保留粗大的铸态组织。

区域Ⅱ：称为大变形区，它处于上下两个难变形锥体之间（外围层除外）。这部分金属受到接触摩擦力的影响已经很小，因而在水平方向上受到的压应力较小，单元体主要在轴向力作用下产生很大的压缩变形，径向有较大的扩展，由于难变形锥体的压挤作用，横向坐标网格线还有向上、下弯曲的现象，这些变形的综合作用就导致圆柱体外形出现了鼓形。该区域由于变形程度大和温度高，铸态组织易被破碎和再结晶，形成细小晶粒的锻态组织，而且锭料中部的原有孔隙也被焊合了。

区域Ⅲ：称为小变形区，是外侧的筒形区部分，其变形程度介于区域Ⅰ与区域Ⅱ之间。该区域由于受到区域Ⅱ的扩张作用，因而纵向坐标线呈鼓形；鼓形部分存在切向拉应力，越靠近坯料表面切向拉应力越大，当切向拉应力超过材料的强度极限时，表面容易产生45°方向的裂纹。

对于不同高径比尺寸的坯料进行镦粗时，产生的形特征和内部变形分布均不相同：①镦粗短毛坯（$H/D<0.5$）时，其变形程度大小也可分为三区，但由于相对高度较小，内部各处的变形条件相差不太大，内部变形比较均匀，鼓形度也较小。②镦粗一般高度毛坯（$0.5<H/D\leqslant 1.0$）时，只产生单鼓形，形成三个变形区。③镦粗较高的毛坯（$H/D\approx 3.0$）时，常常先产生双鼓形，上部和下部变形大、中部变形小。在锤上、水压机上或热模锻压力机上镦粗时均可能产生双鼓形，且在锤上镦粗时双鼓形更容易产生。④镦粗更高毛坯（$H/D>3.0$）时，容易失稳而弯曲，尤其当毛坯端面与轴线不垂直、毛坯有初弯曲、各处温度和性能不均、砧面不平时，更容易产生弯曲。

下面以铝合金圆柱试样为例介绍自由镦粗成型实验。

2.7.3 实验设备及材料

① 设备：四柱液压机；箱式电阻炉；万能材料试验机；平砧模一副；垫铁一套。

② 材料：不同高径比铝合金圆柱形试样若干。

2.7.4 实验步骤

① 准备试样，设定箱式电阻炉的加热温度，然后将试样放进加热炉中加热并保温一段时间；

② 将平砧面擦干净，取一个铝合金圆柱试样，使用四柱液压机先进行自由镦粗实验，确定相对变形为30%时所需要的力和时间，确定锻造参数。

③ 测量高径比不同的铝合金圆柱试样的高度和直径，在同一锻造参数下，分别将高径比不同的试样进行镦粗实验。

④ 测量镦粗后试样的高度，观察并测量鼓形区的大小。

⑤ 整理并计算有关参数，分析三个变形区的划分及其所受应力状态。

2.7.5 实验记录与结果分析

① 分组进行实验，记录不同加热温度和保温时间时的情况，根据所得锻造参数分析加

热温度和保温时间对金属镦粗质量的影响。

② 分组进行实验，记录不同相对变形时所需要的力和时间，根据所得锻造参数分析相对变形对金属镦粗质量的影响。

③ 分组进行实验，在其他条件相同的情况下，记录使用高径比不同的铝合金圆柱试样进行镦粗的情况，根据所得锻造参数分析高径比对金属镦粗质量的影响。

④ 观察并测量鼓形区的大小，画图分析三个变形区的划分及其所受应力状态。

2.7.6　注意事项

① 为防止纵向弯曲，毛坯高度与直径之比应在一定范围，高径比要小于 2.5。

② 镦粗前毛坯端面应平整，并与轴心线垂直。

③ 镦粗前毛坯加热温度应均匀，镦粗时要把毛坯围绕着它的轴心线不断地转动，毛坯发生弯曲时必须立即校正。

④ 注意每次的压缩量及终锻温度。镦粗时每次的压缩量应小于材料塑性允许的范围。如果镦粗后需进一步拔长时，应考虑拔长的可能性，即不要镦粗得太低，避免在终锻温度以下镦粗。

⑤ 对有皮下缺陷的锭料，镦粗前应进行倒棱制坯，其目的是焊合皮下缺陷，使镦粗时侧表面不致产生裂纹，同时也去掉钢锭的棱边和锥度。

⑥ 为减小镦粗所需的力量，毛坯应加热到该种材料所允许的最高温度。

⑦ 镦粗时毛坯高度应与设备空间相适应。在锤上镦粗时，应使锤头的最大行程与毛坯的原始高度差大于 0.25 倍的锤头最大行程。

2.7.7　思考题

① 镦粗在常温下产生三个不均匀变形区域的原因是什么？

② 镦粗的不均匀变形对锻件的组织和性能有什么影响？

③ 解释鼓变现象并讨论不同高径比对镦粗的影响。

2.8　铝制品模锻成型实验

2.8.1　实验目的

① 了解坯料尺寸对模膛充满的影响。

② 了解飞边槽的作用。

③ 分析模锻金属的流动情况，研究模锻成型的变形过程和规律。

2.8.2　实验原理

模锻是将常温或热态的坯料放入模膛中进行塑性成型的一种锻造方法。模锻一般都是在锻压设备上进行的。大多数金属材料常温下具有良好的强度、硬度和抗变形能力。因此，锻造前坯料常要加热到一定的温度范围，使其强度、硬度和抗变形能力降低，塑性提高，以便金属在模膛中流动成型。

锤上模锻时，金属流动过程如图 2-12 所示，大致分为四个阶段：

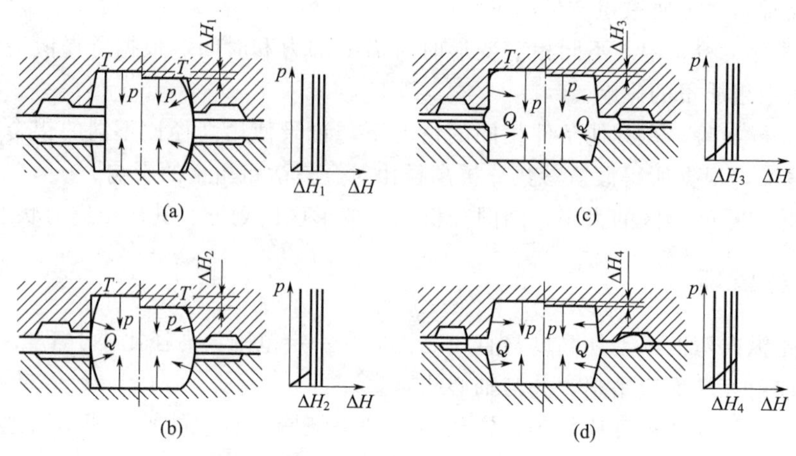

图 2-12　模锻中金属流动过程的四个阶段

(a) 第Ⅰ阶段；(b) 第Ⅱ阶段；(c) 第Ⅲ阶段；(d) 第Ⅳ阶段

① 第Ⅰ阶段：镦粗变形，这是自由镦粗变形过程。对某些锻件还可能带有局部压入变形的特征。坯料在模膛中发生镦粗变形的过程中，高度 ΔH_1 减小，径向尺寸逐渐增大，直到金属与模壁接触为止。这时变形金属处于较弱的三向压应力状态，镦粗所需的变形力不大。

② 第Ⅱ阶段，形成飞边，这是充满型槽的过程。第Ⅰ阶段结束后，由于金属流动受到模壁阻碍，有助于流向型槽高度方向，同时开始流入飞边槽。当压下量达到 ΔH_2 时，出现少许飞边，此时所需变形力明显增大。

③ 第Ⅲ阶段，充满模膛，这是充满型槽的过程。由于有了飞边的阻碍作用，在变形金属内部形成更为强烈的三向压应力状态。在压下量达到 ΔH_3 的过程中，金属在不断流向飞边槽的同时，型槽内各处逐渐被充满。在这一阶段中，飞边厚度越来越薄，宽度增大，温度下降，变形抗力明显上升，从而造成更大的横向阻力，使金属向飞边槽流出愈加困难，促使整个型槽得以充满。在此阶段中，所需变形力急剧上升。

④ 第Ⅳ阶段，打靠，这是锻足或打靠的最后阶段。开式模锻的金属流动过程都得经历这一阶段，因为只能是先充满型槽，然后才能将上下模打靠。实际上要做到充满型槽的同时上下模恰好打靠，这是难以实现的。实际情况往往是型槽先充满，然后将多余金属排入飞边槽，直到上下模打靠为止。在此阶段中，由于飞边温度低，阻力大，为把多余金属排入飞边槽和将上下模打靠，所需的锻击力最大，所消耗的打击能量占整个锻件成型全过程所消耗能量的比例最大。

由以上模锻金属的流动情况分析可知，模锻的终锻型槽周边必须有飞边槽。飞边槽一般具有以下三个方面的作用：①造成足够大的横向阻力，促使型槽得以充满；②容纳多余金属。在第Ⅲ阶段中，型槽已充满，只有多余金属等待排出。此时，飞边槽所起作用为容纳多余金属；③缓冲锤击。在终锻过程中，飞边如同垫片能够缓冲上下模块相击，从而防止分模面过早压陷或崩裂。

此外，飞边槽的形式及尺寸大小对锻件成型影响也很大。合适的飞边槽形状及尺寸大小，应当是既保证锻件充满成型又能容纳多余金属，还应当使锻模有较长的工作寿命。

下面以铝制品为例介绍模锻成型实验。

2.8.3 实验设备及材料

① 设备：四柱液压机；锻模模具一套；加热套一副。

② 材料：6061 铝试样若干。

2.8.4 实验步骤

① 把锻模模具安装到液压机上，对模具进行加热并检测模具加热温度。

② 将铝合金坯料放入炉中加热到 460℃，保温 10min。

③ 将脱模剂均匀涂在锻模的凹模上，然后将预热的铝合金坯料放入下凹模的模膛中，并将上凹模与下凹模闭合。

④ 开动液压机，使滑块下行，迫使铝合金试样变形，直到上、下凹模端面接触为止。

⑤ 记录冲头的挤压行程-压力曲线。

⑥ 取出坯料，分析充填率。

2.8.5 实验记录与结果分析

① 绘制液压机冲头的挤压行程-压力曲线。

② 测量压制出的铝制品零件的尺寸。

③ 计算充填率，并分析产生缺陷的原因。

2.8.6 注意事项

① 模锻实验之前需在教师指导下，对液压机的结构和工作原理进行了解。

② 安装锻模模具之前需对锻模各个零件的结构和作用进行了解。

2.8.7 思考题

① 模锻与自由锻相比具有哪些特点？

② 飞边槽的主要结构形式有哪些？分别有怎样的适用范围？

③ 锻模模膛有哪些类型？选择锻模分模面时要注意哪些原则？

2.9 低碳钢板料的冲裁成型实验

2.9.1 实验目的

① 了解冲裁剪切过程，加深对冲裁受力状态及冲裁剪切断面特征的理解。

② 理解冲裁间隙对冲裁件断面质量、尺寸精度和冲裁力的影响。

③ 掌握板料冲裁实验的操作方法。

2.9.2 实验原理

冲裁是利用模具使坯料沿封闭轮廓分离的一种冲压工艺。冲裁包括落料工序和冲孔工序。落料是指从板料上冲下所需形状的零件或者毛坯；而冲孔则是指在板料或者工件上冲出所需形状的孔，冲去的为废料。

冲裁时板料的变形和分离过程对冲裁件质量有很大影响，其过程可分为三个阶段，如图 2-13。

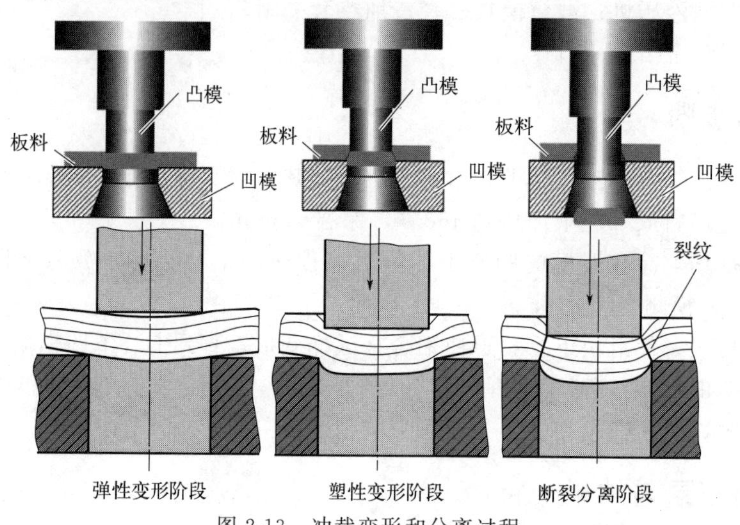

图 2-13　冲裁变形和分离过程

① 弹性变形阶段，凸模与材料接触后，使材料压缩产生拉伸和弯曲弹性变形。此时，材料内应力没有超过材料的弹性极限；若卸去载荷，材料可以恢复原状。

② 塑性变形阶段，当凸模继续下压，材料内的应力值达到屈服强度时开始产生塑性流动、滑移变形，同时还伴随有金属的拉伸和弯曲。随着凸模挤入材料的深度增大，塑性变形程度逐渐增大，变形区材料硬化加剧，直到刃口附近的材料内应力达到材料强度极限，冲裁力达到最大值，材料出现裂纹，破坏开始，塑性变形阶段结束。

③ 断裂分离阶段，随着凸模继续压入材料，已经出现的上、下裂纹逐渐向金属内层扩展延伸，当上、下裂纹相通重合时，材料即被剪断而完成分离过程。

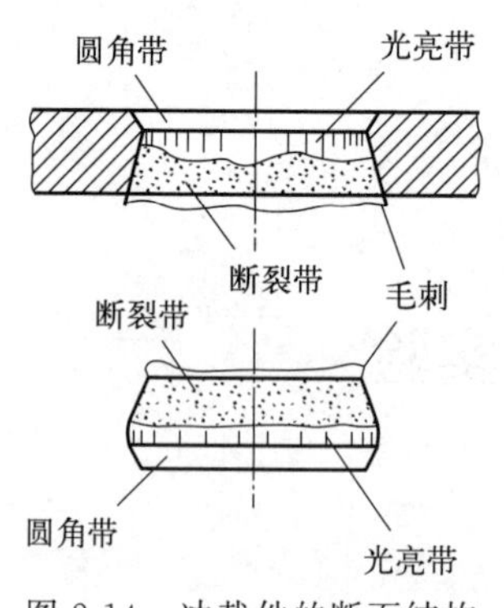

图 2-14　冲裁件的断面结构

冲裁件质量主要是指剪切断面质量、表面质量、形状误差和尺寸精度。对于冲裁工序而言，冲裁件剪切断面质量往往是关系到工序成功与否的重要因素。冲裁件剪切断面如图 2-14 所示，可以看出无论是冲孔还是落料，都可以明显地分为四个部分：光亮带、断裂带、圆角带和毛刺。

① 光亮带的形成是在冲裁过程中，模具刃口切入材料后，材料与模具刃口侧面挤压而产生塑性变形的结果。光亮带部分由于具有挤压特征，表面光洁垂直，是冲裁件剪切断面上精度最高、质量最好的部分。光亮带所占比例通常是冲裁件断面厚度的 1/3～1/2。

② 断裂带是在冲裁过程的最后阶段，材料剪断分离时形成的区域，是模具刃口附近裂纹在拉应力作用下不断扩展而形成的撕裂面。断裂带表面粗糙并略带斜角，不与板平面垂直。

③ 圆角带形成的原因是当模具压入材料时，刃口附近的材料被牵连变形的结果，材料塑性越好，则圆角带越大。

④ 毛刺是冲裁过程中出现微裂纹时形成的。随后已形成的毛刺被拉长，并残留在冲裁件上。

一般冲裁件剪切断面的毛刺高度低、断裂带窄、光亮带宽、圆角带小，则冲裁件的断面质量高；反之，则冲裁件的断面质量低。

影响冲裁件质量的因素很多，有凸凹模之间的间隙、模具刃口状态、材料的性质、模具结构、制造精度与冲裁速度等，而起主要作用的是凸凹模之间的间隙，它直接影响着冲裁件质量、尺寸精度、冲裁力大小和模具的使用寿命。

凸凹模间隙大小对冲裁件断面质量的影响如图 2-15 所示。

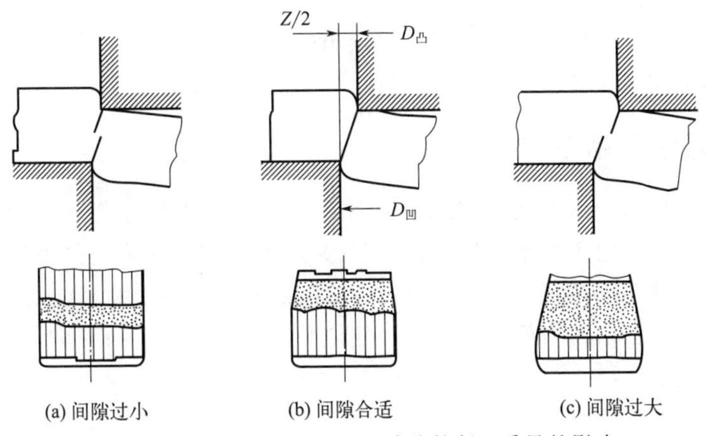

(a) 间隙过小　　(b) 间隙合适　　(c) 间隙过大

图 2-15　凸凹模间隙大小对冲裁件断面质量的影响

① 冲裁间隙过小，材料中拉应力成分减少，压应力增强，裂纹产生受到抑制，凸模刃口附近的剪裂纹较正常间隙向外错开一段距离，上、下裂纹向外错开不能很好地重合，被第二次剪切才完成分离。因此断面上会出现二次挤压而形成二次光亮带，毛刺也有所增长，增大了冲裁力和模具的磨损，降低了模具寿命。但冲裁件容易清洗，弯小，断面比较垂直；且适当减小冲裁间隙可增大光亮带宽度，减小断裂带斜度，有利于提高剪断面的质量。

② 冲裁间隙过大，材料受到很大的拉伸和弯曲应力作用，凸模刃口附近的剪裂纹较正常间隙向里错开一段距离，致使断面光亮带减小，塌角与斜度增大，形成厚而大的拉长毛刺，且冲裁的翘曲现象严重；但适当增大冲裁间隙可减小冲裁力和模具的磨损，有利于提高模具的寿命。

③ 冲裁间隙适中：上、下裂纹重合为一条线，冲裁力、卸料力和推件力均适中，模具有足够寿命，光面范围宽，切断面塌角、毛刺和斜度均很小，零件的尺寸几乎与模具一致。

因此，对于冲制出合乎质量要求的冲裁件，确定冲裁模具凸、凹模之间的合理间隙值是冲裁工艺与模具设计中的一个关键性问题。

下面以低碳钢板料冲裁件为例介绍板料冲裁成型实验。

2.9.3　实验设备及材料

① 设备：液压机；可更换凸模的冲裁模一套；千分尺；放大镜；游标卡尺；安装模具的工具。

② 材料：低碳钢板料若干（厚度 1mm、2mm 和 3mm）。

2.9.4 实验步骤

① 测量凹模和凸模尺寸并记入表中，将凸模按尺寸大小顺序摆好待用。

② 将冲裁模安装在设备上，先测量实验用材料厚度并记入表中，然后用此材料进行实验，实验时通过更换不同尺寸凸模（由最大尺寸凸模开始，依次更换较小尺寸的凸模），以配成不同的冲裁间隙并进行冲裁。每次冲裁后要注意记下冲裁力的大小并填入表中，同时将冲裁件按顺序放好。

③ 测量每次冲裁后的冲裁件和边料孔的尺寸，把用游标卡尺或千分尺测得的工件直径尺寸和边料孔径尺寸记入表中。

④ 用放大镜观察工件断面质量情况，并绘出断面形状简图。

⑤ 整理实验数据，按要求写出实验报告。

2.9.5 实验记录与结果分析

① 根据实验结果，绘出冲裁力 P 和冲裁间隙 z 之间的关系曲线。

② 根据实验结果，绘出冲裁件尺寸精度（δ）与冲裁间隙 z 之间的关系曲线。

③ 分析冲裁间隙对冲裁力的影响，分析冲裁间隙对零件质量及精度的影响。

④ 观察冲裁件（孔）的断面质量情况，并说明间隙大小对它的影响。

2.9.6 注意事项

① 冲裁间隙对卸料力、推件力也有比较明显的影响。间隙越大，则卸料力和推件力越小。

② 当冲裁件断面质量要求较高时，应选取较小的冲裁间隙值；当冲裁件断面质量无严格要求时，应尽可能加大间隙，以利于提高冲裁模具的寿命。

2.9.7 思考题

① 冲裁间隙对冲裁件质量有什么影响？

② 对产生光亮带和断裂带的现象进行分析。

③ 对冲裁件断面毛刺形成的原因进行分析。

2.10 金属板料弯曲成型工艺实验

2.10.1 实验目的

① 了解金属板料弯曲成型的变形过程。

② 理解金属弯曲成型时的回弹和弯裂现象，以及影响回弹和弯裂的因素。

③ 掌握金属板料弯曲成型工艺实验的操作方法。

2.10.2 实验原理

弯曲成型属于金属变形工序（即使坯料的一部分相对于另一部分产生位移而不破裂的工艺方法）的一种。弯曲是指将各种金属毛坯弯成具有一定角度、曲率和形状的加工方法。弯曲在冲压生产中占有很大的比例。

弯曲成型的变形过程如图 2-16 所示。金属板料毛坯在弯曲力矩的作用下曲率发生变化，毛坯内层金属在切向压应力作用下产生压缩变形，外层金属在切向拉应力作用下产生伸长变形。弯曲变形区发生在 $ABCD$ 部分。毛坯弯曲的初始阶段，外弯曲力矩的数值不大，毛坯内外表面的应力小于材料的屈服强度 σ_s，使毛坯变形区产生弹性弯曲变形，这一阶段称为弹性弯曲阶段；当外弯曲力矩继续增加，毛坯内外表面应力值首先达到材料屈服强度 σ_s 而产生塑性变形，随后塑性变形向中间扩展，直到整个毛坯内部应力都达到或超过屈服强度，这个过程是弹-塑性弯曲阶段和纯塑性弯曲阶段。开始弯曲时，板料弯曲内侧半径大于凸模的圆角半径，随着凸模下压，板料的弯曲半径与支点间的距离逐渐减小，直到板料与凸、凹模完全贴合，其内侧弯曲半径与凸模弯曲半径相同，弯曲过程结束。

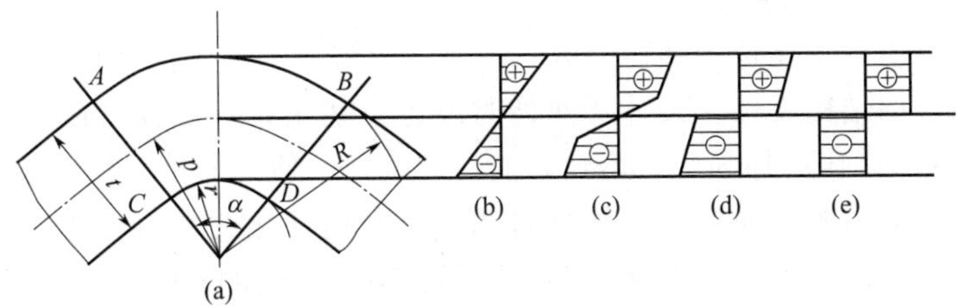

图 2-16　金属板料弯曲成型的变形过程

(a) 板料弯曲变形；(b) 弹性弯曲；(c) 弹-塑性弯曲；(d) 纯塑性弯曲；(e) 无硬化纯塑性弯曲

通过对弯曲变形过程分析可知，材料塑性变形必然伴随有弹性变形，当弯曲工件所受外力卸载后，塑性变形保留下来，弹性变形部分恢复，结果使得弯曲件的弯曲角、弯曲半径与模具尺寸不一致，这种现象称为弯曲回弹（图 2-17）。弯曲工艺中的回弹直接影响弯曲件的尺寸精度。因此，研究影响弯曲回弹的因素对保证弯曲件的质量有着重要意义。

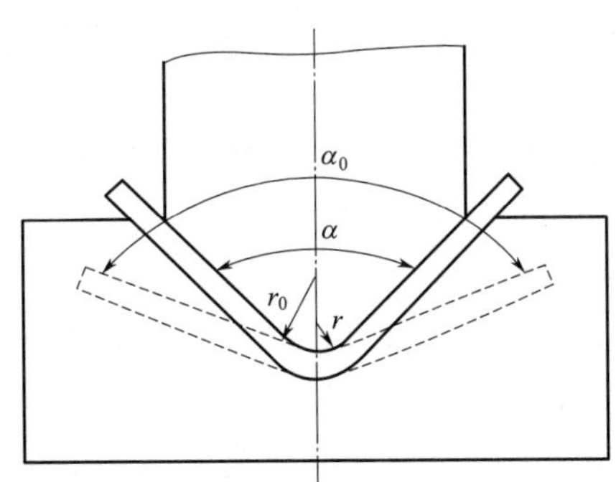

图 2-17　金属板料弯曲件的回弹现象

α—模具闭合状态时的工件弯曲角；α_0—工件从模具中取出后的弯曲角

影响弯曲件回弹的主要因素有：

① 材料的力学性能。弯曲件回弹角与材料屈服强度成正比，与材料弹性模量成反比。材料的屈服强度 σ_s 越高，弹性模量 E 越小，则加工硬化越严重，弯曲的回弹也越大。

② 相对弯曲半径 r/t（t 为板厚）。当 r/t 较大时，弯曲毛坯的塑性变形程度不大，但弹性变形相对较大，则弯曲件的回弹量增大；当 r/t 较小时，弯曲毛坯外层的切向应变较大，此时的塑性变形程度和弹性变形也同时增加，但由于弯曲毛坯塑性变形量很大，弹性变形占

总变形量的比例相应地很小，所以弯曲件的回弹量也很小。

③ 弯曲角。弯曲角 α 越大，弯曲变形区越长，弯曲件回弹的值越大，弯曲件回弹角 $\Delta\alpha$（$\Delta\alpha=\alpha_0-\alpha$）越大；但对曲率半径的回弹没有影响。

④ 弯曲方式。自由弯曲时，弯曲件的约束小，回弹量大；当采用校正弯曲时，由于塑性变形程度大，形状冻结性好，弯曲回弹量减小。

⑤ 弯曲件形状。弯曲件形状复杂时，弯曲变形状态不一样，回弹方向也不一致，由于材料内部相互牵制，弹性变形很难恢复，从而减小弯曲件回弹量。如 U 形弯曲件由于两边受模具限制，其回弹角小于 Y 形弯曲件。

由上述分析可见，减少弯曲件的回弹量是提高弯曲件精度的关键。在弯曲变形过程中，由于塑性变形总是伴随着弹性变形，在实际生产中完全消除弯曲回弹是不可能的，但可以通过下列几种方法减少弯曲回弹量：

① 材料选择。应尽可能选用弹性模数大、屈服极限小、力学性能比较稳定的材料。

② 改进弯曲件的结构设计。设计弯曲件时改进一些结构，加强弯曲件的刚度以减小回弹。比如在弯曲变形区压制加强肋，增加弯曲件的刚性，使弯曲件回弹困难。

③ 从工艺上采取措施。如对一些硬材料和已经冷作硬化的材料，弯曲前先进行退火处理，降低其硬度以减少弯曲时的回弹，待弯曲后再淬硬；运用校正弯曲工序，对弯曲件施加较大的校正压力，可以改变其变形区的应力应变状态，以减少回弹量；对于相对弯曲半径很大的弯曲件，由于变形区大部分处于弹性变形状态，弯曲回弹量很大，这时可以采用拉弯工艺。

④ 从模具结构采取措施。如补偿法利用弯曲件不同部位回弹方向相反的特点，按预先估算或实验所得的回弹量，修正凸模和凹模工作部分的尺寸和几何形状，以相反方向的回弹来补偿工件的回弹量；校正法改变凸模结构，使校正力集中在弯曲变形区，加大变形区应力应变状态的改变程度，迫使材料内外侧同为切向压应力、切向拉应变。

弯曲成型时，由于变形只发生在弯曲圆角范围内，其内侧受压缩，外侧受拉伸。当外侧的拉力超过板料的抗拉强度时，即会造成外层金属破裂，称为弯裂现象。板料越厚，内弯曲半径 r 越小，压缩及拉伸应力就越大，也越容易破裂。最小弯曲半径 r_{min} 是在板料不发生破坏的条件下，所弯成零件内表面的最小圆角半径。通常 $r_{min}=(0.25\sim1)t$，其中 t 为板厚。影响最小弯曲半径的因素主要有：

① 材料的力学性能。对于塑性好的材料，容许变形程度大，最小圆角半径数值可小些；反之，塑性差的材料，容许的最小圆角半径数值则大些。

② 材料的热处理状态。热处理方法是通过提高其塑性来获得较小的弯曲半径，增大弯曲变形的程度；对于塑性较低的金属材料，采用加热弯曲的方法来提高弯曲变形程度。

③ 制件弯曲角大小。弯曲件的弯曲中心角 α 是弯曲件的圆角变形区圆弧所对应的圆心角。理论上弯曲变形区局限于圆角区域，直边部分不参与变形。但由于材料的相互牵制作用，接近圆角的直边也参与了变形，扩大了弯曲变形区的范围，分散了集中在圆角部分的弯曲应变，使变形区外表面的受拉状态有所减缓。因此减小 α 有利于减小最小弯曲半径的数值。

④ 板料的纤维方向。经轧制后的板料具有各向异性，沿流线方向的力学性能好，不易弯裂。因此弯曲线（折弯线）与流线方向垂直时 r_{min} 可小些；而与流线方向平行时需增大 r_{min}，否则易弯裂。

⑤ 板料的表面质量。板料表面粗糙时，易产生应力集中，为防止弯裂，需增大 r_{min}。

下面以低碳钢板为例介绍金属板料弯曲成型工艺实验。

2.10.3　实验设备及材料

① 设备：压力机；弯曲模一套（含不同弯曲圆角半径的凸模多个）；钢板尺；万能量角仪。

② 材料：低碳钢板（硬化、退火两种）若干，厚度 2mm。

2.10.4　实验步骤

① 检查实验用设备和模具能否正常工作。

② 调整压力机连杆长度，使凸模和凹模之间的间隙为 0.5mm。

③ 依次更换不同 r 的凸模进行实验。每更换一个凸模，对厚度为 2mm 的两种低碳钢板冲一个试样，并用量角仪测量每个弯曲件的弯曲角，算出回弹角的值。在实验过程中，仔细观察弯曲处是否出现裂纹，如果出现，记录裂纹产生时对应材料的厚度和凸模角度。

④ 重新调整压力机连杆，使凸模和凹模之间的间隙为 1.5mm，重复第③步骤实验。

2.10.5　实验记录与结果分析

① 记录实验中使用的压力机型号及弯曲模凸模的不同弯曲圆角半径。

② 分组进行实验，记录不同的凸模和凹模间隙（其他条件不变）时的情况，根据测量的回弹角及是否出现弯裂现象，分析凸模和凹模间隙对低碳钢板弯曲件质量的影响。

③ 分组进行实验，记录不同的凸模弯曲圆角半径（其他条件不变）时的情况，根据测量的回弹角及是否出现弯裂现象，分析凸模弯曲圆角半径对低碳钢板弯曲件质量的影响。

④ 分组进行实验，记录不同种类的低碳钢板（其他条件不变）时的情况，根据测量的回弹角及是否出现弯裂现象，分析低碳钢板热处理状态对低碳钢板弯曲件质量的影响。

2.10.6　注意事项

① 为避免弯曲件回弹脱落伤人，实验中必须做好安全防护措施。

② 实验中如果没有低碳钢板，也可以使用有色金属板料（如铜板、铝板）作为实验对象。

2.10.7　思考题

① 分析产生弯曲回弹的机理。

② 根据影响回弹值的因素，阐述减少回弹现象的措施。

③ 在实际生产中，如何避免弯曲件出现弯裂现象。

2.11　金属板料拉深成型工艺实验

2.11.1　实验目的

① 了解金属板料拉深成型的变形过程。

② 理解金属拉深成型时的起皱和拉裂现象，以及影响起皱和拉裂的因素。

③ 掌握金属板材拉深成型工艺实验的操作方法。

2.11.2 实验原理

拉深成型也是金属变形工序的一种。拉深是指将平面板料制成各种开口的中空形状零件的变形工序。用拉深方法可制成筒形、阶梯形、锥形、球形、方盒形及其他不规则形状的薄壁零件。

拉深成型的变形过程如图 2-18 所示。将直径为 D、厚度为 t 的圆形毛坯放在凹模上，在凸模的作用下，毛坯被拉入凸、凹模的间隙中，形成直径为 d、高度为 h 的开口筒形工件。

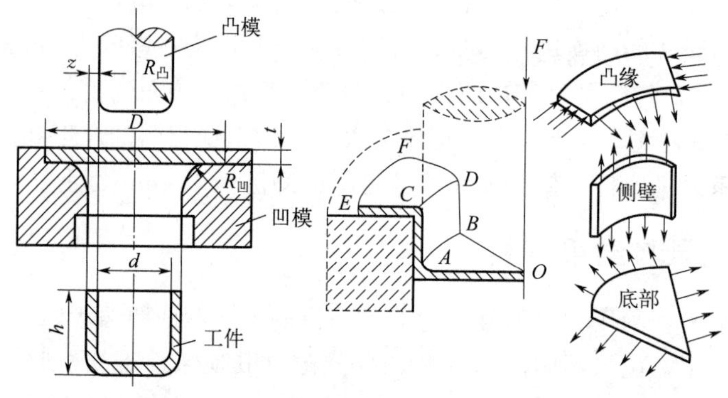

图 2-18　圆筒形件的拉探过程

① 在拉深变形过程中，毛坯的中心部分形成筒形件的底部，基本不变形，为不变形区，只起传递拉力的作用。

② 毛坯的凸缘部分（即 D-d 的环形部分）是主要变形区。拉深过程实质上就是将凸缘部分的材料逐渐转移到筒壁部分的过程。

③ 在转移过程中，凸缘部分材料由于拉深力的作用，在其径向产生拉应力；又由于凸缘部分材料之间的相互挤压，故其切向又产生压应力。在这两种应力的共同作用下，凸缘部分的材料发生塑性变形，随着凸模的下行，不断地被拉入凹模内，形成圆筒形拉深件。由于整个筒壁变形的状况不同，其厚度自上而下逐渐变薄，而筒壁与筒底之间的过渡圆角处壁厚减薄最为严重，是拉深件中最薄弱的部位。

板料性能、毛坯尺寸和变形区应力状态对拉深工艺和产品质量有很大的影响。拉深成型中最容易出现的问题是起皱和拉裂（图 2-19）。起皱是拉深变形区的毛坯相对厚度较小时，在较大切向压应力作用下，使毛坯凸缘部分在进入凹模前因失稳而呈起伏状，进入凹模后被挤压发生折叠而形成折皱的现象。拉深时所用的毛坯相对厚度越小，拉深件的深度越大，越易起皱。轻微的皱纹在通过凸、凹模间隙时会被烙平，但皱纹严重时，或皱纹不能烙平，或在拉深过程中阻力增加，都会使拉深件断裂。因此，拉深工艺中不允许出现起皱现象。为防止起皱，生产中常采用压边圈把毛坯压紧，以增加径向拉应力，降低切向压应力，使之无法失稳隆起。向毛坯变形区施加的压边力必须大小适当。压边力太小，起不到防皱的效果；压边力过大，又会使径向拉应力增大而产生拉裂。

从拉深过程可以看出，拉深件主要受拉力作用，由于筒壁与底部的过渡圆角处是拉深件

图 2-19　拉深件的起皱（左）和拉裂（右）现象

中最易破裂的危险断面，因此当拉应力超过材料的抗拉强度时，该处被拉裂而成为废品。产生拉裂的因素很多，如拉深系数选择不当、模具设计不合理或拉深阻力太大等。采取以下措施可防止拉裂：

① 限制拉深系数。拉深系数是衡量拉深变形程度大小的工艺参数，它用拉深件直径与毛坯直径的比值 m 表示，即 $m=d/D$。拉深系数越小，表示变形程度越大，拉深应力越大，越易产生拉裂废品。能保证拉深正常进行的最小拉深系数称为极限拉深系数。

② 正确确定凸、凹模的圆角半径。凸、凹模的工作部分必须做成圆角，其圆角半径应尽量取大些。对于钢制拉深件，取 $r_{凹}=10t$，$r_{凸}=(0.6\sim1.0)r_{凹}$，t 为板厚。

③ 合理规定凸、凹模间隙。拉深模的模具间隙远比冲裁模大，一般取 $z=(1.1\sim1.2)t$。

④ 采用多次拉深和涂覆拉深润滑剂。对于 m 小于极限拉深系数的某些拉深件，可采用多次拉深工艺。多次拉深有时需进行中间退火，以消除前几次拉深中所产生的硬化现象，避免拉裂。拉深时涂覆润滑剂可减少摩擦，降低拉深件壁部的拉应力，减少模具的磨损。

下面以铝合金板为例介绍金属板料拉深成型工艺实验。

2.11.3　实验设备及材料

① 设备：液压机；实验用拉深圆筒模具一套；直尺；游标卡尺；固定冲压用工具等。

② 材料：3004 铝合金板（厚度为 1mm，圆形坯料外径为 ϕ100mm）若干。

2.11.4　实验步骤

① 认真观察液压机的结构和拉深模具的组成，熟悉拉深成型工艺过程。

② 将所需的模具安装在液压机设备上并开机试运行。

③ 设置两种冲压速度，每一速度设置三种不同的压边力（即无压边—有压边力—压边力过大），每一种压边力条件下设置三种内径（ϕ30mm、ϕ40mm、ϕ50mm）分别冲压成筒形件。

2.11.5　实验记录与结果分析

① 记录实验中使用的液压机型号及拉深圆筒模具凸模的内径。

② 分组进行实验，记录不同冲压速度（其他条件不变）时的情况，根据测量成型筒形件的壁厚、内径、高度及成型缺陷，分析冲压速度对铝合金板拉深件质量的影响。

③ 分组进行实验，记录不同压边力（其他条件不变）时的情况，根据测量成型筒形件的壁厚、内径、高度及成型缺陷，分析压边力对铝合金板拉深件质量的影响。

④ 分组进行实验，记录不同凸模内径时的拉深系数 m（其他条件不变），根据测量成型筒形件的壁厚、内径、高度及成型缺陷，分析拉深系数对铝合金板拉深件质量的影响。

2.11.6 注意事项

① 冲压模具间隙设计是否合理。在设计冲压模具间隙时，一定要综合考虑产品的尺寸、材料、厚度、拉深高度，模具间隙设计得不合理会导致划伤。

② 冲压拉深工序。对于高度较高或者直径较小的产品，在设计模具之初，一定要计算好需要几个拉深工序，如果工序设计太少也会导致划伤。

③ 模具表面粗糙度的影响。对于不锈钢产品，模具表面的粗糙度也会对产品的表面质量有着很大的影响。建议对模具表面进行抛光处理。

④ 冲压设备的选择。由于冲压拉深件是一个发生剧烈形变的过程，建议选用液压机来进行加工，机械式冲床冲压过程速度过快，在加工时产品表面质量容易达不到要求。

⑤ 原材料的选用。对于冲压拉深件，在选择原材料时，一定要选择软态容易拉深的材料。对于某些特殊的产品，还要考虑边拉深边退火。

2.11.7 思考题

① 讨论影响拉深工件质量的各种因素。

② 观察冲压成型筒形件有无凸缘起皱和拉裂情形，分析各自产生的原因。

③ 根据记录的数据计算不同条件下的铝合金板拉深系数，并分析极限拉深系数的影响因素。

2.12 Pb-Sn 合金的挤压成型实验

2.12.1 实验目的

① 掌握挤压模具的安装以及挤压设备的使用。

② 了解挤压过程中不同工艺参数对挤压件质量的影响。

③ 了解挤压对改变材料力学性能所起的作用。

2.12.2 实验原理

挤压成型是指对放在容器（挤压筒）内的金属坯料施加外力，使之从特定的模孔中流出，获得所需断面形状、尺寸以及具有一定力学性能挤压件的塑性加工方法。挤压成型加工靠模具来控制金属流动，靠金属体积的大量转移来成型零件。根据挤压时金属流动方向与凸模运动方向之间的关系，可将挤压方法分为正挤压（金属流动方向与凸模运动方向相同）、反挤压（金属流动方向与凸模运动方向相反）、复合挤压（一部分金属流动方向与凸模运动方向相同，另一部分则相反）及径向挤压（金属流动方向与凸模运动方向垂直）。

挤压成型原理如图 2-20 所示，按金属流动特征和挤压力的变化规律，可以将挤压过程分为三个阶段：第一阶段是开始挤压阶段，也称填充挤压阶段。在挤压轴的作用下，金属先充满挤压筒和模孔，此阶段挤压力呈直线急剧上升。第二阶段是基本挤压阶段，也称平流（稳定）挤压阶段。此阶段铸锭任一横截面上的金属质点，总是中心部分先流动进入变形区，外层金属流动较慢，而靠近挤压垫处和模子与挤压筒的交界处，其金属尚未流动，从而形成难变形区，因此在挤压过程中存在流动不均匀的现象。第三阶段是终了挤压阶段，也称紊流挤压阶段。此阶段外层金属进入内层或中心的同时，两个难变形区内的金属也开始向模孔流动，从而易产生第三阶段挤压所特有的缺陷——缩尾。此时，冷却作用和强烈的摩擦作用使挤压力迅速上升。

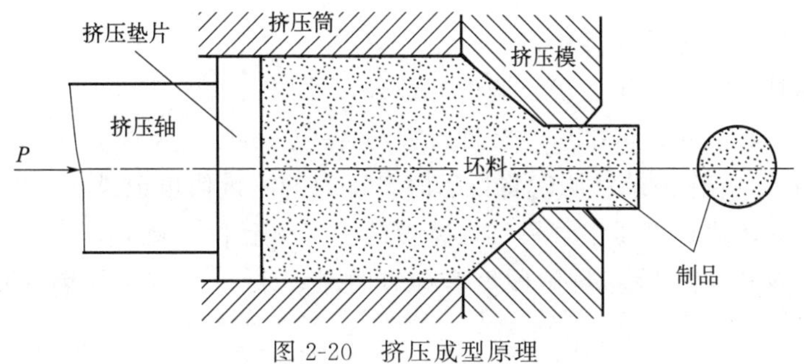

图 2-20　挤压成型原理

影响挤压力的主要因素有：金属材料的变形抗力、摩擦与润滑、挤压温度、工模具的形状和结构、变形程度与变形速度等。一般金属材料的变形抗力越大，摩擦大且润滑差，工模具的形状和结构越复杂，变形程度越大，则挤压力也越大，对模具的要求也越高；反之，则挤压力越小，对模具的要求不高。

挤压成型加工具有以下工艺特点：

① 提高金属的变形能力。金属在挤压变形区中处于强烈的三向压应力状态（图 2-21），可以充分发挥其塑性，获得大变形量。

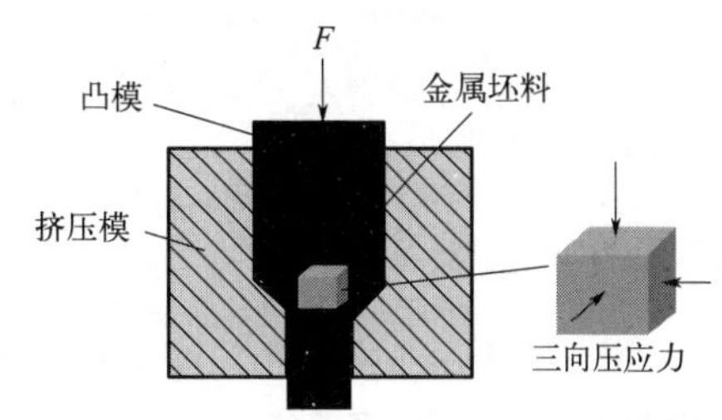

图 2-21　挤压成型制品应力状态

② 制品综合质量高。挤压变形可以改善金属材料的组织，提高其力学性能，特别是对于一些具有挤压效应的铝合金，其挤压制品在淬火时效后，纵向（挤压方向）力学性能远高于其他加工方法生产的同类产品。对于某些需要采用轧制、锻造进行加工的材料，挤压成型还常被用作铸锭的开坯，以改善材料的组织，提高其塑性。与轧制、锻造等加工方法相比，挤压制品的尺寸精度高、表面质量好。

③ 产品范围广。挤压加工不但可以生产断面形状简单的管、棒、线材，而且还可以生产断面形状非常复杂的实心和空心型材，以及制品断面沿长度方向分阶段变化和逐渐变化的变断面型材，其中许多断面形状的制品是采用其他塑性加工方法所无法成型的。挤压制品的尺寸范围也非常广，从超大型管材和型材到超小型精密型材都适用。

④ 生产灵活性大。挤压加工具有很大的灵活性，只需更换模具就可以在同一台设备上生产形状、尺寸规格和品种不同的产品，且更换工模具的操作简单方便、费时少、效率高。

⑤ 工艺流程简单、设备投资少。相对于穿孔轧制、孔型轧制等管材与型材生产工艺，挤压生产具有工艺流程短、设备数量少与投资少等优点。

下面以 Pb-Sn 合金为例介绍挤压成型加工实验。

2.12.3 实验设备及材料

① 设备：万能试验机；挤压组合模具一套；挤压模一个；游标卡尺。

② 材料：Pb-Sn 合金试样。

2.12.4 实验步骤

① 试样准备，将试样去除毛边并打光，保证端面成直角，用汽油将试样表面油污擦干净。

② 测量试样尺寸并记录在表中。

③ 装配好模具，调整好压力机，调试好记录仪器等。

④ 进行试验，对试样进行挤压，挤压行程约为铸锭长度的 80%，然后停机，取出试样，观察试样变化情况，并作记录；同时将挤压时挤压力的测量值也记录在表中。

⑤ 实验结束后，清理挤压组合模具，整理试验工作台和试验工具等。

⑥ 对原始坯料和挤压后坯料做硬度和拉伸性能分析，比较挤压前后两者力学性能的区别。

2.12.5 实验记录与结果分析

① 由实验数据做出挤压力与挤压轴行程的关系图，并简要分析。

② 对挤出的棒料进行分析，研究金属的流动情况，给出挤压过程中金属流动的特点，提出改进金属流动不均匀的方法。

③ 对挤出的棒料进行硬度及力学性能分析，比较挤压前后两者的区别，将测试数据填入表格并分析其原因。

2.12.6 注意事项

① 尽量选用具有一定塑性的金属或合金进行挤压试验，否则变形抗力大的金属或合金对模具的影响较大。

② 针对不同塑性的金属或合金，在挤压试验前需要判断是否需要预热，如铜合金坯料需要放入加热炉中加热处理才能进行挤压试验。

2.12.7 思考题

① 分析挤压比对挤压力的影响。

② 分析对称模和非对称模挤压对挤压力的影响。

③ 分析挤压工艺参数对合金挤压表面质量的影响。

2.13 铝合金板材的轧制成型工艺实验

2.13.1 实验目的

① 了解轧制成型工艺过程的基本原理。

② 了解轧制成型工艺的特点及种类。

③ 掌握板带轧机工作原理及设备操作过程。

2.13.2　实验原理

轧制成型是将金属坯料通过两个转动的轧辊，受连续轧制力的作用，改变材料截面形状和尺寸的压力加工方法。轧制成型法是应用最广泛的一种压力加工方法，轧制成型过程如图 2-22 所示，是靠旋转的轧辊及轧件之间的摩擦力将轧件拖进轧辊缝并使之产生压缩，发生塑性变形的过程，按金属塑性变形体积不变的原理，通过轧制使金属具有一定的尺寸、形状和性能。

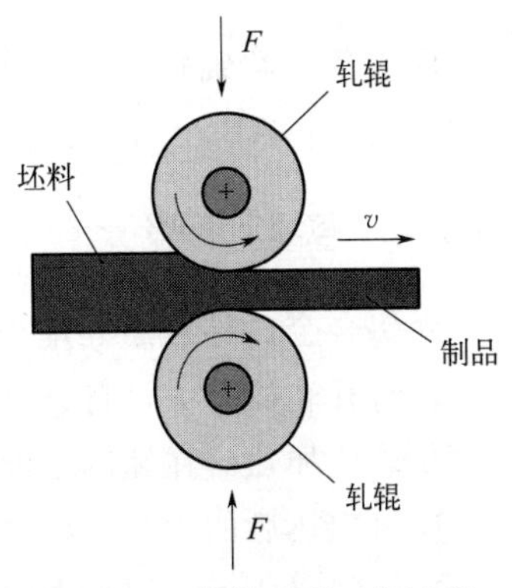

图 2-22　轧制成型工艺过程

轧制成型具有生产效率高、金属消耗少、加工容易、生产成本低等优点，适合大批量生产。通过轧制工艺可以生产板材、型材和棒材，但板材应用最广泛。轧制能够细化晶粒和消除微观组织缺陷，提高材料的致密度并最终提高强度，特别是提高沿轧制方向上的强度；还可同时提高塑性和韧性，具有较高的综合力学性能。另外，轧制技术也是一种非常重要的材料加工手段。除此之外，在温度和压力下，气泡、裂纹和空洞能够被缝合。

轧制过程有两种：一种是热轧，另一种是冷轧。热轧是将带材加热到高于重结晶温度之后进行的轧制。热轧的优点是可以破坏钢锭的铸造组织，细化钢材的晶粒，并消除显微组织的缺陷，从而使钢材组织密实，力学性能得到改善。这种改善主要体现在沿轧制方向上，从而使钢材在一定程度上不再是各向同性体；浇注时形成的气泡、裂纹和疏松，也可在高温和压力作用下被焊合。但热轧也存在下列缺点：①经过热轧之后，钢材内部的非金属夹杂物（主要是硫化物和氧化物，还有硅酸盐）被压成薄片，出现分层（夹层）现象。分层使钢材沿厚度方向受拉的性能大大恶化，并且有可能在焊缝收缩时出现层间撕裂。焊缝收缩诱发的局部应变常达到屈服点应变的数倍，比荷载引起的应变大得多。②不均匀冷却造成的残余应力。残余应力是在没有外力作用下内部自相平衡的应力，各种截面的热轧型钢都有这类残余应力。一般型钢截面尺寸越大，残余应力也越大。残余应力虽然是自相平衡的，但对钢构件在外力作用下的性能还是有一定影响的，如对变形、稳定性、抗疲劳等方面都可能产生不利的作用。③热轧的钢材产品，在厚度和边宽方面不好控制。冷轧是在常温状态下由热轧板加工而成，虽然在加工过程中因为轧制也会使钢板升温，尽管如此还是叫冷轧。经过连续冷变形而成的冷轧件，力学性能比较差，硬度太高，必须经过退火才能恢复其力学性能，没有退火的叫轧硬卷。

轧制成型方式按轧件运动方式可分为纵轧、横轧和斜轧三种：①纵轧，金属坯料送进方向与轧辊轴线垂直，且两个轧辊相向旋转，与轧钢原理相似；②横轧，轧辊轴线与轧件轴线互相平行，且轧辊与轧件做相对转动的轧制方法，如齿轮的轧制；③斜轧，又称螺旋斜轧，两个带有螺旋槽的轧辊相互倾斜放置，轧辊轴线与坯料轴线相交成一定的角度，以相同的方向旋转，坯料在轧辊的作用下绕自身轴线反向旋转，同时还做轴向向前运动（即螺旋运动），坯料受压后产生塑性变形，最终得到所需制品，例如钢球的轧制。

在室温下，铝合金板材硬度较大，不容易变形，所需轧制力较大，因此不容易轧制；随着温度的升高，铝合金硬度降低，轧制时变形抗力较小，容易轧制。此外，轧制后的铝合金板材由于存在应力，轧制完成之后，必须进行去应力退火。

下面以铝合金板材为例介绍轧制成型加工实验。

2.13.3 实验设备及材料

① 设备：两辊轧机；千分尺；游标卡尺；铝锉刀；水磨砂纸若干。

② 材料：Al-Cu 合金试样。

2.13.4 实验步骤

① 铝合金试样表面处理：利用机械抛光法去除铝合金板表面的尘埃、氧化皮等杂物。

② 打开轧机开关，打开循环水，调整好轧辊转速、轧制压下量等轧制参数。

③ 轧前加热，在轧制之前首先在加热炉内对铝合金板材进行轧前预热处理 15min。

④ 将加热后的铝合金板材送入两辊轧机进行轧制。

⑤ 轧制完成后，切断电源，关闭循环水。

⑥ 轧后热处理，在轧制后对铝合金板进行去应力退火。

2.13.5 实验记录与结果分析

① 记录两辊轧机结构及型号，准确测量铝合金试样尺寸（长、宽、高），测三点取其平均值。

② 观察铝合金试样轧制前后轧件的轧制现象有何不同。

③ 测量轧制后铝合金轧件的几何尺寸（长、宽、高），并记录在相应表中，对比轧制前后铝合金板材的尺寸变化。

2.13.6 注意事项

① 按主电机起动运转管理制度及轧钢机运转技术操作规程安全运转。

② 开机运转前给冷却水，经过一段时间的空转，检查轧机运转是否正常，检查各种轴承的温升是否正常，看有无过热及变形等不正常现象。

③ 提前准备试轧料，不得轧制低于规定温度的轧件，以免引起主电机跳闸或安全装置损坏。

④ 试轧过程中要测量各道坯料尺寸，并按调整图标检查尺寸是否正确、表面质量是否良好。

⑤ 实验前在涂油或者涂粉时，应将油或者粉均匀地涂在辊面上，实验完成后将辊面用汽油和棉纱轻擦干净。

2.13.7 思考题

① 金属轧制成型具有哪些工艺特点？

② 讨论实际生产过程中改善坯料咬入轧辊有哪些措施。

③ 热轧与冷轧在工艺性能及应用方面有何不同？

2.14　低碳钢手工电弧焊焊接实验

2.14.1　实验目的

① 了解电弧焊焊条的组成及其作用。

② 了解手工电弧焊的工作原理及特点。

③ 熟悉并掌握手工电弧焊设备的基本操作过程。

2.14.2　实验原理

手工电弧焊是电弧焊中应用最广泛、最古老的一种焊接方法。焊接时利用焊条端部和被焊接工件间气体放电时所产生的电弧热（电弧温度可高达 3600℃以上）来熔化母材金属和焊条形成熔池，熔池冷凝后便得到牢固的焊接接头。

手工电弧焊的焊接过程如图 2-23 所示。①引弧，将焊条与工件之间通过短路引燃电弧，电弧热使工件和焊芯同时熔化形成熔池，同时也使焊条的药皮熔化和分解，药皮熔化后与液态金属发生冶金反应形成熔渣覆盖于熔池表面，药皮分解后产生大量保护气体，熔渣和气体保护熔池不受空气侵害；②运条，将焊条相对焊缝做定向移动，工件和焊条不断熔化形成新的熔池，原来的熔池则不断冷却凝固构成连续的焊缝。③收尾，在焊缝收尾处填满弧坑并熄弧，过深的弧坑会使焊缝收尾处强度减弱，并容易造成应力集中产生裂纹。

手工电弧焊焊接过程中发生的冶金反应如图 2-24 所示。在药皮反应区，药皮物质脱水并发生分解反应生成气体和熔渣，生成的气体有二氧化碳、一氧化碳和氢气等，而熔渣是一种浮在液体金属表面上的非金属氧化物，对焊缝金属起到机械保护、改善焊缝成分和性能的作用；在熔滴反应区，反应温度最高、反应时间短且最剧烈，主要发生熔滴金属与熔渣的反应（如金属的氧化反应、焊缝金属的合金化反应及脱氢反应等）；在熔池反应区，反应温度分布不均匀，反应时间长，熔滴反应区的反应会继续进行并同时进行焊缝金属的脱氧、脱硫和脱磷，熔池反应区决定最终焊缝的成分。

手工电弧焊的焊接电源可以是直流电源，也可以是交流电源。用直流电源时，如图 2-24 所示，如果工件接正极，焊条接负极，属于正接法，这种接法产生热量较多，温度较高，可获得较大的熔深，适于焊接厚板；如果工件接负极，焊条接正极，则属于反接法，反接法焊条熔化快，焊件受热小，温度较低，适于焊接薄板及有色金属。如果用交流电源，则不存在正、反接问题。

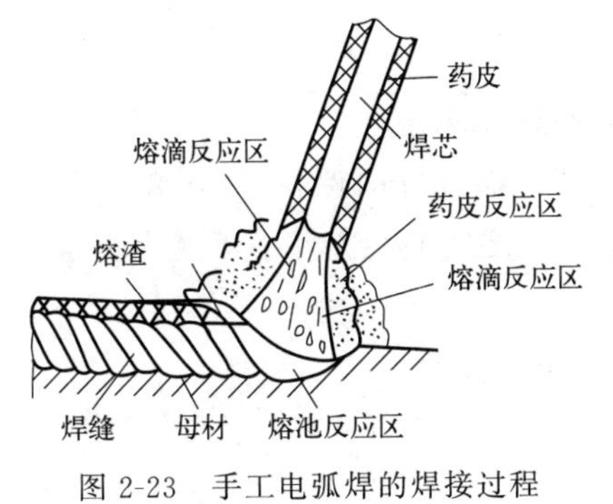

图 2-23　手工电弧焊的焊接过程

直流或交流电源
焊条
焊钳
电弧
接地电缆
焊条电缆
工件

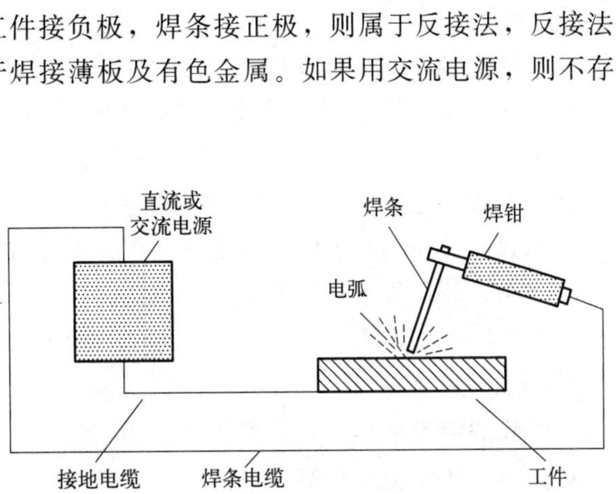

图 2-24　手工电弧焊的焊接电源连接

手工电弧焊使用的焊接材料是焊条。如图 2-25 所示，焊条是一种在金属丝表面涂有药皮的焊接材料，主要由焊芯（即金属丝）和药皮（即表面涂料）两部分组成。焊芯是焊接专用金属丝，其作用是作为电极传导电流产生电弧，并在熔化后作为填充金属与母材形成焊缝。药皮则是矿石粉末、铁合金粉、有机物和化工制品等原料按一定比例配制后压涂在焊芯表面上的涂料，其作用表现在三个方面：①改善焊接工艺性，药皮中的稳弧剂使电弧易于引燃并提高电弧燃烧稳定性，减少飞溅，使焊缝成型美观；②对焊接区起保护作用，药皮中的造渣剂造渣后形成熔渣，药皮中的有机物造气剂燃烧后产生气体，两者对焊缝金属起双重保护作用；③起有益的冶金化学作用，药皮中的脱氧剂、渗合金剂、稀渣剂等与熔池金属发生冶金反应，进行脱氧、脱硫、去氢后除去杂质，添加并补充被烧损的有益合金元素，使焊缝的化学成分得到改善、力学性能得到提高。焊条按药皮熔化后形成熔渣的化学性质不同分为酸性焊条和碱性焊条。

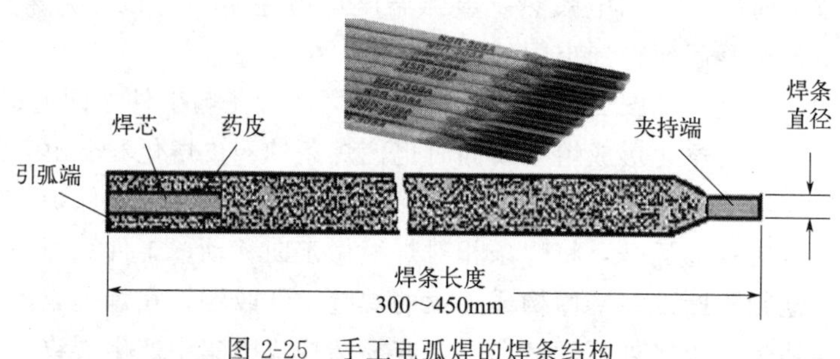

图 2-25　手工电弧焊的焊条结构

下面以低碳钢为例介绍手工电弧焊焊接实验。

2.14.3　实验设备及材料

① 设备：交流或直流焊接电源及其辅助设施；焊枪；焊接面罩；清渣锤。

② 材料：低碳钢钢板若干；焊条若干。

2.14.4　实验步骤

① 安全准备工作：将工作服、手套、面罩都穿戴好，并观察工作范围内有没有可燃物品，再进行施焊。

② 连接实验电路：将试件与直流电焊机的电极相连接，交流焊机不区分正负极。

③ 夹持焊条：挑选一根焊条，将焊条的裸端夹在焊钳的铜质夹头内，左手拿面罩，右手拿焊钳。

④ 打开焊机电源：选择并调节焊接电流。

⑤ 引弧：分别用直击法和划擦法引弧，要求在 5s 内引弧成功。

⑥ 运条：将电焊条在低碳钢板工件表面滑动，焊条与前进方向保持 70°～80°的角度，焊条与工件之间的距离应保持在 2～4mm，稳定焊条和工件之间的距离并手工送进焊条，实验各种运条方法。

⑦ 清除焊缝表面熔渣，观察焊缝成型，记录存在的焊接缺陷。

⑧ 交换焊机类型进行练习。

⑨ 实验结束后，关闭焊接电源，清理实验现场。

2.14.5　实验记录与结果分析

① 分组进行实验，记录不同焊接电流时的情况，根据焊接区形貌分析焊接电流对焊接接头质量的影响。

② 分组进行实验，记录不同焊接电源（直流/交流）时的情况，根据焊接区形貌分析焊接电源对焊接接头质量的影响。

③ 分组进行实验，记录不同类型焊条（碱性/酸性）时的情况，根据焊接区形貌分析焊条类型对焊接接头质量的影响。

2.14.6　注意事项

① 手工电弧焊焊接实验前必须熟悉电弧焊设备各个部件的功能，然后严格按照手工焊条电弧焊操作规程进行焊接操作。

② 手工电弧焊焊接过程中必须透过面罩观察电弧的形态，注意防止电击、弧光刺眼和高温烫伤等。

2.14.7　思考题

① 手工电弧焊焊接金属材料与其他焊接方法相比有何优缺点？

② 手工电弧焊选用焊条时有哪些基本原则？

③ 如果焊接接头出现缺陷，请分析其成因、危害及其避免措施。

④ 在焊接过程中需要用锤子击打焊缝，这样做的目的是什么？

2.15　低碳钢板的埋弧焊焊接实验

2.15.1　实验目的

① 了解埋弧焊的概念、工艺特点及应用。

② 了解埋弧焊的焊接过程及其工艺参数对焊缝成型质量的影响。

③ 掌握埋弧焊设备的基本操作过程及焊接材料的特性。

2.15.2　实验原理

埋弧焊是熔化极电弧焊方法的一种，是指电弧在焊剂层下燃烧，利用焊丝和焊件之间燃烧的电弧产生的热量，熔化焊丝、焊剂和母材（焊件）而形成焊缝的一种焊接方法。埋弧焊的主要优点是：

① 生产率高。埋弧焊的焊丝伸出长度（从导电嘴末端到电弧端部的焊丝长度）远较手工电弧焊的焊条短，一般在 50mm 左右，而且是光焊丝，不会因提高电流而造成焊条药皮发红问题，即可使用较大的电流（比手工焊大 5～10 倍）。因此，埋弧焊熔深大，生产率较高。对于 20mm 以下的对接焊可以不开坡口，不留间隙，这就减少了填充金属的用量。

② 焊缝质量高。对焊接熔池保护较完善，焊缝金属中杂质较少，只要焊接工艺选择恰当，较易获得稳定高质量的焊缝。

③ 劳动条件好。除了减轻手工操作的劳动强度外，电弧弧光埋在焊剂层下，没有弧光辐射，劳动条件较好。

埋弧焊方法也有不足之处，如不及手工焊灵活，一般只适合于水平或倾斜度不大的焊缝；工件边缘准备和装配质量要求较高、费工时；由于是埋弧操作，看不到熔池和焊缝形成过程，因此必须严格控制焊接规范。尽管如此，埋弧焊至今仍然是工业生产中最常用的一种焊接方法，适于批量较大、较厚较长的直线及较大直径的环形焊缝的焊接，广泛应用于化工容器、锅炉、造船、桥梁等金属结构的制造。

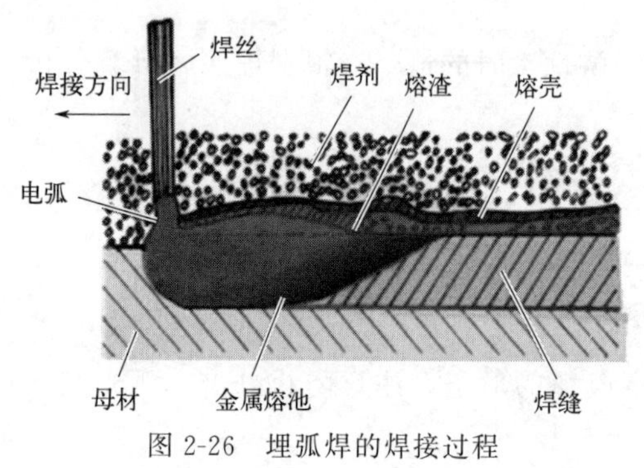

图 2-26 埋弧焊的焊接过程

埋弧焊的焊接过程如图 2-26 所示。颗粒状焊剂由送焊剂导管流出后，均匀地堆覆在装配好的工件上，送丝机构驱焊丝连续送进，使焊丝端部插入覆盖在焊接区或焊接头的焊剂中，在焊丝与焊件之间引燃电弧。电弧热使焊件、焊丝和焊剂熔化，以致部分蒸发，金属和焊剂的蒸发气体形成气泡，电弧就在气泡内燃烧。同时，熔化的焊剂浮到焊缝表面上形成一层保护熔渣。熔渣层不仅能很好地将空气与电弧和熔池隔离，而且能屏蔽有害的弧光辐射。随着电弧的移动，熔池结晶为焊缝，熔渣凝固为熔壳，未熔化的焊剂可回收再用。

埋弧焊的焊接工艺参数主要有：焊接电流、电弧电压、焊接速度、焊丝直径和伸出长度、焊丝倾角等。

① 焊接电流。一般焊接条件下，焊缝熔深与焊接电流成正比。随着焊接电流的增加，熔深和焊缝余高都有显著增加，而焊缝的宽度变化不大。同时，焊丝的熔化量也相应增加，这就使焊缝余高增加。随着焊接电流的减小，熔深和余高都减小。

② 电弧电压。电弧电压增加，焊接宽度明显增加，而熔深和焊缝余高则有所下降。但是电弧电压太高时，不仅使熔深变小，产生未焊透，而且会导致焊缝成型差、脱渣困难，甚至产生咬边等缺陷。所以在增加电弧电压的同时，还应适当增加焊接电流。

③ 焊接速度。当其他焊接参数不变而焊接速度增加时，焊接热输入量相应减小，从而使焊缝的熔深也减小。焊接速度太快会造成未焊透等缺陷。为保证焊接质量必须保证一定的焊接热输入量，即为了提高生产率而提高焊接速度的同时，应相应提高焊接电流和电弧电压。

④ 焊丝直径和伸出长度。当其他焊接参数不变而焊丝直径增加时，弧柱直径随之增加，即电流密度减小，会造成焊缝宽度增加，熔深减小。反之，则熔深增加及焊缝宽度减小。当其他焊接参数不变而焊丝伸出长度增加时，电阻也随之增大，伸出部分焊丝所受到的预热作用增加，焊丝熔化速度加快，结果使熔深变浅，焊缝余高增加，因此须控制焊丝伸出长度，不宜过长。

⑤ 焊丝倾角。焊丝的倾斜方向分为前倾和后倾。倾角的方向和大小不同，电弧对熔池的力和热作用也不同，从而影响焊缝成型。当焊丝后倾一定角度时，由于电弧指向焊接方向，熔池前面的焊件受到了预热作用，电弧对熔池的液态金属排出作用减弱，从而导致焊缝宽而熔深变浅；反之，焊缝宽度较小而熔深较大，但易使焊缝边缘产生未熔合和咬边，并且使焊缝成型变差。

埋弧焊的设备为埋弧自动焊机，其结构如图 2-27 所示。它主要由焊接电源、控制箱及焊接小车等组成。埋弧焊的焊接电源既可使用交流电流，也可使用直流电流，而且为大电流，一般为 600～2000A。控制箱的主要作用是实现对电弧的自动控制，完成引弧、稳弧和熄弧等动作。焊接小车上装有送丝机头、焊丝盘、焊剂漏斗和控制板等，小车行走机构和送丝机构分别由两台电动机驱动。操作盘上装有用来调节、控制和指示各种焊接规范参数的控制开关、旋钮及仪表等。

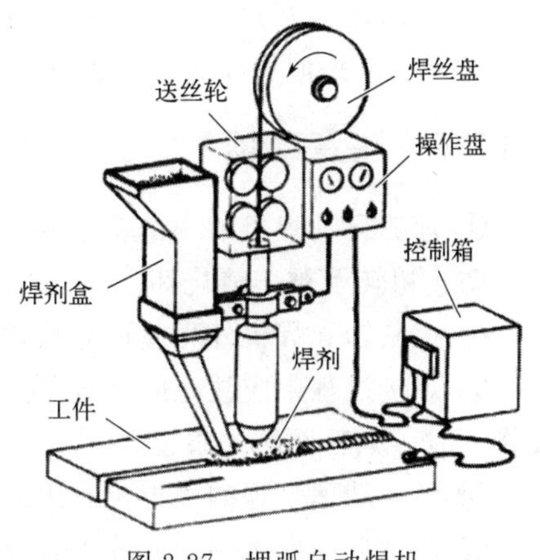

图 2-27　埋弧自动焊机

埋弧焊的焊接材料是埋弧焊焊丝和焊剂，其选配的基本原则是：根据母材金属的化学成分和力学性能，先选择焊丝，再根据焊丝选配相应的焊剂。注意焊接不锈钢时，选用与母材成分相同的焊丝配合低锰焊剂。

下面以低碳钢板为例介绍埋弧焊焊接实验。

2.15.3　实验设备及材料

① 设备：埋弧自动焊机；秒表、钢板尺、锤子等辅助工具。

② 材料：低碳钢板若干；焊接材料（焊剂 431；焊丝 $\phi 4$，H08A）若干。

2.15.4　实验步骤

① 清除工作台上的残留溶剂及残渣。

② 贴着工作台放置钢板焊件。

③ 确定电压值及焊接速度。

④ 确定焊丝伸出长度，一般为焊丝直径的 10～15 倍。

⑤ 调节埋弧焊的导电嘴与工件距离，其距离在接触与非接触之间。

⑥ 用铲子将焊剂均匀地堆覆在焊件上。

⑦ 将控制板上的按钮调节到焊接处，焊接开始，此时，调节所需电压与电流。

⑧ 当焊接即将结束时，按“关闭”按钮，并将“焊接”按钮调至“自动”按钮，待离开焊件以后再调至空挡。

⑨ 用刷子扫去焊件表面的焊剂，用螺丝刀使其脱离工作台，用钳子将其取下。

⑩ 用锤子敲除焊接处的表面熔渣，然后测量焊缝尺寸，进行缺陷分析。

2.15.5　实验记录与结果分析

① 记录埋弧自动焊机的型号，测量不同条件下焊接件焊缝截面的尺寸、熔深、熔宽及余高。

② 分组进行实验，记录不同焊接电流大小（其他条件不变）时的情况，根据焊缝表面质量是否有气孔、夹渣和咬边，分析焊接电流大小对埋弧焊焊接接头质量的影响。

③ 分组进行实验，记录不同电弧电压（其他条件不变）时的情况，根据焊缝表面质量是否有气孔、夹渣和咬边，分析电弧电压对埋弧焊焊接接头质量的影响。

④ 分组进行实验，记录不同焊接速度（其他条件不变）时的情况，根据焊缝表面质量是否有气孔、夹渣和咬边，分析焊接速度对埋弧焊焊接接头质量的影响。

2.15.6 注意事项

① 埋弧自动焊机的小车轮子要有良好的绝缘，导线应绝缘良好，工作过程中应理顺导线，防止扭转及被熔渣烧坏。

② 控制箱和焊机外壳应可靠接地（零）和防止漏电。接线板罩壳必须盖好。

③ 焊接过程中应注意防止焊剂突然停止供给而发生强烈弧光裸露灼伤眼睛。所以，焊接作业时应戴普通防护眼镜。

④ 半自动埋弧焊的焊把应有固定放置处，以防短路。

⑤ 埋弧自动焊熔剂的成分里含有氧化锰等对人体有害的物质。焊接时虽不像手弧焊那样产生可见烟雾，但会产生一定量的有害气体和蒸气。所以，在工作地点最好有局部的抽气通风设备。

⑥ 埋弧焊在焊接前必须作好准备工作，包括焊件的坡口加工、待焊部位的表面清理、焊件的装配以及焊丝表面的清理、焊剂的烘干等。

2.15.7 思考题

① 分析埋弧焊方法的特点和适用范围。

② 分析埋弧焊焊接工艺参数对焊缝形状、尺寸的影响。

③ 分析弧压反馈控制和焊接参数的调节原理。

2.16 低碳钢板的气体保护电弧焊焊接实验

2.16.1 实验目的

① 了解气体保护电弧焊的基本原理。

② 熟悉气体保护电弧焊工艺流程及设备的特点。

③ 分析气体保护电弧焊工艺参数对焊缝成型及熔滴过渡的影响规律。

2.16.2 实验原理

气体保护电弧焊是用外加气体作为电弧介质，并保护金属熔滴、焊接熔池和焊接区高温金属的一类电弧焊方法。气体保护电弧焊的优点是：电弧明弧焊接，便于观察、操作和控制；适合于各种空间位置的焊接，易于实现机械化和自动化；电弧在气流压缩下燃烧，热量集中，焊接热影响区较窄，焊接变形小；焊接电流密度大，熔深大；焊接速度快，焊缝质量好，焊后不需清渣，生产率高等。缺点是不宜在有风的场地施焊，电弧光辐射较强。

气体保护电弧焊包括非熔化极气体保护焊和熔化极气体保护焊。非熔化极气体保护电弧焊是电弧在非熔化极（通常是钨极）和工件之间燃烧，电极只起发射电子、产生电弧的作用，本身不熔化；焊接时填充金属从一侧送入，电弧热将填充金属与工件熔融在一起，形成焊缝。熔化极气体保护电弧焊是利用金属焊丝作为电极，电弧在焊丝和工件之间产生，焊丝不断送入，并熔化过渡到焊缝中。

气体保护电弧焊根据具体情况的不同可以使用不同的保护气体。常用的保护气体有氩气（Ar）、氦气（He）、二氧化碳（CO_2）、氢气（H_2）及混合气体。混合气体是在一种气体中加入一定量的另一种或两种气体，对细化熔滴、减少飞溅、提高电弧稳定性、改变熔深及提高电弧温度等有一定好处。常用的有氩弧焊和二氧化碳气体保护焊。

氩弧焊是以氩气作为保护气的一种气体保护电弧焊方法，其焊接过程如图 2-28 所示。从焊枪喷嘴中喷出的氩气流，在焊接区形成厚而密的气体保护层而隔绝空气。同时，在电极（钨极或焊丝）与焊件之间燃烧产生的电弧热量使被焊处熔化，并填充焊丝将被焊金属连接在一起，从而获得牢固的焊接接头。

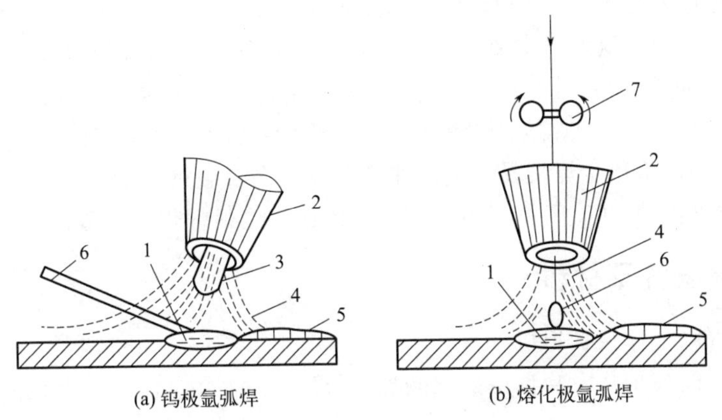

图 2-28　氩弧焊的焊接过程

1—熔池；2—喷嘴；3—钨极；4—气体；5—焊缝；6—焊丝；7—送丝滚轮

CO_2 气体保护电弧焊是利用廉价的 CO_2 气体作为保护气体的气体保护焊。焊丝既作为电极又作为填充金属，利用电弧热熔化金属，以自动或半自动方式进行焊接。CO_2 气体保护焊的焊接过程如图 2-29 所示。焊丝由送丝滚轮经导电嘴送进，在焊丝和焊件间产生电弧，CO_2 气体经焊枪的喷嘴沿焊丝周围喷射形成保护层，使电弧、熔滴和熔池与空气隔绝。由于 CO_2 气体是氧化性气体，在高温下气体分解后会氧化金属，烧损合金元素，所以不能焊接易氧化的非铁金属和高合金钢等。CO_2 气体冷却能力强，熔池凝固快，焊缝中易产生气孔。若焊丝中含碳量高，则飞溅较大。因此，要使用在焊接冶金过程中能脱氧和渗合金的特

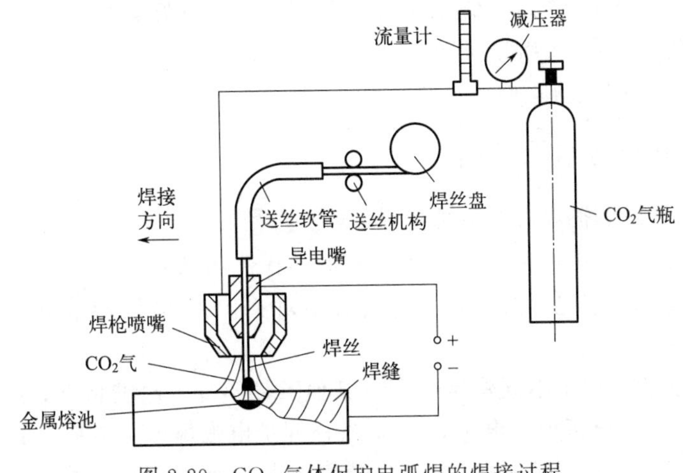

图 2-29　CO_2 气体保护电弧焊的焊接过程

殊焊丝（如 H08Mn2SiA）来完成 CO_2 气体保护焊。

氩弧焊和 CO_2 气体保护焊具有以下几方面的不同点：

① 成本不同。氩气价格贵，焊接成本高；CO_2 气体价廉，成本低，其焊接成本仅为焊条电弧焊和埋弧自动焊的 40%左右。

② 保护效果不同。氩气是惰性气体，它不与金属起化学反应，又不溶于金属液中，是一种理想的保护气体，可以获得高质量的焊缝。所以氩弧焊保护效果好，且焊缝成型好。CO_2 气体是一种氧化性气体，在高温时会分解，使电弧气氛具有强烈的氧化性，使焊件金属和合金元素烧损而降低焊缝金属力学性能，而且还会导致飞溅和气孔，焊缝成型较差。但 CO_2 气体焊的焊缝含氢量低，所以焊缝的裂纹倾向小。

③ 适用材料不同。氩弧焊主要适用于焊接化学性质活泼的金属（如铝、镁、钴及其合金）、稀有金属（如锆、钼、钽及其合金）、高强度合金钢、不锈钢、耐热钢及低合金结构钢等。CO_2 气体焊主要适用于焊接低碳钢和强度等级不高的低合金结构钢，也可用于堆焊磨损件或焊补铸铁件，不适于焊接易氧化的非铁金属和高合金钢。

下面以低碳钢板的 CO_2 气体焊为例介绍气体保护电弧焊焊接实验。

2.16.3 实验设备及材料

① 设备：CO_2 气体保护焊机。

② 材料：CO_2 保护气；与焊枪配套的焊丝（$\phi0.8$ 的 H08Mn2SiA 焊丝）；Q235 低碳钢板；砂纸等。

2.16.4 实验步骤

① 用砂纸将待焊母材试样表面打磨去锈，按老师的要求接好线路。

② 打开焊接电源开关，在控制面板上输入给定的焊接参数。

③ 打开气瓶，调节至合适的气体流量。

④ 打开循环水系统，保证水路工作正常。测试焊枪，保证送丝、送气正常。

⑤ 启动焊接开关，进行焊接。根据焊接结果调整焊接电流，反复几次，直到获得稳定的电弧和较好的焊缝成型。焊接时应注意电弧是否稳定燃烧，有无大的飞溅及爆破声响。

⑥ 以较佳的焊接参数作为标准，在其他焊接参数保持不变的条件下，每次只改变一个参数进行焊接。观察焊接参数的影响，并记录焊接电流、电弧电压的波形、焊接过程的稳定性，以及焊缝成型、飞溅、熔滴过渡等情况。

⑦ 焊接完毕，关闭气瓶、循环水及电源。

2.16.5 实验记录与结果分析

① 记录 CO_2 气体保护焊机的型号，测量焊丝直径。

② 分组进行实验，记录不同焊接电流大小（其他条件不变）时的情况，根据焊缝成型、飞溅、熔滴过渡等情况，分析焊接电流大小对 CO_2 气体保护电弧焊焊接接头质量的影响。

③ 分组进行实验，记录不同焊接电压（其他条件不变）时的情况，根据焊缝成型、飞溅、熔滴过渡等情况，分析焊接电压对 CO_2 气体保护电弧焊焊接接头质量的影响。

④ 分组进行实验，记录不同 CO_2 气体流量（其他条件不变）时的情况，根据焊缝成

型、飞溅、熔滴过渡等情况，分析 CO_2 气体流量对 CO_2 气体保护电弧焊焊接接头质量的影响。

2.16.6　注意事项

① 气体保护焊电流密度大、弧光强、温度高，且会在高温电弧和强烈的紫外线作用下产生高浓度有害气体，可高达手工电弧焊的 4～7 倍，所以特别要注意通风。

② 引弧所用的高频振荡器会产生一定强度的电磁辐射，若接触较多，会引起头昏、疲乏无力、心悸等症状。

③ 氩弧焊使用的钨极材料中含有的稀有金属具有放射性，尤其在修磨电极时会形成放射性粉尘，若接触较多，容易引起各种焊工疾病。

2.16.7　思考题

① 气体保护焊的主要特点是什么？常用的保护气体有哪些？

② 氩弧焊焊接有何特点？其应用范围如何？

③ CO_2 气体保护焊有何优缺点？其应用范围如何？

2.17　不锈钢板的激光焊接工艺实验

2.17.1　实验目的

① 了解激光焊接的基本原理、工艺过程和特点。

② 了解激光器的结构及工作原理。

③ 掌握激光焊接工艺参数对焊接接头质量的影响。

2.17.2　实验原理

激光焊接是利用高能量密度的激光束作为热源的一种高效精密焊接方法。激光焊接是激光材料加工技术的重要应用之一。

激光焊接的基本原理如图 2-30 所示。激光焊接时，激光照射到被焊材料的表面，与其发生作用，一部分被反射，一部分被吸收，进入材料内部。对于不透明材料，透射光被吸收，金属的吸收系数约为 $10^7 \sim 10^8 m^{-1}$。对于金属，激光在金属表面 0.01～0.1μm 的厚度中被吸收转变成热能，导致金属表面温度升高，再传向金属内部。光子轰击金属表面形成蒸

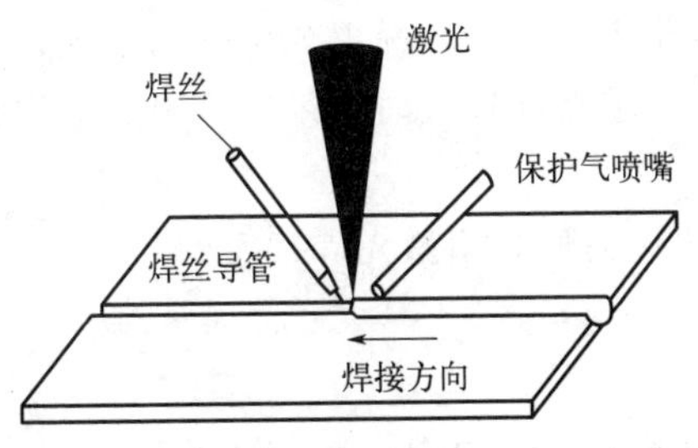

图 2-30　激光焊接的基本原理

气，蒸发的金属可防止剩余能量被金属发射掉。如果被焊金属有良好的导热性能，则会得到较大的熔深。激光在材料表面的反射、透射和吸收，本质上是光波的电磁场与材料相互作用的结果。激光光波入射材料时，材料中的带电粒子按照光波电矢量的步调振动，使光子的辐射能变成电子的动能。物质吸收激光后，首先产生的是某些质点的过量能量，如电子的动能、束缚电子的激光能或者过量的声子，这些原始激光能经过一定过程再转化为热能，从而实现焊接。

激光焊接工艺具有下列优点：

① 激光能量密度大，穿透深度大，焊缝可以极为窄小；热量集中，作用时间短，热影响区小，焊接残余应力和变形极小，特别适于热敏感材料的焊接。

② 激光焊可以焊接一般焊接方法难以焊接的材料，如高熔点金属等，甚至可用于非金属材料，如陶瓷、塑料等的焊接。还可以实现异种材料的焊接，如钢和铝、铝和铜、钢和铜等。

③ 激光可以反射、透射，能在空间传播相当远的距离而衰减很小，因而可进行远距离焊接或一些难于接近部位的焊接。

④ 激光焊接过程时间极短，不仅生产率高，而且焊件不易氧化。因此，不论在真空、保护气体还是空气中焊接，其效果几乎相当。

激光焊接的主要设备是激光器，用于焊接的主要有两种激光：CO_2 激光和 Nd:YAG 激光。激光焊接的焊接参数与传统焊接方法略有不同，主要包括激光功率、焊接速度、离焦量、保护气体种类和气流量。

① 激光功率。激光功率是激光加工中最关键的参数之一。采用较高的功率密度，在微秒时间范围内，表层即可加热至沸点，大量气化。因此，高功率密度对于材料去除加工，如打孔、切割、雕刻有利。对于较低功率密度，表层温度达到沸点需要经历数毫秒，在表层气化前，底层达到熔点，易形成良好的熔融焊接。

② 焊接速度。焊接速度的快慢会影响单位时间内的热输入量，焊接速度过慢，则热输入量过大，导致工件烧穿；焊接速度过快，则热输入量过小，造成工件焊不透。

③ 离焦量。激光焊接通常需要一定的离焦量，因为激光焦点处光斑中心的功率密度过高，容易蒸发成孔。离开激光焦点的各平面上，功率密度分布相对均匀。离焦方式有两种：正离焦与负离焦。焦平面位于工件上方为正离焦，反之为负离焦。按几何光学理论，当正负离焦平面与焊接平面距离相等时，所对应平面上功率密度近似相同，但实际上所获得的熔池形状不同。负离焦时，可获得更大的熔深，这与熔池的形成过程有关。实验表明，激光加热 $50\sim200\mu s$ 材料开始熔化，形成液相金属并出现部分气化，形成高压蒸气，并以极高的速度喷射，发出耀眼的白光。与此同时，高浓度气体使液相金属运动至熔池边缘，在熔池中心形成凹陷。当负离焦时，材料内部功率密度比表面还高，易形成更强的熔化、气化，使光能向材料更深处传递。所以在实际应用中，当要求熔深较大时，采用负离焦；焊接薄材料时，宜用正离焦。

下面以不锈钢板的 CO_2 气体激光器焊接为例介绍激光焊接实验。

2.17.3 实验设备及材料

① 设备：CO_2 激光器系统；数控工作台及焊接夹具。

② 材料：316L 不锈钢试板若干块；砂纸；丙酮；氩气等。

2.17.4　实验步骤

① 将待焊的 316L 不锈钢试板表面用砂纸打磨去锈，并用丙酮清洗干净后用夹具固定在工作台上。

② 启动激光焊接系统，开启内部循环水系统，打开风刀和保护气，并调节保护气（氩气）气流量。

③ 当激光器内部温度和内部循环水的电离度都达到规定的指标后，各组分别改变激光功率、焊接速度、离焦量等焊接参数进行焊接，观察记录焊接试样的表面成型情况及熔透情况。

④ 焊接完毕后，取出试样，关闭激光器和数控机床，并打扫工作台。

2.17.5　实验记录与结果分析

① 记录 CO_2 激光器系统的型号，测量 316L 不锈钢试板的尺寸。

② 分组进行实验，记录不同激光功率（其他条件不变）时的情况，根据焊接试样的表面成型情况及熔透情况，分析激光功率对激光焊接接头质量的影响。

③ 分组进行实验，记录不同焊接速度（其他条件不变）时的情况，根据焊接试样的表面成型情况及熔透情况，分析焊接速度对激光焊接接头质量的影响。

④ 分组进行实验，记录不同离焦量（其他条件不变）时的情况，根据焊接试样的表面成型情况及熔透情况，分析离焦量对激光焊接接头质量的影响。

2.17.6　注意事项

① 激光焊接过程中要注意通风，注意灰尘、金属微粒的吸入，注意保护气体，一般都是惰性气体，虽然这类气体没有毒性，但勿过多吸入。

② 激光焊接时最好在焊接过程中远离焊接部位，虽然焊机的激光源辐射几乎没有危害，但是焊接过程中会导致两种其他辐射，即电离辐射和受激辐射，这种被诱发的辐射对眼睛、身体影响不小，最好远离焊点，更勿直视。

③ 冷却水的纯度是保证焊枪激光输出效率及激光器聚光腔组件寿命的关键，应每周检查一次内循环水的电导率，每月必须更换一次内循环的去离子水。随时注意观察冷却系统中离子交换柱的颜色变化，一旦发现交换柱中树脂的颜色变为深褐色甚至黑色，应立即更换树脂。

2.17.7　思考题

① 激光焊与传统熔焊方法相比具有哪些独特的优点？

② 激光焊适合在什么场合进行焊接？

③ 分析激光焊接不锈钢试板完全熔透的工艺参数范围。

2.18　电阻焊焊接工艺实验

2.18.1　实验目的

① 了解电阻焊的基本原理、工艺特点及应用。

② 了解电阻焊的种类。

③ 掌握电阻焊工艺参数对焊接接头质量的影响。

2.18.2 实验原理

电阻焊又称接触焊，是将工件组合后通过电极施加压力，利用电阻热进行焊接的方法。

电阻焊焊接接头的形成原理是将被焊工件组合后，通过电极施加压力，利用电流通过接头的接触面及邻近区域产生的电阻热，将其加热到熔化或高温塑性状态，并在大量塑性变形能量作用下，使两个分离表面的金属原子之间接近晶格距离，形成金属键，在结合面上产生足够数量的共同晶粒，从而获得焊接接头（图 2-31）。电阻焊热源产生于焊接金属本身，因而对焊接区的加热比熔焊更为迅速、集中。电阻焊时产生的热量 Q 符合焦耳-楞次定律，即 $Q=I^2Rt$。电阻焊时，焊接回路中总电阻 R 较小，为缩短通电时间 t（0.01 秒至几秒），快速获得电阻热 Q，必须使用低电压（10V 以下）、大电流（一般 2～40kA）的大功率焊机（50～1200kW）。

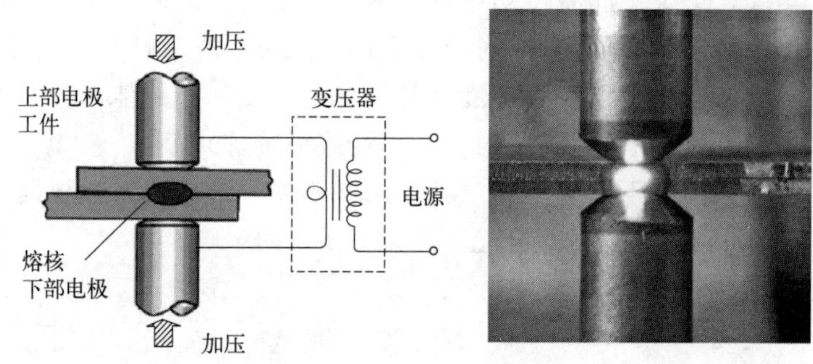

图 2-31　电阻焊的基本原理

电阻焊具有如下工艺特点：不需填充金属，不用另加保护措施；由于焊接电压很低，焊接电流很大，可在很短时间（0.01 秒至数秒）内获得焊接接头，所以生产率很高，操作简单，噪声小，无弧光，烟尘及有害气体很少，劳动条件好，易于实现机械化、自动化。但电阻焊设备较复杂，设备投资大。一般适于成批大量生产，在自动化生产线上应用较多，如汽车、飞机、仪器仪表的制造等。

电阻焊按工件接头形式与电极形状不同可分为点焊、缝焊、对焊和凸焊四种。

① 点焊。点焊是将焊件装配成搭接接头，并压紧在两柱状电极之间，利用电阻热熔化母材金属，形成焊点的电阻焊方法。点焊主要用于薄板焊接，其工艺过程：预压，保证工件接触良好；通电，使焊接处形成熔核及塑性环；断电锻压，使熔核在压力持续作用下冷却结晶，形成组织致密，无缩孔、裂纹的焊点。

② 缝焊。缝焊的过程与点焊相似，只是以旋转的圆盘状滚轮电极代替柱状电极，将焊件装配成搭接或对接接头，并置于两滚轮电极之间，滚轮加压焊件并转动，连续或断续送电，从而形成一条连续焊缝。缝焊主要用于焊接焊缝较为规则、要求密封的结构，板厚一般在 3mm 以下。

③ 对焊。对焊是使焊件沿整个接触面焊合的电阻焊方法，分为电阻对焊和闪光对焊。电阻对焊是将焊件装配成对接接头，使其端面紧密接触，利用电阻热加热至塑性状态，然后断电并迅速施加顶锻力完成焊接的方法。电阻对焊主要用于截面简单、直径或边长小于 20mm 和强度要求不太高的焊件。闪光对焊是将焊件装配成对接接头，接通电源，使其端面

逐渐移近达到局部接触，利用电阻热加热这些接触点，在大电流作用下，产生闪光，使端面金属熔化，直至端部在一定深度范围内达到预定温度时，断电并迅速施加顶锻力完成焊接的方法。闪光对焊的接头质量比电阻对焊好，焊缝力学性能与母材相当，而且焊前不需要清理接头的预焊表面。闪光对焊常用于重要焊件的焊接，可焊同种金属，也可焊异种金属；可焊细小金属丝，也可焊钢轨和大直径油管。

④ 凸焊。凸焊是在一工件的贴合面上预先加工出一个或多个突起点，使其与另一工件表面接触并通电加热，然后压塌，使这些接触点形成焊点的电阻焊方法。凸焊是点焊的一种变形，主要用于焊接低碳钢和低合金钢的冲压件。板件凸焊最适宜的厚度为 0.5～4mm，小于 0.25mm 时宜采用点焊。随着汽车工业的发展，高生产率的凸焊在汽车零部件制造中获得了大量应用。凸焊在线材、管材等连接上也获得了普遍应用。

影响电阻焊的工艺参数主要有焊接电流、焊接时间、电极压力、电极形状及材料性能、工件表面状况等。

① 焊接电流的影响。从公式 $Q=I^2Rt$ 可见，电流对产热的影响比电阻和时间两者都大。因此，在点焊过程中，它是一个必须严格控制的参数。引起电流变化的主要原因是电网电压波动和交流焊机次级回路阻抗变化。阻抗变化是因回路的几何形状变化或在次级回路中引入了不同量的磁性金属。对于直流焊机，次级回路阻抗变化对电流无明显影响。除焊接电流总量外，电流密度也对加热有显著影响。通过已焊成焊点的分流，以及增大电极接触面积或凸焊时的凸点尺寸，都会降低电流密度和焊接热，从而使接头强度显著下降。

② 焊接时间的影响。为了保证熔核尺寸和焊点强度，焊接时间与焊接电流在一定范围内可以互为补充。为了获得一定强度的焊点，可以采用大电流和短时间（强条件，又称强规范），也可以采用小电流和长时间（弱条件，又称弱规范）。选用强条件还是弱条件，取决于金属的性能、厚度和所用焊机的功率。但对于不同性能和厚度的金属所需的电流和时间，都有一个上、下限，超过此限，将无法形成合格的熔核。

③ 电极压力的影响。电极压力对两电极间总电阻 R 有显著影响，随着电极压力的增大，R 显著减小。此时，焊接电流虽略有增大，但不会影响因 R 减小而引起的产热的减少。因此，焊点强度总是随着电极压力的增大而降低。在增大电极压力的同时，增大焊接电流或延长焊接时间，可以弥补电阻减小的影响，从而保持焊点强度不变。采用这种焊接条件有利于提高焊点强度的稳定性。电极压力过小，将引起飞溅，也会使焊点强度降低。

④ 电极形状及材料性能的影响。由于电极的接触面积决定着电流密度，电极材料的电阻率和导热性关系着热量的产生和散失，因而电极的形状和材料对熔核的形成有显著影响。随着电极端头的变形和磨损，接触面积将增大，焊点强度降低。

⑤ 工件表面状况的影响。工件表面上的氧化物、污垢、油和其他杂质增大了接触电阻，过厚的氧化物层甚至会使电流不能通过。局部的导通会由于电流密度过大，而产生飞溅和表面烧损。氧化物层的不均匀性还会影响各个焊点加热的不一致，引起焊接质量的波动。因此，彻底清理工件表面是保证获得优质接头的必要条件。

电阻焊常用的设备是点焊机和对焊机。点焊机由机座、加压机构、焊接回路、电极、传动机构和开关及调节装置组成。加压机构是电阻焊在焊接时进行加压的机构；焊接回路是指除焊接之外参与焊接电流导通的全部零件所组成的导电通路；控制装置由开关和同步控制两部分组成，在点焊中，开关的作用是控制电流的通断，同步控制的作用是调节焊接电流的大小，精确控制焊接程序，当网路电压有波动时，能自动进行补偿。对焊机由机架、导轨、固定座板和动板、送进机构、夹紧机构、支点（顶座）、变压器、控制系统几部分组成。机架上固定着对焊机的全部基本部件，导轨用来保证动板可靠移动，以便送进焊件；送进机构的作用是使焊件同动板一起移动，并保证有所需的顶锻力；夹紧机构由两个夹具构成，一个是固定的，称为固定夹具，另一个是可移动的，称为动夹具。固定夹具直接安装在机架上，动夹具安装在动板上，可随动板左右移动。电阻焊常采用工频变压器作为电源，电阻焊变压器采用下降的外特性，与常用变压器及弧焊变压器相比，电阻焊变压器有电流大、电压低、功率大、断续工作状态无空载运行等优点。

下面介绍电阻焊焊接实验。

2.18.3 实验设备及材料

① 设备：电阻焊机；砂纸；铁刷；防护帽。

② 材料：金属试件若干。

2.18.4 实验步骤

① 确保上、下电极平整并通水冷却。

② 正确设定焊接参数。

③ 进行电阻焊焊接过程中，通过数字化精确控制，预压使两电极接触压实，能否压实与时间和压力有关，然后通电并保持。

④ 观察焊点成型情况。

2.18.5 实验记录与结果分析

① 记录电阻焊机的型号，测量金属试件的尺寸。

② 分组进行实验，记录不同焊接电流（其他条件不变）时的情况，根据焊点成型情况分析焊接电流对电阻焊焊接接头质量的影响。

③ 分组进行实验，记录不同焊接时间（其他条件不变）时的情况，根据焊点成型情况分析焊接时间对电阻焊焊接接头质量的影响。

④ 分组进行实验，记录不同电极压力（其他条件不变）时的情况，根据焊点成型情况分析电极压力对电阻焊焊接接头质量的影响。

2.18.6 注意事项

① 在使用电阻焊机之前，一定要先检查好控制板的插头是否插好。

② 设备的外壳应有可靠的接地，应保证焊接环境通风、干燥、透气。

③ 在焊接之前应根据焊件的厚度调整电压，并且在电源开关打开后，保证指示灯是亮的。

④ 每次在焊接工作完毕后，应及时检查光电机头、弹簧、杠杆组及踏脚有无损坏和松动，并及时恢复和修复；检查电气控制元件是否有效，若有就应及时修复或者更换。

⑤ 若发现焊机设备中的部件损坏应及时进行修复，或者和生产厂家进行联系。

⑥ 电阻焊机通电后是不能将控制箱的外壳打开的，并且不允许接触机箱内的各个部位，以免出现触电现象。

⑦ 平时应定期对电阻焊机进行检查。电阻焊机的操作并不复杂，只要掌握了一定的方

法，操作起来就能得心应手。

2.18.7　思考题

① 实验中所使用的电阻焊机设备的反馈形式是电压还是电流？

② 缓升在电阻焊过程中主要起什么作用？

③ 电阻焊除了焊接黑色金属外还可以进行什么材料的焊接？

④ 电阻焊设备除可进行焊接外，还可用于哪些加工工艺？

2.19　铝合金板材搅拌摩擦焊焊接实验

2.19.1　实验目的

① 了解搅拌摩擦焊的基本原理。

② 了解搅拌摩擦焊焊接设备及其工艺流程和特点。

③ 分析焊接工艺参数对搅拌摩擦焊焊接接头成型的影响规律。

2.19.2　实验原理

搅拌摩擦焊是指利用高速旋转的焊具与工件摩擦产生的热量使被焊材料局部熔化，当焊具沿着焊接界面向前移动时，被塑性化的材料在焊具的转动摩擦力作用下由焊具的前部流向后部，并在焊具的挤压下形成致密的固相焊缝。搅拌摩擦焊技术是英国焊接研究所 1991 年发明的，搅拌摩擦焊除了具有普通摩擦焊技术的优点外，还可以进行多种接头形式和不同焊接位置的连接。

搅拌摩擦焊的焊接原理与常规摩擦焊一样，也是利用摩擦热与塑性变形热作为焊接热源。不同之处如图 2-32 所示，搅拌摩擦焊焊接过程是由一个圆柱体或其他形状（如带螺纹圆柱体）的搅拌针伸入工件的接缝处，通过焊头的高速旋转，使其与焊接工件摩擦；在搅拌头与工件的接触部位产生摩擦热，从而使连接部位的材料温度升高形成塑性软化层，软化层金属在搅拌头旋转的作用下填充搅拌针后面的空腔；然后随着焊头的移动，高度塑性变形的材料逐渐沉积在搅拌头的背后，并在轴肩与搅拌针的搅拌及挤压作用下实现材料的固相连接，从而形成搅拌摩擦焊焊缝。搅拌摩擦焊焊接接头具有四个特征区域：焊核区、热机影响区、热影响区和轴肩影响区。

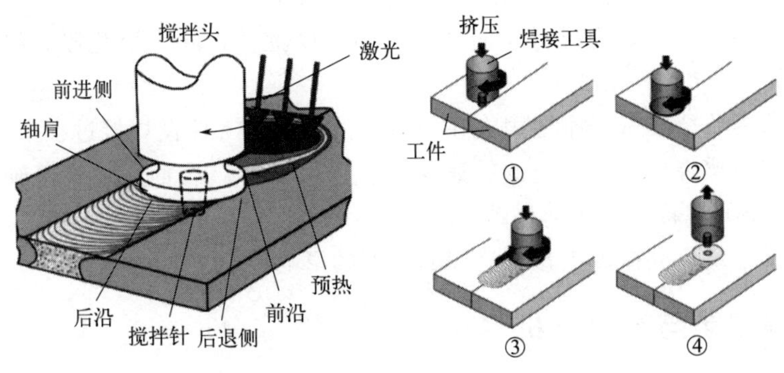

图 2-32　搅拌摩擦焊焊接原理

在搅拌摩擦焊过程中，搅拌针的长度略小于焊缝的深度，其作用是对接头处的金属进行摩擦及搅拌，而搅拌头上圆柱形的轴肩主要用于与工件表面摩擦产生热量，防止焊缝处的塑性金属向外溢出，同时可以清除焊件表面上的氧化膜。因此，焊前不需要表面处理。搅拌摩擦焊对设备的要求并不高，最基本的要求是焊头的旋转运动和工件的相对运动，即使一台铣床也可简单地达到小型平板对接焊的要求。但焊接设备及夹具的刚性是极其重要的。搅拌摩擦焊可以实现管-管、板-板的可靠连接，接头形式可以设计为对接、搭接，可进行直焊缝、角焊缝及环焊缝的焊接，并可以进行单层或多层一次焊接成型。

焊接接头的组织决定了焊接接头的力学性能。搅拌摩擦焊的工艺参数对热量传导和材料的流动有着重要的影响，从而影响接头的显微组织。搅拌摩擦焊的工艺参数主要有：搅拌头倾角、搅拌头旋转速度、焊接速度和搅拌头下压量。

① 搅拌头倾角。焊接时，由于板材原始厚度的误差，待焊的两个零件的板厚会存在一定的差异，造成板厚差问题。因此搅拌头通常会向后倾斜一定的角度，以便在焊接时轴肩后沿能够对焊缝施加均匀的焊接顶锻力。

② 搅拌头旋转速度。搅拌头旋转速度对焊接过程中的摩擦产热有重要影响。当搅拌头旋转速度较低时，产生的摩擦热不够，不足以形成热塑性流动层，在焊缝中易形成空洞等缺陷；随着转速的增加，摩擦热增大，使得孔洞减小，当转速增加到一定值时，孔洞消失，形成致密的焊缝。但当转速过高时，会使焊缝温度过高，形成其他缺陷。

③ 焊接速度。焊接速度过快，会使得接头成型不好，容易形成缺陷，造成质量隐患，同时对设备及操作人员要求更高，增加成本；若焊接速度过慢，容易造成缺陷且生产效率不高。因此焊接速度的选择应从各方面进行综合考虑。

④ 搅拌头下压量。搅拌头下压量增大，可增加热输入，提高焊缝组织的致密度；但摩擦力增大，搅拌头向前移动的阻力也会增大，且下压量过大时，易形成焊缝凹陷，使焊缝表面形成飞边等。下压量过小，焊缝组织疏松，内部会出现孔洞。

下面以铝合金板材为例介绍搅拌摩擦焊焊接实验。

2.19.3 实验设备及材料

① 设备：搅拌摩擦焊机；显微硬度计；力学试验机；夹具；搅拌头。

② 材料：铝合金板材若干；丙酮；砂纸。

2.19.4 实验步骤

① 实验前先了解搅拌摩擦焊机的结构及其焊接原理。

② 用砂纸将与轴肩接触的母材表面及结合面轻微擦拭，除去氧化膜，然后用丙酮将接头附近清理干净。

③ 用夹具将两片待接试样刚性固定在钢衬板上，防止工件在焊接过程中移动。

④ 启动搅拌摩擦焊机，以一定的转速缓慢扎入两试样结合面内，直至轴肩和工件表面接触，然后以一定的焊接速度向前移动。

⑤ 观察焊缝外观，分析焊接参数对焊缝成型的影响。

2.19.5 实验记录与结果分析

① 分组进行实验，记录不同搅拌头旋转速度时的情况，根据焊缝外观分析旋转速度对

焊接接头质量的影响。设置不同的旋转速度和焊接速度进行焊接试验。

② 分组进行实验，记录不同焊接速度时的情况，根据焊缝外观分析焊接速度对焊接接头质量的影响。

2.19.6 注意事项

① 在焊接过程中工件要刚性固定在背垫上，焊头边高速旋转，边沿工件的接缝与工件相对移动。

② 焊头的突出段伸进材料内部进行摩擦和搅拌，焊头的肩部与工件表面摩擦生热，并用于防止塑性材料的溢出，同时可以起到清除表面氧化膜的作用。

2.19.7 思考题

① 为什么搅拌摩擦焊相比传统熔焊更适于焊接铝合金？

② 哪些材料不适合采用搅拌摩擦焊焊接？为什么？

③ 比较搅拌摩擦焊和常规摩擦焊的异同点。

2.20 泡沫铜与紫铜的真空钎焊焊接实验

2.20.1 实验目的

① 了解钎料成分及其选用对母材润湿性的影响。

② 学会使用真空钎焊设备。

③ 了解真空钎焊工艺流程和特点。

④ 掌握真空钎焊的工艺参数对钎焊接头质量的影响。

2.20.2 实验原理

钎焊是指低于焊件熔点的钎料和焊件同时加热到钎料熔化温度后，利用液态钎料填充固态工件的缝隙使金属连接的焊接方法。钎焊与熔焊和压焊相比，共同之处是它们本质均为金属材料的冶金连接。但与熔焊相比，钎焊时只有钎料熔化而母材保持固态；与压焊相比，钎焊时不对焊件施加压力。此外，由于钎料的熔点低于母材熔点，因而钎焊焊缝的成分与母材有很大差别。

钎焊的一般过程是先将表面清洗好的工件以搭接的形式装配在一起，钎料放在接头间隙附近或接头间隙中间；然后将组件加热至稍高于钎料熔点的温度使钎料熔化浸润母材，并在母材上铺展充满间隙；最后液态钎料冷却凝固后形成接头连接母材。钎焊焊接接头的形成原理实质是固体母材与液体钎料的相互作用过程。如图 2-33 所示，首先发生固态母材向液态钎料的溶解，通过溶解可使钎料成分合金化，有利于提高接头强度；但母材的过度溶解会使液体钎料的熔点和黏度升高，流动性变差，往往导致不能填满钎缝间隙，同时可能使母材表面因过分溶解而出现凹陷等缺陷。然后发生钎料组分向母材的扩散，扩散以两种方式进行：一种是钎料组元向整个母材晶粒内部扩散，形成固溶体组织，不会对接头产生不良影响；另一种是钎料组元扩散到母材的晶界，形成钎料组分与母材的共晶体组织，由于其熔点低于钎焊温度，在晶界上会形成一层液体层而变脆（即晶间渗入），导致钎焊接头强度、塑性及其他性能变差。

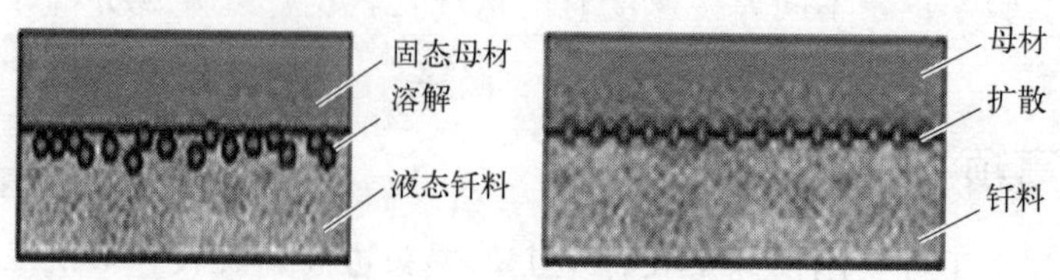

图 2-33　钎焊焊接原理

钎焊接头如图 2-34 所示，基本上由扩散区、界面区和中心区组成。在扩散区，其组织是由钎料组分向母材扩散形成的；在界面区，其组织是由母材向钎料溶解、冷却后形成的；在钎缝中心区，其组织则由母材的溶解和钎料组分的扩散以及结晶时的偏析形成，不同于钎料的原始组织，但接近钎料的原始组织。

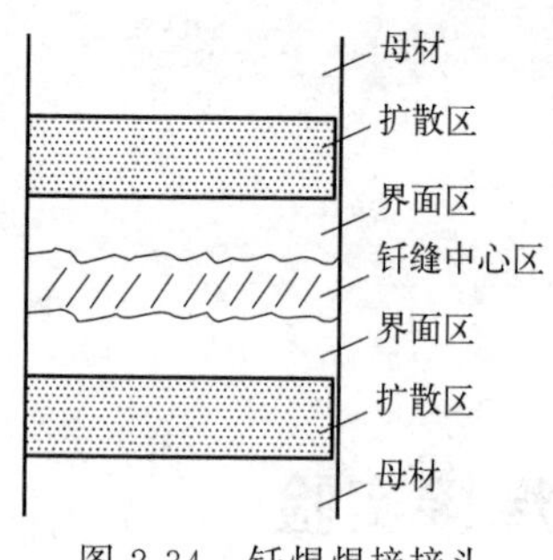

图 2-34　钎焊焊接接头

钎焊使用的焊接材料是钎料与钎剂。对于大多数材料，真空钎焊时不需要使用钎剂，并且能消除母材表面的氧化膜。钎料与母材润湿性的好坏是选择钎料时首先要考虑的条件，也是能否获得优质钎焊接头的关键性因素。只有在液态钎料能充分润湿母材的条件下，钎料才能依靠毛细作用在母材间隙内流动并填满钎缝。如果钎料不能润湿母材，也就不能在母材上通过毛细作用填缝，会导致液态钎料填充不良，甚至会流出间隙，聚集成球状钎料珠，钎焊接头无法形成。母材的表面形貌是影响钎料对母材润湿性的主要因素之一。母材表面过于平滑和过于粗糙都会减弱钎料对母材的润湿；母材表面形成的微观沟槽具有一定的毛细作用，有利于液态钎料的铺展，能够提高钎料对母材的润湿性。因此，钎焊前应对母材表面进行清理，采用的方法不同，则母材表面的形貌也不同，对钎料的润湿性会带来不同的影响。

通过下列方法测量钎料铺展面积可以定量评价钎料润湿性：

① 平均直径法。根据钎料铺展的具体形状，从不同的方位分别测出铺展的直径，计算出平均直径，求出当量圆面积。该方法简单，但只适用于形状规则的铺展。

② 求积仪法。用求积仪沿钎料铺展区边缘一周，即可直接读出铺展面积值。该法精度视所用求积仪的精密度而定。

③ 方格统计法。借助透明纸描下钎料铺展的轮廓，再在方格纸上统计出占有的方格数，通过每一方格的面积和方格数，就可以求出铺展面积。

④ 比重法。将铺展有钎料的试片拍摄成 1∶1 的照片，再从照片上剪下钎料铺展区。用电子天平称出该铺展区照片的重量，再根据单位面积纸的重量求出铺展面积。此法周期长，但精度最高。

按钎料熔点不同可以分为硬钎焊和软钎焊。硬钎焊使用的硬钎料熔点在 450℃以上，钎焊接头强度较高，如铜磷钎料属于铜基合金硬钎料；软钎焊使用的软钎料熔点在 450℃以下，钎焊接头强度较低，如焊锡丝属于锡基合金软钎料。

下面以泡沫铜为例介绍真空钎焊焊接实验。

2.20.3　实验设备及材料

① 设备：管式电阻炉；真空钎焊炉；夹具。

② 材料：非晶铜磷钎料；泡沫铜；紫铜薄板若干；丙酮；砂纸等。

2.20.4　实验步骤

① 润湿性试验，将紫铜薄板试样表面用砂纸打磨，去除表面的氧化膜，再用丙酮清洗干净后将非晶铜磷钎料放在其正中位置；然后在充有氩气的管式电阻炉中加热，加热温度分别设定为 700℃、750℃及 800℃，保温 5min 后取出；最后采用比重法分别测出钎料的铺展面积。

② 另取紫铜薄板试样用砂纸打磨去除表面的氧化物，再用丙酮洗净后擦除表面油污。

③ 将紫铜薄板、非晶铜磷钎料、泡沫铜及压板自下而上组合在一起，确保非晶铜磷钎料铺设一定厚度并置于紫铜薄板和泡沫铜之间。

④ 将组合件放入真空钎焊炉内，盖上炉盖，启动真空泵对真空炉抽真空。

⑤ 炉内真空度达到 10Pa 左右后，接通真空炉电源，加热升温到钎焊温度并保温一定时间。

⑥ 在钎焊温度保温结束后，关闭加热电源，随炉冷却到室温并取出焊件。按照要求进行相应的观察和力学性能测试。

2.20.5　实验记录与结果分析

① 观察钎焊接头，记录实验结果。观察试样时要仔细观察钎焊接头的外观；钎料润湿情况，是否有流淌；钎角是否圆滑；是否存在熔蚀及未焊合等表面缺陷；断口是否有气孔及夹渣等缺陷。

② 根据钎焊实验时记录的真空炉加热温度、真空度及加热时间数据，绘制钎焊加热曲线。

③ 整理实验数据，分析不同的焊接工艺参数（如升温速率、钎焊温度、保温时间等）对钎焊焊接接头性能的影响规律。

2.20.6　注意事项

① 钎焊操作过程中要保持室内通风，有效的室内通风可将钎焊过程中所产生的有毒烟尘和毒性挥发气体排出室外，有效保证操作者的健康和安全。此外，钎焊前清洗金属零件时，采用的清洗剂包括有机溶剂、酸类和碱类等化学物品，在清洗过程中会挥发出有毒的蒸气，所以要求通风良好。

② 钎焊操作过程中要加强对毒物的防护，当钎焊金属和钎料中含有毒性金属成分时，要严格采取防护措施，以免操作者发生中毒。如 Pb 是软钎料中的主要成分，加热至 400～500℃时即可产生大量 Pb 蒸气，在空气中迅速生成氧化铅，Pb 及其化合物有相似的毒性，钎焊时主要以烟尘、蒸气形式经呼吸道进入人体。

2.20.7　思考题

① 钎焊用于连接材料具有怎样的工艺特点？

② 钎焊对钎料和钎剂有什么性能要求？

③ 影响钎料润湿性的因素有哪些？

第3章

粉体材料成型与加工实验

粉体材料成型与加工主要包括金属材料粉末冶金和无机非金属陶瓷材料制品的成型加工。它们所用的原材料均为粉体，需要经历制粉、筛分与混合等工艺，再经过成型和烧结后获得制品。为了提高强度或者获得某些特殊使用性能，往往还需要进行后处理。材料的粉体成型与液态成型或固态塑性成型相比具有其自身独特的优势，特别是它可以通过改变其组分或各组分间的相对含量，制造出各种不同性能的材料。

金属材料粉末冶金的历史在我国始于 2500 多年前的春秋末期，用块炼铁（即海绵铁）锻造法制造铁器，然而现代粉末冶金技术的诞生至今只有大约 100 年的时间，其标志性事件是 1909 年发明的用钨粉制造白炽灯灯丝。粉末冶金技术具备显著节能、省材、性能优异、产品精度高且稳定性好等一系列优点，非常适合大批量生产。另外，部分用传统铸造方法和机械加工方法无法制备的材料和复杂零件也可用粉末冶金技术制造，因而备受工业界的重视。目前，粉末冶金技术已被广泛应用于交通、机械、电子、航空航天、兵器、生物、新能源、信息和核工业等领域，成为新材料科学中最具发展活力的分支之一。

陶瓷材料是历史悠久的无机非金属材料，它的成型可以追溯到大约 8000 年前新石器时代的古陶器制作工艺，其后的技术发展经历过几次大的飞跃，即大约 4000 年前由陶器向瓷器的转变；进入 20 世纪开始的由传统陶瓷到现代陶瓷的发展，以及当前正在不断开发的纳米陶瓷制造技术。粉体材料成型加工技术在近几十年来进步很快，正向着更高级的新材料、新工艺的方向发展，现已成为材料成型加工的一类重要方法。

本章主要介绍金属材料粉末冶金工艺及陶瓷材料成型加工方面的实验。

3.1 铁基粉体材料的粉末冶金实验

3.1.1 实验目的

① 了解粉末冶金的基本原理。

② 掌握粉末冶金工艺的基本过程。

③ 了解烧结过程对粉末冶金制品性能的影响。

3.1.2 实验原理

粉末冶金是将具有一定粒度及粒度组成的金属粉末或金属与非金属粉末，按一定配比均匀混合，经过压制成型和烧结强化及致密化后，制成材料或制品的工艺技术。粉末冶金是冶金学和材料成型工艺的交叉技术，又被称为金属陶瓷法。

粉末冶金主要包括粉体制备、压制和烧结三大基本工序（图 3-1）。粉体制备主要是使金属、合金或者金属化合物由固态、液态或气态转变成粉末状态。制取粉末的方法大体上可

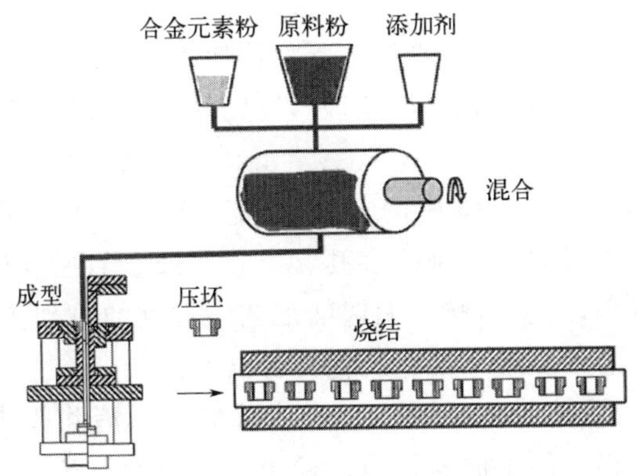

图 3-1　粉末冶金制品生产示意

归纳为机械法和物理化学法两大类。机械法是将原材料机械粉碎，但材料化学成分基本上不发生变化的工艺过程；而物理化学法是借助物理或化学的作用，改变原料的化学成分或聚集状态从而获得粉末的工艺过程。粉末的压制成型是将松散的粉料在压模内经受一定压力后，成为具有一定形状、尺寸和密度、强度的压坯。在压制过程中，粉末坯体的密度和强度得到了提高。但单向压制成型时的一个问题是压坯密度分布不均匀。粉末的烧结是将粉末成型坯体在一定温度和气氛下加热，使粉末相互结合并发生收缩和致密化的过程。烧结是粉末冶金和陶瓷制品生产过程中关键的基本工序，对最终产品的性能起决定性作用。粉末的烧结机理：首先，粉末压坯具有很大的表面能和畸变能，结构缺陷多，处于活性状态的原子也多，使得粉末压坯处于不稳定状态并力求把本身的能量降低；其次，将压坯加热到高温，为粉末原子所储存能量的释放创造了条件，由此引起粉末物质的迁移，使粉末的接触面积增大，导致孔隙减少，密度增大，强度增加，从而形成了烧结。由于粉末冶金制品组成成分与配方不同，烧结过程可分为固相烧结与液相烧结两种。

粉末冶金材料及其制品的基本生产工艺过程如图 3-2 所示。

图 3-2　粉末冶金制品生产工艺流程

① 生产粉末。采用机械制粉方法（如球磨法、雾化法）或物理化学方法（如气相沉积法、液相沉积法、氧化还原法等）将原料制成金属或合金粉末。

② 混料。将各种所需的金属或合金粉末按一定比例混合，使其均匀化制成粉坯。在混料的过程中，为了改善粉末的成型性和可塑性，通常加入汽油、橡胶或石蜡等增塑剂。增塑剂的加入能够使金属粉末颗粒合理分布，填充孔隙，提高压坯强度。

③ 压制成型。将混合均匀的混料，装入压模中压制成具有一定形状、尺寸和密度的型坯。其中，在压模内壁涂润滑剂可有效减少内、外摩擦，降低压制压力的损失，提高压坯密度；在脱模过程中，润滑剂能降低脱模力，延长模具使用寿命，使零部件有较好的表面光洁度。

④ 烧结。在保护气氛的高温炉或真空炉中进行。烧结不同于金属熔化，烧结时至少有一种元素仍处于固态。烧结过程中粉末颗粒间通过扩散、再结晶、熔焊、化合、溶解等一系列物理化学过程，使粉末颗粒牢固地焊合在一起，孔隙减小、密度增大，成为具有一定物理

及力学性能的冶金产品。

⑤ 后处理。一般情况下，烧结好的制件可直接使用。但对于某些尺寸要求精度高并且硬度高、耐磨性强的制件还要进行烧结后处理。后处理包括精压、滚压、挤压、淬火、表面淬火、浸油、熔渗等。

粉末冶金具有独特的化学组成和力学、物理性能，而这些性能是用传统的熔铸方法无法获得的。运用粉末冶金技术可以直接制成多孔、半致密或全致密材料和制品，如含油轴承、齿轮、凸轮、导杆、刀具等，是一种少/无切削工艺。常见的机加工刀具和五金磨具，很多也是采用粉末冶金技术制造的。粉末冶金工艺具有以下特点：

① 粉末冶金技术可以最大限度地减少合金成分偏聚，消除粗大、不均匀的铸造组织。在制备高性能稀土永磁材料、稀土储氢材料、稀土发光材料、稀土催化剂、高温超导材料、新型金属材料（如 Al-Li 合金、耐热 Al 合金、超合金、粉末耐蚀不锈钢、粉末高速钢、金属间化合物高温结构材料）等时具有重要的作用。

② 粉末冶金技术可以制备非晶、微晶、准晶、纳米晶和超饱和固溶体等一系列高性能非平衡材料，这些材料具有优异的电学、磁学、光学和力学性能。

③ 粉末冶金技术可以容易地实现多种类型材料的复合，充分发挥各组元材料的特性，是一种低成本生产高性能金属基和陶瓷复合材料的工艺技术。

④ 粉末冶金技术可以生产普通熔炼法无法生产的具有特殊结构和性能的材料和制品，如新型多孔生物材料、多孔分离膜材料、高性能结构陶瓷模具和功能陶瓷材料等。

⑤ 粉末冶金技术可以实现近净成形和自动化批量生产，从而可以有效地降低生产资源和能源消耗。

⑥ 粉末冶金技术可以充分利用矿石、尾矿、炼钢污泥、轧钢铁鳞、废旧金属作原料，是一种可有效进行材料再生和综合利用的新技术。

下面以铁基粉体材料为例介绍粉末冶金实验。

3.1.3 实验设备及材料

① 设备：液压机（45t）；ZT-30-20Y 真空热压烧结炉；球磨机；模具；电子天平；游标卡尺；金相显微镜；洛氏硬度计。

② 材料：电解铁粉；石墨粉；硬脂酸锌；机油；氩气。

3.1.4 实验步骤

① 配料。先将铁粉进行筛分，再根据实验方案称取相应质量的还原铁粉。为使石墨粉与铁粉混合均匀，加入少许机油，混匀后再加入相应配比的石墨粉、少许润滑剂（硬脂酸锌，1.0%），然后在球磨机上进行混料（球磨转速为 300r/min，球磨 2h）。

② 压制试样。将配好的粉末样品装入模具中，启动液压机对粉末进行压制成型，当油压机表显示设定好的压力时压制试样，测量并计算毛坯密度。

③ 烧结。按设定的烧结温度进行烧结，然后随炉冷却到室温，整个烧结过程用氩气保护。

④ 性能检测。测量并计算烧结后试样密度，观察烧结后金相形貌变化并检测烧结后试样硬度。

3.1.5　实验记录与结果分析

① 分组进行实验，记录铁粉、石墨粉及润滑剂不同配比时的情况，根据烧结后金相形貌变化及烧结后试样硬度，分析粉末配比对粉末冶金制品性能的影响。

② 分组进行实验，记录不同粉末压制压力时的情况，根据烧结后金相形貌变化及烧结后试样硬度，分析压制压力对粉末冶金制品性能的影响。

③ 分组进行实验，记录不同粉末烧结温度时的情况，根据烧结后金相形貌变化及烧结后试样硬度，分析烧结温度对粉末冶金制品性能的影响。

3.1.6　注意事项

① 粉末制取及混料时戴上口罩，避免吸入粉尘。

② 粉末压制成型时避免局部薄壁，以利于装粉压实和防止出现裂纹；避免侧壁上的沟槽和凹孔，以利于压实或减少余块；尽量采用简单、对称的形状，避免截面变化过大以及窄槽、球面等，以利于制模和压实；避免沿压制方向截面积渐增，以利于压实；各壁的交接处应采用圆角或倒角过渡，避免出现尖角，以利于压实及防止模具或压坯产生应力集中。

③ 粉末压坯进行烧结时，注意防烫伤。

3.1.7　思考题

① 粉末冶金工艺与传统材料工艺相比具有哪些特点?

② 粉末压制过程中改善压坯密度分布不均匀现象的措施有哪些?

③ 粉末固相烧结与液相烧结的机理有何不同?

3.2　陶瓷碗的可塑成型加工实验

3.2.1　实验目的

① 了解陶瓷制品成型加工的基本过程。

② 了解陶瓷可塑成型工艺的基本原理。

③ 掌握手工拉坯成型的基本技法和影响陶瓷塑性成型坯体性能的因素。

3.2.2　实验原理

陶瓷材料与金属材料、高分子材料统称为三大固体材料。陶瓷材料可分为传统陶瓷（普通陶瓷）和现代陶瓷（特种陶瓷）两大类。陶瓷材料以离子键和共价键为主要结合键，通常由晶体相、玻璃相和气相组成。晶体相是陶瓷材料最主要的相，其种类和数量决定陶瓷的主要性能和应用；玻璃相是非晶结构的低熔点固态相，其作用是黏结分散的晶体相，填充晶体相之间的空隙，降低烧结温度，抑制晶粒长大，但玻璃相对陶瓷的强度、介电性、耐热、耐火及化学稳定性不利；气相即气孔，在陶瓷生产过程中不可避免地存在，气孔是应力集中的地方，会使陶瓷的强度降低，是造成陶瓷断裂的根源。

陶瓷制品的生产工艺过程如图 3-3 所示，与粉末冶金工艺过程类似，也要经过坯料制备、成型和烧结三大基本工序。

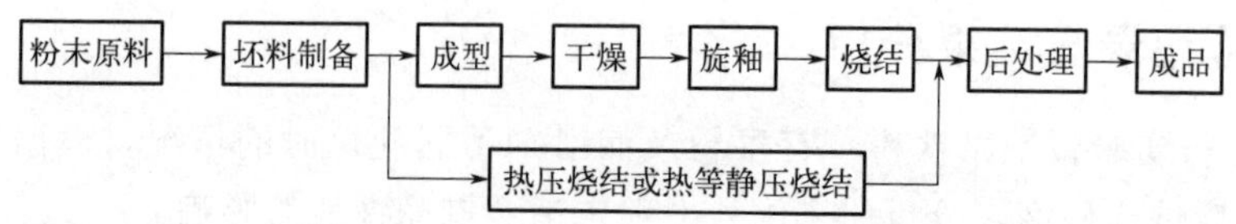

图 3-3 陶瓷制品生产工艺流程图

① 坯料制备。所谓坯料是指将陶瓷原料（黏土、石英、长石等）经挑选、破碎等工序后，进行配料，再经混合、细磨等工序后得到的具有成型性能的多组分混合物。需要注意的是，对于特种陶瓷，由于粉料比较细小，流动性较低，填充模具能力差，可通过加入塑化剂（如聚乙烯醇）造粒改善粉体的流动性。

② 坯体成型。所谓成型是将制备好的坯料用各种不同的方法制成具有一定形状和尺寸的坯件。陶瓷材料成型方法按坯料的性能可分为可塑成型、注浆成型和压制成型三类。

③ 干燥施釉。成型坯体在烧结前一般要进行干燥与施釉，尤其是含水分较多的注浆成型坯体和可塑成型坯体。干燥的目的是借助热能使坯料中的部分水分汽化，并由干燥介质带走，干燥可提高成型坯体的强度和致密度，便于检查、修复、搬运、施釉和烧结。施釉是指在成型陶瓷坯体表面施以釉浆的过程，目的是改善陶瓷制品的表面性能，使制品表面光亮，对液体和气体具有不透过性，不易沾污；提高陶瓷制品的机械强度、电学性能、化学稳定性和热稳定性。施釉还对坯体起美观装饰作用，可以覆盖坯体的不良颜色和粗糙表面。

④ 烧结。陶瓷的烧结原理与粉末冶金烧结类似。烧结的目的是使成型陶瓷坯体在高温作用下，表面积减少、孔隙率降低、致密度提高、颗粒间接触面积加大、机械强度提高。烧结驱动力是陶瓷粉体的表面能降低和系统自由能降低。烧结过程中物质传递分为三种情况：a. 气相烧结，即物质蒸气压较高时的烧结，以蒸发-凝聚的气相传质为主；b. 固相烧结，即物质蒸气压较低时的烧结，以扩散的固相传质为主；c. 液相烧结，即在烧结过程中有液相出现的烧结，以流动、溶解和沉淀的液相传质为主。

在陶瓷材料的三大成型方法中，可塑成型（也称为拉坯成型）具有悠久的历史。陶瓷可塑成型的基本原理如图 3-4 所示，利用拉坯机旋转的力量，配合双手的动作，将转盘上的泥团拉成各种形状的成型方法，也叫轮制法。它是利用拉坯机快速旋转所产生的离心力，结合双手控制挤压泥团，掌握泥巴的特性和手与机器之间相互的动力规律，将泥团拉制成各种形状的空膛薄壁的圆体器型。与注浆成型相比，可塑成型的物料不发生流动，而是产生弹性变形及塑性变形。为了得到高质量的可塑坯体，要求材料必须具有充分的可塑性。

图 3-4 可塑成型工艺

拉坯成型是陶艺制作中较常用的一种方法，但由于它的技术要求较高，练习者需要花较长的时间才能掌握。拉坯可以制作杯、盘、碗、瓶等简单的造型，也可以在拉坯成型后再进行切割组合形成各种复杂的造型。

下面以陶瓷碗为例介绍陶瓷材料的可塑成型加工实验。

3.2.3　实验设备及材料

① 设备：拉坯机及拉坯刀具；干燥箱；普通烧结炉。

② 材料：可塑泥料；釉料；水。

3.2.4　实验步骤

① 称取一定量可塑泥料，加入水并控制含水量在 16%～29%，将泥团加水保湿揉成可塑泥团，然后放在拉坯机的转盘上，转动拉坯机轻轻拍打泥团，把泥团尽量拍打在转盘中心，并拍成上小下大的锥形。

② 用双手沾水润滑泥锥表面，左手以手掌根部从泥锥下部外缘向泥团中心施力，同时向上提动；右手用并拢的四指与左手相对向泥团中心施力，同时向上提动，双手施力均匀，提升速度与转盘转动速度吻合；泥锥拔高后，用双手拇指按住泥柱顶端，整平柱顶。

③ 双肘固定在腿上，保持端正稳定，右手侧压泥团，左手稳定泥团，同时将泥团向转盘中心推压，反复几次，找准中心。

④ 找准中心后，使泥柱粗而稳健并开口，将泥柱打开。

⑤ 提筒：将开孔的泥柱做成中空筒形，要求筒壁厚薄均匀。

⑥ 细微调整，最后拉出碗状坯体。

⑦ 将成型碗坯体放入干燥箱中于 80℃烘干水分。

⑧ 将干燥碗坯体通过浸釉、喷釉、浇釉、刷釉等方法使工件覆上一层厚薄均匀的釉浆，待烘干后进行烧结。

⑨ 将涂有釉料的碗坯体放入烧结炉中进行烧成。

⑩ 性能检测。观察烧结后碗的外观形貌，测量并计算烧结后的坯体密度。

3.2.5　实验记录与结果分析

① 分组进行实验，记录可塑泥料不同加水量时的情况，根据烧结后碗的外观形貌及烧结后坯体密度的变化，分析可塑泥料加水量对陶瓷制品性能的影响。

② 分组进行实验，记录不同釉浆施加方法时的情况，根据烧结后碗的外观形貌及烧结后坯体密度的变化，分析施釉方法对陶瓷制品性能的影响。

③ 分组进行实验，记录不同烧结温度时的情况，根据烧结后碗的外观形貌及烧结后坯体密度的变化，分析烧结温度对陶瓷制品性能的影响。

3.2.6　注意事项

① 拉坯成型选料时最好使用比较软的、有力性的泥块，并要充分地揉炼，使泥块温度均匀，气泡完全排出，内无杂质。

② 拉坯成型操作时保持良好的坐姿，双肘抵住大腿，保持重心稳定，如此易于控制摇晃的泥柱，否则用力不均，会使泥柱重心不稳，或由于用力不当，大拇指未收拢常会产生火

山口；拉坯时手与泥柱间保持润滑，但也不宜加水过多，可以适当使用刮下的稀泥浆，同时随时清除轮盘和手上的泥浆，养成良好的习惯，否则用水过少或双掌根用力过大，会导致拔下部分泥柱；拉坯过程中注意调整转速，开始扶正阶段速度可以稍快，开口定型时要调慢转速，以免离心坯体变形或飞出。

③ 陶瓷坯体进行烧结时，注意防烫伤。

3.2.7 思考题

① 陶瓷成型坯体在加热烧成和冷却的烧结过程中会发生哪些变化？

② 除了手工拉坯成型方法，陶瓷材料还有哪些成型方法？

③ 影响陶瓷材料可塑成型坯体性能的因素有哪些？

3.3 陶瓷花瓶的注浆成型加工实验

3.3.1 实验目的

① 了解陶瓷注浆成型工艺的基本原理。

② 掌握通过简易石膏模具注浆成型制作陶瓷工艺品的流程。

③ 掌握影响陶瓷注浆成型坯体性能的因素。

3.3.2 实验原理

在陶瓷材料的三大成型方法中，注浆成型是陶瓷工艺雕塑广泛使用的一种成型方法。注浆成型是选择适当的解胶剂（反絮凝剂）使粉状原料均匀地悬浮在溶液中，将陶瓷粉料配成具有流动性的泥浆；然后浇注到有吸水性的多孔模具（一般为石膏模）中，水分在被模具（石膏）吸入后便形成了具有一定厚度的均匀泥层，脱水干燥过程中同时形成具有一定强度的坯体。

注浆成型是基于多孔石膏模能够吸收水分的物理特性，其注浆过程基本上可分为三个阶段：

① 从泥浆注入石膏模后模壁吸水开始到形成薄泥层为第一阶段。此阶段的成型力为石膏模的毛细管力，即在石膏模毛细管力的作用下开始吸收泥浆中的水，使靠近模壁的泥浆中的水、水中的溶质及小于微米级的坯料颗粒被吸入石膏模的毛细管中。由于水分被吸走，泥浆中的颗粒互相靠近，形成最初的薄壁层。

② 薄壁层形成后，泥层逐渐增厚直到形成注件为第二阶段。在此阶段中，石膏模的毛细管力仍继续吸水，薄壁层继续脱水。同时，泥浆内水分向薄壁层扩散，通过泥层被吸入石膏模的毛细孔中，其扩散动力为水分的浓度差和压力差。此时泥层就像滤网，随着泥层逐渐增厚，水分扩散的阻力也逐渐增大。当泥层增厚到所要求的注件厚度时，将余浆倒出，形成雏坯。

③ 从雏坯形成到脱模为收缩脱模阶段，即第三阶段。由于石膏模继续吸水和雏坯表面水分蒸发，雏坯开始收缩，脱离模型形成生坯，当坯体具有一定强度后即可脱模。

注浆成型的工艺过程如图 3-5 所示，以水为溶剂、黏土为黏结剂和陶瓷粉体混合配制成具有较好流动性的浆料（含水量控制在 30％～35％），再将配制好的浆料浇注到石膏模空腔内；静置一段时间，在石膏模毛细管力作用下，浆料中的水分沿着毛细管排出，泥浆在贴近模壁的一侧被模具吸水后形成一均匀的泥层，并随时间的延长而加厚；当达到所需厚度时将多余的泥浆倒出，就形成了与石膏模内腔形状相同的生坯；最后将生坯和石膏模一起干燥，生坯干燥后保持一定的强度并从石膏模中取出。对于不与水化合的陶瓷粉体，一般均以水为悬浮液分散介质；对于某些易与水化合的陶瓷粉体材料，如 CaO、MgO 等，可用有机物作为悬浮液分散介质，如无水酒精。

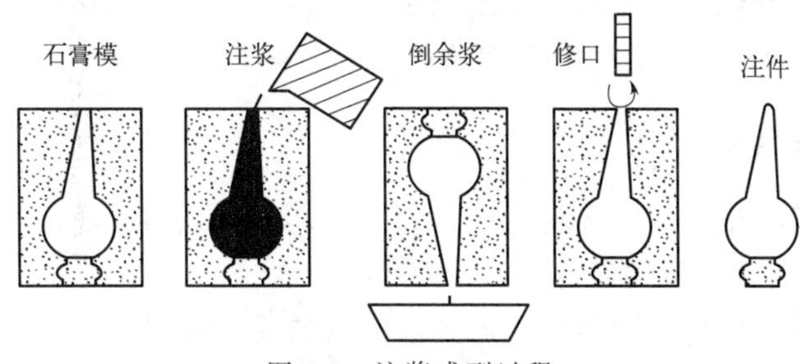

图 3-5　注浆成型过程

为了得到高质量的注浆坯体，要求注浆料具有下列性能：良好的流动性以便充满模具型腔；良好的稳定性以便固体颗粒能长期呈悬浮状态；含水量尽可能少以便减少坯体的变形和开裂；良好的脱模性以便获得表面光滑、厚度一致的坯体。注浆成型根据脱水工艺的不同分为空心注浆和实心注浆：空心注浆是单面注浆且需要放浆，而实心注浆是双面注浆且不放浆。对于薄壁中空制品，一般采用空心浇注方式，所用泥浆应具有较好的流动性，密度一般在 1.65～1.80g/cm^3 之间；厚胎大件制品的浇注，宜用实心浇注方式，所用泥浆稠度要大，密度一般要在 1.80g/cm^3 以上。

注浆成型工艺的优点是：适用性强，不需复杂的机械设备，只要简单且便宜易得的石膏模具就可成型；可制造形状复杂、大型薄壁及精度要求不高的部件；成型技术容易掌握，生产成本低；成型坯体结构均匀。但注浆成型工艺也存在下列缺点：劳动强度大，操作工序多，生产效率低；生产周期长，石膏模具占用场地面积大；注件含水量高，坯体烧结后密度较小，强度较差，收缩变形大，尺寸精度差，烧成时容易变形；模具损耗大；不适合连续化、自动化、机械化生产。注浆成型方法常用于制造形状复杂、精度要求不高的日用陶瓷和建筑陶瓷（如陶瓷花瓶和马桶）。

下面以陶瓷花瓶为例介绍陶瓷材料的注浆成型加工实验。

3.3.3　实验设备及材料

① 设备：花瓶石膏模具；干燥箱；普通烧结炉；电子天平；球磨罐；比重计。

② 材料：陶瓷粉料；釉料；水。

3.3.4　实验步骤

① 称料配浆：将陶瓷粉料与水（含水量控制在 30%～35%）和磨球按一定质量比称取混合球磨制浆，并用比重计测定料浆的密度。

② 注浆成型：将花瓶石膏模具组装后捆紧，从注浆口倒入搅拌均匀的泥浆，等坯体达到一定厚度后，将多余的泥浆倒出，放置 4～8h。

③ 脱模：当湿坯具有一定强度后，解开模具捆绑绳，将模具平放在桌子上，脱模。

④ 干燥：自然干燥湿坯至坯体颜色发白且具有一定强度。

⑤ 修坯：用小刀或锯条钝面将坯体表面凹凸不平的部分修理平整。

⑥ 施釉：将自然干燥的花瓶坯体通过浸釉、喷釉、浇釉、刷釉等方法使工件覆上一层厚薄均匀的釉浆，待烘干后进行烧结。

⑦ 烧成：按设定的烧成制度对施釉后的陶瓷花瓶进行烧成。

⑧ 性能检测。观察烧结后花瓶的外观形貌，测量并计算烧结后坯体密度；如有缺陷分析制品产生缺陷的原因，并提出解决方案以完善制备条件。

3.3.5 实验记录与结果分析

① 分组进行实验，记录不同浆料配比时的情况，根据烧结后花瓶的外观形貌及烧结后坯体密度的变化，分析浆料配比对陶瓷制品性能的影响。

② 分组进行实验，记录不同釉浆施加方法时的情况，根据烧结后花瓶的外观形貌及烧结后坯体密度的变化，分析施釉方法对陶瓷制品性能的影响。

③ 分组进行实验，记录不同烧结温度时的情况，根据烧结后花瓶的外观形貌及烧结后坯体密度的变化，分析烧结温度对陶瓷制品性能的影响。

3.3.6 注意事项

① 花瓶石膏模具初次使用前先用纱布蘸2%的碳酸钠水溶液擦模，并将模具上附着的灰尘掸净，合模时观察模具是否对榫，观察结合的紧密程度以及是否漏浆。

② 注浆过程中注意放浆速度不宜太快，以使模具中的空气随泥浆的注入而排出，避免空气混入泥浆中。同时也可避免模型内产生负压，使坯体过早脱离模型造成变形或塌落。

③ 放浆后坯体很软，不能立即脱模，需经过一段时间继续排出坯体水分，增加其强度。这段时间称为巩固。巩固时间约为吃浆时间的一半。若脱模过早，坯体强度不够，易塌陷；脱模过迟，模型会限制坯体收缩，使坯体开裂。

④ 坯体干燥和修坯时注意防止因干燥过急或干燥不均匀而造成废品。

⑤ 陶瓷花瓶坯体进行烧结时，注意防烫伤。

3.3.7 思考题

① 注浆成型过程中可以通过哪些途径来调节注浆的成型时间（即泥层的形成速度）？

② 除了常规注浆成型方法，你还知道哪些改进的注浆成型方法？

③ 影响陶瓷材料注浆成型坯体性能的因素有哪些？

④ 泥浆的质量是保证注浆成型注件质量的关键，在实际生产中，往往会出现哪些异常现象？分析其原因并指出消除方法。

3.4 瓷砖的压制成型加工实验

3.4.1 实验目的

① 了解陶瓷压制成型工艺的基本原理。

② 掌握瓷砖压制成型的工艺流程和基本操作方法。

③ 掌握影响陶瓷压制成型坯体性能的因素。

3.4.2　实验原理

在陶瓷材料的三大成型方法中，压制成型与可塑成型一样属于受力塑性成型，即坯料在外力作用下发生可塑变形而制成坯体。不同的是压制成型所需粉料中只加入少量水分（含水量 3%～7%）或塑化剂。将粉料填充在某一特制的模具中，施加压力，使之压制成具有一定形状和强度的坯体，可以不经干燥直接焙烧，属于干压成型方法。

陶瓷压制成型的原理与粉末冶金压制成型方法相同。压制成型时，当压力加在坯料上时，颗粒状粉料受到压力的挤压，开始移动，相互靠拢，坯体收缩，并将空气驱出；当压力与颗粒间摩擦力平衡时，坯体便达到相应压力下的压实状态；压力越大，坯体越致密，坯料随压力增大均匀性逐渐改善，但压力过大会将残余空气压缩，在压力去除时会因气体膨胀产生层裂。

陶瓷压制成型法中应用较为广泛的是模压成型和等静压成型两种（图 3-6）。

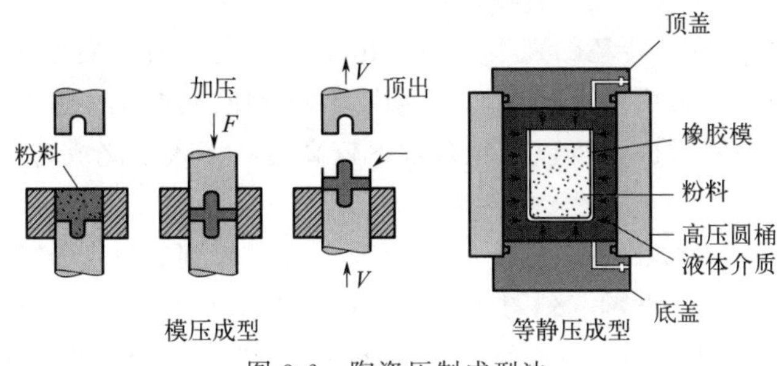

图 3-6　陶瓷压制成型法

① 模压成型法。该法是基于较大的压力将粉状坯料在模型中压成的，其实质是在外力作用下颗粒在模具内相互靠近，并借助内摩擦力牢固地把各颗粒联系起来并保持一定形状的工艺。模压成型使用的黏结剂和水量较少，只有百分之几，可以不经干燥直接焙烧，体积收缩小，可以自动化生产；但模压成型的加压方向是单向的，粉末与金属模壁的摩擦力大，粉末间传递压力不太均匀，故易造成烧成后的生坯变形或开裂，只能用于形状比较简单的制件。同时受模具限制，模压成型对大型坯体生产有困难，模具磨损大，加工复杂，成本高。模压成型法是生产建筑陶瓷（地板砖、内墙砖和外墙砖等）常用的成型方法。

② 等静压成型法。该法利用液体介质不可压缩性和均匀传递压力性，从各个方向均匀加压于橡胶模来成型。等静压成型的具体方法是将预压好的坯体包封在具有弹性的塑料或橡胶模等软模之内，并置于高压容器内；然后通过进液口用高压泵将传压液体打入筒内，橡胶模内的工件将在各个方向受到同等大小的压力而致密成坯，坯体密度大而均匀。传压液体可以用水，也可以用油等介质。与模压成型法相比，等静压成型法最大的特点就是粉体材料是处于三向压应力状态下，因而成型件的性能和质量明显提升。此外，等静压成型法对模具无严格要求，压力容易调整，烧结收缩小，不易变形和开裂等；但其缺点是设备比较复杂，操作烦琐，生产效率低。目前还只限于生产具有较高要求的电子元件或其他高性能材料。

下面以建筑装修用瓷砖为例介绍陶瓷材料的压制成型加工实验。

3.4.3 实验设备及材料

① 设备：手动压机；瓷砖成型模具；烘箱；普通烧结炉；电子天平；游标卡尺；球磨罐；润滑油。

② 材料：陶瓷粉料；釉料；水。

3.4.4 实验步骤

① 配料：选用颗粒组成合适的陶瓷坯料，加入适量水（3%～7%）球磨搅拌均匀。

② 准备模具：检查调试压机后，在瓷砖压制成型模具内表面涂润滑油，装好上、下压模板，校正好上、下压模板平行度。

③ 压制成型：将搅拌均匀的陶瓷粉料均匀地填满成型模具的模腔，启动压机对粉料施加一定压力使陶瓷粉料被压制成砖坯。需要注意的是，压制成砖坯过程中，一定要保证粉料质量要求以及压机的正确操作过程，否则会直接影响砖坯的质量。

④ 脱模：轻轻敲击模具，使陶瓷砖坯脱模并保持完整。

⑤ 干燥：压制成型后，砖坯的强度很差，由于砖坯还含有一定水分，要经过干燥把砖坯中的自由水蒸发掉，一方面可以提高坯体强度，减少坯体损坏，避免废品进入烧成工序，造成不必要的损失；另一方面还可以避免含水率较高的砖坯入窑烧成时，由于水分剧烈蒸发导致坯体开裂。

⑥ 施釉：在干燥砖坯体的表面涂上一层薄釉，可以起到装饰与保护作用。施釉的方法有很多种，如甩釉、喷釉、淋釉、幻彩等，可以根据不同的工艺需要进行选择。

⑦ 烧成：施釉后的砖坯，通过在烧结炉中烧成（一般最高烧成温度不超过1250℃），达到玻化成瓷的目的。烧成工序是整个瓷砖生产过程中最关键的阶段，经过烧成成瓷之后，就变得非常坚硬耐磨。所有缺陷会在烧成之后全部表现出来，如针孔、裂纹、大小头、月亮弯等。

⑧ 性能检测。观察烧结后瓷砖的外观形貌，测量瓷砖尺寸并计算烧结后坯体密度；如有缺陷分析制品产生缺陷的原因，并提出解决方案以完善制备条件。

3.4.5 实验记录与结果分析

① 分组进行实验，记录不同加水量时的情况，根据烧结后瓷砖的外观形貌及烧结后坯体密度的变化，分析加水量对瓷砖性能的影响。

② 分组进行实验，记录不同压机压力时的情况，根据烧结后瓷砖的外观形貌及烧结后坯体密度的变化，分析压力对瓷砖性能的影响。

③ 分组进行实验，记录不同烧结温度时的情况，根据烧结后瓷砖的外观形貌及烧结后坯体密度的变化，分析烧结温度对瓷砖性能的影响。

3.4.6 注意事项

① 陶瓷坯料的粒度分布、颗粒显微形貌、含水量对压制成型非常重要，实验前可做相应的检测，以获得最佳参数。

② 压机压力的大小、加载速度等对陶瓷坯体成型质量影响很大，可以通过实验确定最

佳工艺参数。

③ 压机加压时，旋动压力手柄动作要慢，要注意排气；压机卸压时，放松油泵螺钉及止回阀螺钉时要缓慢；脱模时要小心，以免损坏砖坯的边缘。

④ 瓷砖坯体进行烧结时，注意防烫伤。

3.4.7　思考题

① 压制成型方法与粉末冶金、可塑成型等方法相比在成型原理方面有何异同？

② 除了模压成型和等静压成型，你还知道哪些压制成型方法？

③ 影响陶瓷材料压制成型坯体性能的因素有哪些？

3.5　氮化硅陶瓷的无压烧结实验

3.5.1　实验目的

① 了解陶瓷无压烧结的基本原理及特点。

② 了解陶瓷制品在加热烧成和冷却过程中发生的变化。

③ 掌握影响陶瓷无压烧结的主要因素。

3.5.2　实验原理

无压烧结是一种常规的烧结方法，它是指在常压下，通过对制品加热而烧结的一种方法。无压烧结是粉末冶金制品及陶瓷制品最常用也是最简单的一种烧结方式。无压烧结的基本原理是：在无外界压力条件下，将具有一定形状的坯体放在一定温度和气氛条件下，经过物理化学过程变成致密、体积稳定、具有一定性能的固结致密块体的过程。无压烧结通过粉末颗粒间的黏结完成致密化过程，其驱动力主要是孔隙表面自由能的降低。只有经过了烧结过程，才能最终得到具有一定结构或功能特性的产品。无压烧结设备简单、成本低，易于工业化生产，是最基本的烧结方法，被广泛地应用于粉末冶金制品及陶瓷制品的烧结。但无压烧结由于是在无压力状态下进行的，不能完全消除孔隙，即不能完全致密化。

陶瓷粉末的等温烧结过程按时间大致可以分为黏结、烧结颈长大以及闭孔球化和缩小，三个界限不是十分明显的阶段（图 3-7）。

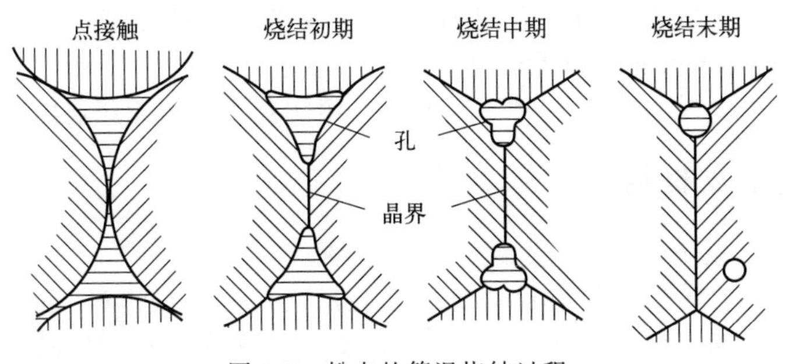

图 3-7　粉末的等温烧结过程

① 黏结阶段。烧结初期，颗粒间的原始接触点或接触面上原子因高温活性及扩散能力提高，在接触位置通过成核、结晶长大形成烧结颈。在这一阶段，颗粒内的晶粒不发生变

化，颗粒外形也基本不发生变化，整个烧结体也没有明显的体积收缩，密度基本不变。但因为存在局部的冶金结合，压坯的强度和导电性有明显的增加。

② 烧结颈长大阶段。烧结中期，原子向颗粒结合面大量迁移，使烧结颈长大，颗粒间的距离缩小，颗粒发生变形、合并，形成连续的孔隙网络；同时由于晶粒长大越过孔隙导致孔隙消失。因此这一阶段烧结体大幅收缩，密度和强度大幅提升。

③ 闭孔球化和缩小阶段。烧结末期，当烧结体密度达到 90%后，多数孔隙被完全隔开形成闭孔，随着保温时间的延长，闭孔趋近于球形并不断缩小。在这个阶段，小孔会部分消失，但仍有一些闭孔不能被消除。

陶瓷制品在加热烧成和冷却过程中发生下列四个阶段的变化：

① 低温阶段（室温～300℃）：残余水分的排除，无化学反应。

② 分解及氧化阶段（300～950℃）：黏土等矿物中的结构水排出，有机物、碳素和无机物等发生氧化，碳酸盐、硫化物等发生分解，石英由低温晶型转变为高温晶型，这个阶段是烧成的关键阶段。

③ 高温阶段（950℃～烧成温度）：氧化、分解反应继续进行，各种液相形成，各组成物逐渐溶解，填充在固体颗粒的间隙中，在固-液表面张力的作用下坯体的气孔率下降、致密度增大，最后晶体相被液相黏结烧结成瓷。

④ 冷却阶段（烧成温度～室温）：液相过冷为玻璃相，残余石英发生晶型转变，坯体强度、硬度及光泽增大。

影响无压烧结质量的主要因素有烧结温度、保温时间和烧结气氛：

① 烧结温度。较高的烧结温度可促使粉粒间的原子扩散易于进行，从而提高烧结体强度和硬度；但过高的烧结温度会导致粉粒表面氧化、晶粒粗大或压坯变形，产生过烧现象。烧结温度过低，又会导致欠烧而使产品的性能下降。

② 保温时间。保温时间长，有利于原子扩散、孔隙减少、密度增加；但保温时间过长，易造成粉粒氧化和晶粒粗大、生产率降低、成本升高。保温时间太短，不利于原子扩散和迁移，不利于成分、组分均匀化。

③ 烧结气氛。为防止压坯氧化，烧结可在保护气氛下进行，常用的保护气氛有氩气、氮气等惰性气体。

氮化硅（Si_3N_4）陶瓷具有高硬度、高强度、高韧性及耐磨损等优点，并具有优异的化学稳定性和热稳定性，是一种综合性能优良的结构陶瓷，广泛应用于机械、汽车、航空、电子等领域，如切削刀具、陶瓷轴承、涡轮转子以及散热基板等。但 Si_3N_4 陶瓷存在较强的共价键和较低的原子扩散速率，固相烧结难以实现致密化，通常需加入合适的烧结助剂与 Si_3N_4 表面的氧化层形成液相，以促进烧结致密化。

下面以氮化硅（Si_3N_4）陶瓷粉体材料为例介绍陶瓷材料的无压烧结实验。

3.5.3 实验设备及材料

① 设备：普通气氛烧结炉；球磨罐；电子天平。

② 材料：α-Si_3N_4 陶瓷粉（粒径 0.2μm，纯度＞95%）；Al_2O_3 粉（粒径 0.2μm，纯度＞99.9%）；Y_2O_3 粉（粒径 40nm，纯度＞99.9%）；无水乙醇；高纯氮气。

3.5.4 实验步骤

① 按 $m(Si_3N_4):m(Al_2O_3):m(Y_2O_3)=90:5:5$ 的比例称取原料粉末，加入无水

乙醇作为介质，放入球磨罐中，按球料质量比 2∶1 加入 Si_3N_4 小球，以 300r/min 转速球磨 6h。

② 将球磨后的浆料在旋转蒸发仪上干燥，然后过 100 目筛；将过筛后的粉体在 2MPa 压力下模压成型得到 Si_3N_4 陶瓷坯体。

③ 将 Si_3N_4 陶瓷坯体放入烧结炉中，在 0.1MPa N_2 气氛下，按设定的烧结温度及保温时间进行烧结。

④ 烧结结束后关闭烧结炉电源，自然冷却到室温，取出 Si_3N_4 陶瓷烧结体。

⑤ 测量烧结体的尺寸及致密度。

3.5.5　实验记录与结果分析

① 记录普通气氛烧结炉的型号，记录 Si_3N_4 陶瓷坯体烧结前的尺寸及密度，记录 Si_3N_4 陶瓷烧结体的尺寸及致密度。

② 分组进行实验，记录不同烧结温度（其他条件不变），根据 Si_3N_4 陶瓷烧结体的尺寸及致密度，分析烧结温度对无压烧结体性能的影响。

③ 分组进行实验，记录不同保温时间（其他条件不变），根据 Si_3N_4 陶瓷烧结体的尺寸及致密度，分析保温时间对无压烧结体性能的影响。

3.5.6　注意事项

① 尽可能选用粒径较小、纯度较高的氮化硅陶瓷粉，因为减小材料粉末粒度也是促进烧结的重要措施之一，陶瓷材料粉末愈细，表面能愈高，陶瓷材料烧结愈容易。

② 氮化硅陶瓷的无压烧结需在保护气氛（如氮气）中进行。

③ 由于氮化硅陶瓷材料很难烧结，所以在氮化硅陶瓷材料性能允许的前提下，常常添加一些烧结助剂（如 Al_2O_3 粉及 Y_2O_3 粉），以降低烧结温度。

3.5.7　思考题

① Si_3N_4 陶瓷除了无压烧结还有哪些烧结工艺？

② Si_3N_4 陶瓷烧结前加入烧结助剂主要起什么作用？

③ 影响陶瓷材料无压烧结体性能的因素有哪些？

3.6　氮化硼陶瓷的热压烧结实验

3.6.1　实验目的

① 了解热压烧结的基本原理、特点及其适用范围。

② 了解热压炉的基本构造并掌握热压炉的基本操作要领。

③ 了解影响热压烧结的主要因素。

3.6.2　实验原理

热压烧结是区别于常规烧结的特种烧结方法之一，是粉末冶金发展和应用较早的一种热成型技术。热压烧结是指将干燥陶瓷或金属粉料充填入模型内，再从单轴方向边加压边加

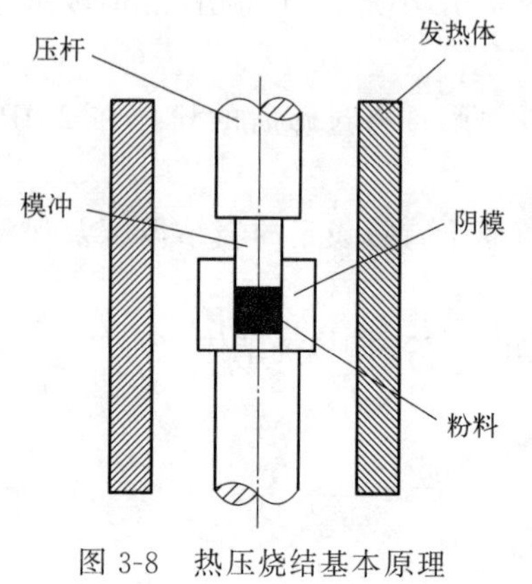

图 3-8　热压烧结基本原理

热，使成型和烧结同时完成的一种烧结方法。热压烧结的基本原理如图 3-8 所示，装在耐高温模具中的粉体颗粒在压力和温度的双重作用下，逐步靠拢、滑移、变形并依靠各种传质机制（如蒸发凝聚、扩散、黏塑性流动、溶解沉淀，具体视组分不同而以不同的机制为主），完成致密化过程，形成外部轮廓与模腔形状一致的致密烧结体。因此，热压烧结可将压制成型和烧结一并完成。在高温下持续有压力的作用，扩散距离缩短，塑性流动过程加快，并使其他传质过程加速，热压烧结致密化的温度（烧结温度）要比常规烧结低 150～200℃，保温时间也短得多（有时仅需 20～30min）。

热压烧结常用的热压设备是热压机，热压机主要由加热炉、加压装置、模具和测温测压装置组成。加热炉的炉体通常为圆柱形双层壳体，用耐热性好的合金钢制成，夹层内通冷却水对炉壁、底、盖进行冷却，以保护炉体金属；加热常用高纯石墨电阻发热，由于石墨电阻小，需用变压器以低电压、大电流加在石墨发热元件上；在发热元件与炉体之间，设置有隔热层，以防止炉内的高温散失，同时也保护炉体；为防止石墨氧化，热压时必须在真空或非氧化气氛下进行。所以，加热炉的炉体需具有很好的密封性，需符合真空系统要求，并带有机械真空泵、扩散泵。根据烧结的材料不同，也可通入惰性气体（如氩气）或氮气、氢气等；温度通过控制电压、电流来改变发热元件上的输出功率而实现。加压装置常为电动液压式单轴上下方向加压，在有发热元件的炉腔中部放有高强度石墨制成的压模，压模由模套、上下压头组成，上（或下）压头能在模套内运动，以实现对粉体材料的压制。

热压烧结与常规烧结相比具有以下优点：

① 热压时，由于粉料处于热塑性状态，形变阻力小，易于塑性流动和致密化，因此，所需的成型压力仅为冷压法的 1/10，可以成型大尺寸的 Al_2O_3、BeO、BN 和 TiB_2 等陶瓷产品。

② 同时加温、加压有助于粉末颗粒的接触、扩散、流动等传质过程，可降低烧结温度和缩短烧结时间，因而抑制了晶粒的长大。

③ 热压法容易获得接近理论密度、气孔率接近于零的烧结体，容易得到细晶粒的组织，容易实现晶体的取向效应，因而容易得到具有良好力学性能、电学性能的产品。

热压烧结存在的缺点是：制品形状简单、表面较粗糙；尺寸精度低，一般需后续清理和机械加工；单件生产效率低，对模具材料要求高，耗费大、成本高。

原则上，凡能用常规烧结的陶瓷材料或金属材料均可用热压烧结来获得更为致密的坯体，但热压烧结更适用于一些用常规方法难以烧结致密的材料，如各种非氧化物陶瓷、难熔金属、金属-无机复合材料等。热压烧结典型应用有陶瓷刀头的烧结、强共价键陶瓷的烧结、晶须或纤维增强的复合陶瓷以及透明陶瓷的烧结等。

下面以 h-BN 陶瓷粉体材料为例介绍陶瓷材料的热压烧结实验。

3.6.3　实验设备及材料

① 设备：热压机；高强度石墨模具；石墨模具衬套及垫片；烧杯；小毛刷。

② 材料：h-BN粉；无水酒精；气氛烧结所需保护气体。

3.6.4　实验步骤

① 粉体准备：将实验所需粒度的h-BN粉准备好。

② 模具准备：在烧杯中将无水酒精、h-BN粉配成悬浮液，用小毛刷将其涂刷到模具的模套内壁、上压头四周及下接触面、下压头上接触面以及衬套的内外表面、垫片的全部表面，以防止热压时粘模，便于脱模。

③ 装粉、装模：将模套和衬套装配在一起，再将下压头装入模腔，放入一保护垫片，将适量h-BN粉体装入模腔，表面刮平，再放一保护垫片后将上压头插入，并轻轻旋至无卡滞现象；然后将装好粉料的模具装在炉内中央下面的下压头座上，保证平稳；在其上放加压压头，盖好隔热垫，安装好炉盖，上紧螺栓，装炉完成。

④ 抽气：抽真空至要求的真空度。对于气氛烧结，也要先抽真空，真空度可不要求太高。

⑤ 升温、通保护气体：升温时需打开各冷却水进出口阀；开启加热按钮，按事先确定好的升温速率加热。对于气氛烧结，保护气体在开始升温时即可通气。

⑥ 烧结保温、加压：加热温度达到所需烧结温度时开始计算保温时间，同时加压至所需烧结压力，并保压至所需时间，加压也可分段进行。

⑦ 烧结结束工作：保温结束后，即可关闭加热系统电源，让炉子内各物件自然冷却，但冷却水及保护气体仍继续通入；关闭加压系统电源。待冷至室温后，通水、通气结束，关闭进水阀、通气阀、气瓶等。

⑧ 脱模、取样：炉内温度冷至室温即可打开炉盖，取出模具，压出衬套、垫片及试样。

⑨ 性能检测：观察热压烧结后烧结体的外观形貌，测量其尺寸并计算热压烧结后坯体密度；如有缺陷分析其产生原因，并提出相应解决方案。

3.6.5　实验记录与结果分析

① 记录热压机的型号，记录BN陶瓷坯体烧结前的尺寸及密度，记录BN陶瓷烧结体的尺寸及致密度。

② 分组进行实验，记录不同烧结温度时的情况，根据烧结体的外观形貌及烧结后坯体密度的变化，分析烧结温度对热压烧结体性能的影响。

③ 分组进行实验，记录不同压机压力时的情况，根据烧结体的外观形貌及烧结后坯体密度的变化，分析热压烧结压力对热压烧结体性能的影响。

④ 分组进行实验，记录不同保温时间时的情况，根据烧结体的外观形貌及烧结后坯体密度的变化，分析保温时间对热压烧结体性能的影响。

3.6.6　注意事项

① 实验前务必认真阅读指导书，在指导老师讲解下结合实物，了解炉子结构和各控制按钮、阀门的作用。

② 热压机为大型贵重设备，必须在老师指导下多人协作才能使用，禁止随便乱动按钮、控制阀和温度仪表等。

③ 石墨模具和炉内其他石墨件均为易碎品，价值较高，不得敲击，要轻拿轻放。

④ 烧结时注意冷却水温度不可太高，以有效保护炉体。

⑤ 坯体烧结时，注意防烫伤。

3.6.7 思考题

① 热压烧结与常规烧结相比有何优缺点？

② 热压烧结为什么能获得力学性能更高的材料？

③ 影响陶瓷材料热压烧结体性能的因素有哪些？

④ 热压烧结的生产工艺有哪些种类？

3.7 平板玻璃的浮法成型实验

3.7.1 实验目的

① 了解玻璃材料的组成和玻璃熔制的过程。

② 了解高温炉和退火炉的使用方法和玻璃熔制的操作技能。

③ 了解浮法成型生产平板玻璃的原理及工艺过程。

3.7.2 实验原理

玻璃是硅酸盐类非晶无机非金属材料，其主要成分为二氧化硅和其他氧化物，一般是用多种无机矿物（如石英砂、硼砂、硼酸、重晶石、碳酸钡、石灰石、长石等）为主要原料，另外加入少量辅助原料制成的。

玻璃熔制是玻璃生产中重要的工序之一，它是配合料经过高温加热形成均匀、无气泡并符合成型要求的玻璃液的过程。玻璃熔制过程分为硅酸盐形成、玻璃形成、澄清、均化和冷却5个阶段，各阶段都有着内在联系，相互影响，每一阶段进行得不完善均影响下阶段的反应，并最终影响产品的质量。

① 硅酸盐形成。硅酸盐生成反应在很大程度上是在固体状态下进行的。配合料中各组分在加热过程中经过一系列的物理变化和化学变化，大部分气态产物从配合料中逸出，在这一阶段结束时，配合料变成由硅酸盐和二氧化硅组成的不透明烧结物。制造普通钠钙硅酸盐玻璃时，硅酸盐形成在800～900℃基本结束。

② 玻璃形成。烧结物连续加热时即开始熔融，易熔的低共熔混合物首先开始熔化，在熔化的同时发生硅酸盐和剩余二氧化硅的互熔，到这一阶段结束时，烧结物变成了玻璃熔融体，不再有未起反应的配合料颗粒，但此时玻璃液中还有大量气泡、条纹。熔制普通玻璃时，玻璃的形成在1200～1250℃完成。

③ 澄清。玻璃液继续加热，其黏度降低，并从中放出气态混杂物，即去除可见气泡的过程。熔制普通玻璃时，澄清在1400～1500℃结束。

④ 均化。玻璃液长时间处于高温下，由于扩散的作用，其化学组成逐渐趋向均一，使玻璃中条纹和结石消除到允许限度，达到均一体。玻璃液是否均一，可通过测定不同部位玻璃的折射率或密度的一致程度来鉴定。熔制普通玻璃时，均化可在低于澄清的温度下完成。

⑤ 冷却。经澄清、均化后将玻璃液的温度降低200～300℃，以使玻璃液具有成型所必需的黏度。在冷却过程中，不应损坏玻璃的质量。

玻璃熔体的成型方法有很多，有压制法（如水杯、烟灰缸等）、压延法（如压花玻璃）、浇注法（如光学玻璃）、吹制法（如空心瓶罐）、拉制法（如玻璃管、玻璃纤维等）及浮法（如平板玻璃）等。浮法成型制作平板玻璃的生产工艺如图3-9所示，其成型过程是在通入保护气体（N_2 及 H_2）的锡槽中完成的，熔融玻璃从池窑中连续流入并漂浮在相对密度大的锡液表面上，在重力和表面张力的作用下，玻璃液在锡液面上铺开、摊平，形成平整的上下表面，硬化、冷却后被引上过渡辊台；辊台的辊子转动，把玻璃带拉出锡槽进入退火窑，经退火、裁切，就可得到浮法玻璃产品。浮法成型与其他成型方法相比的优点是：适合于高效率制造优质平板玻璃，如没有波筋、厚度均匀、上下表面平整、互相平行；生产线的规模不受成型方法的限制，单位产品的能耗低；成品利用率高；易于科学化管理和实现自动化，劳动生产率高。

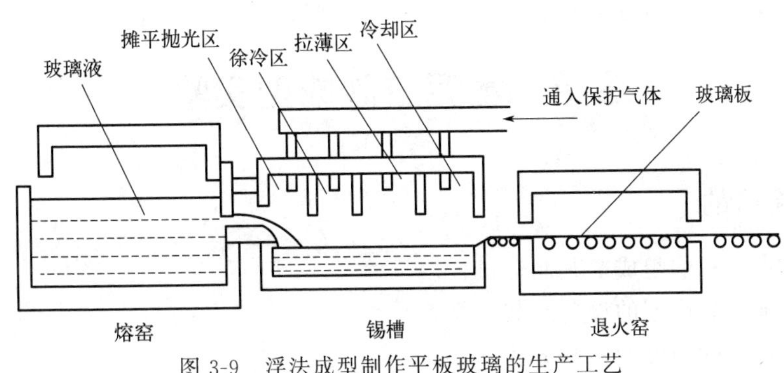

图3-9 浮法成型制作平板玻璃的生产工艺

下面以 $PbO-B_2O_3$ 低熔点玻璃为例介绍平板玻璃的浮法成型实验。

3.7.3 实验设备及材料

① 设备：硅碳棒高温电阻炉；箱式电阻炉；天平。

② 材料：陶瓷坩埚；氧化铅粉；硼酸；加料勺；搅拌棒；墨镜；浮法成型模具等。

3.7.4 实验步骤

① 实验中采用 $PbO-B_2O_3$ 体系，$n(PbO):n(B_2O_3)=1:1$（摩尔比，其中 B_2O_3 以硼酸的形式引入）进行配料，混合均匀后放入坩埚。

② 将坩埚放入高温炉中，升温至400℃，保温20min，以使配合料中的气体充分排出。

③ 将高温炉升到1200℃左右，保温40min，使玻璃液充分澄清、均化。

④ 当玻璃液中仅存个别气泡或没有气泡时熔制结束，开始冷却，将玻璃液降温并倒入浮法成型模具中，使熔融玻璃通过锡表面成型。

⑤ 将成型玻璃拉出锡槽并送入400℃的箱式电阻炉中退火保温2h后，随炉降温。

⑥ 取出平板玻璃，观察玻璃的性状。

3.7.5 实验记录与结果分析

记录在玻璃熔制实验过程中观察到的各种现象（如熔制温度、保温时间、加料方式、熔透情况、澄清情况、透明度、颜色及坩埚侵蚀情况等）。

3.7.6 注意事项

① 高温操作时要戴防护用具，钳坩埚时应注意安全。

② 为了消除冷爆现象，玻璃制品在成型后必须进行退火，即在某一温度范围内保温或缓慢降温一段时间以消除或减小玻璃中热应力到允许值。

③ 玻璃是易碎品，拿放时必须小心，以防发生碰撞摔破或割伤。

3.7.7 思考题

① 玻璃的熔制过程共分几个阶段？各阶段的情况是怎样的？

② 玻璃的熔制过程中需要注意哪些因素？

③ 除了浮法成型，你还知道哪些玻璃材料的成型方法？试举例说明。

3.8 水泥胶砂成型实验

3.8.1 实验目的

① 了解水泥材料的组成及其制造过程。

② 了解水泥胶砂成型的设备及其操作。

③ 掌握水泥胶砂强度的检测方法。

3.8.2 实验原理

水泥是一种加水拌合成塑性浆体，能胶结砂、石等材料，既能在空气中硬化又能在水中硬化的粉末状水硬性胶凝材料。硅酸盐类水泥的生产工艺在水泥生产中具有代表性，是以石灰石和黏土为主要原料，经破碎、配料、磨细制成生料，然后喂入水泥窑中煅烧成熟料，再将熟料加适量石膏（有时还掺入混合材料或外加剂）磨细而成。因此，水泥的生产一般可分生料制备、熟料煅烧和水泥制成等三个工序，整个生产过程可概括为“两磨一烧”，即生料粉磨→熟料煅烧→水泥粉磨（图 3-10）。

硅酸盐水泥的主要化学成分是氧化钙 CaO、二氧化硅 SiO_2、三氧化二铁 Fe_2O_3 和三氧化二铝 Al_2O_3。硅酸盐水泥的主要矿物是硅酸三钙（$3CaO \cdot SiO_2$，简式 C_3S）、硅酸二钙（$2CaO \cdot SiO_2$，简式 C_2S）、铝酸三钙（$3CaO \cdot Al_2O_3$，简式 C_3A）和铁铝酸四钙（$4CaO \cdot Al_2O_3 \cdot Fe_2O_3$，简式 C_4AF）。硅酸盐水泥拌合水后，四种主要熟料矿物与水发生反应，水化机理如下：

① 硅酸三钙水化，硅酸三钙在常温下发生水化反应生成水化硅酸钙（C-S-H 凝胶）和氢氧化钙。

$$3CaO \cdot SiO_2 + nH_2O = xCaO \cdot SiO_2 \cdot yH_2O + (3-x)Ca(OH)_2$$

② 硅酸二钙水化，硅酸二钙的水化与硅酸三钙相似，只不过水化速度较慢。所形成的水化硅酸钙在 C/S 和形貌方面与 C_3S 水化无大区别，故也称为 C-S-H 凝胶。但 $Ca(OH)_2$ 生成量比 C_3S 的少，结晶却粗大些。

$$2CaO \cdot SiO_2 + H_2O = xCaO \cdot SiO_2 \cdot yH_2O + (2-x)Ca(OH)_2$$

③ 铝酸三钙水化，铝酸三钙的水化迅速，放热快，其水化产物组成和结构受液相 CaO

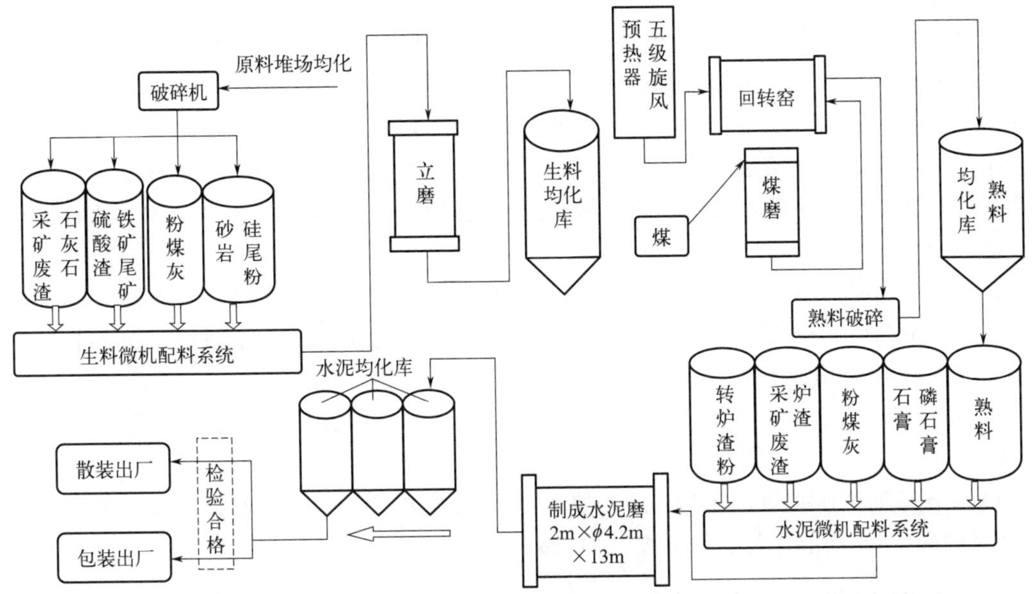

图 3-10　水泥生产工艺流程

浓度和温度的影响很大，先生成介稳状态的水化铝酸钙，最终转化为水石榴石（C_3AH_6）。在有石膏的情况下，C_3A 水化的最终产物与石膏掺入量有关。最初形成的是三硫型水化硫铝酸钙（简称钙矾石）；若石膏在 C_3A 完全水化前耗尽，则钙矾石与 C_3A 作用转化为单硫型水化硫铝酸钙。

④ 铁相固溶体 C_4AF 的水化，水泥熟料中铁相固溶体 C_4AF 的水化速率比 C_3A 略慢，水化热较低，即使单独水化也不会引起快凝；其水化反应及其产物与 C_3A 很相似。

水泥胶砂成型使用的设备包括胶砂搅拌机、振动台、试样模具及刮平工具。搅拌机用于将水泥、砂子和水拌合均匀。振动台由电机带动偏重轮转动使台面上下运动，用来振实试样模具中的胶砂。试样模具则用来成型测试试样。

水泥强度是指水泥试体在单位面积上所能承受的外力，它是水泥的主要性能指标。水泥是混凝土的重要胶结材料，故水泥强度也是水泥胶结力的体现，是混凝土强度的主要来源。不同方法检测水泥强度的值也不同。水泥强度是水泥质量分级标准和水泥标号划分的主要依据。水泥抗压强度是指水泥胶砂硬化试体承受压缩破坏时的最大应力，是水泥作为建筑工程材料最重要的力学性能之一。水泥抗压强度一般采用抗压试验机进行测试。

下面以普通硅酸盐水泥为例介绍水泥胶砂成型实验。

3.8.3　实验设备及材料

① 设备：胶砂搅拌机；振动台；试样模具；刮平刀。

② 材料：不同品牌的硅酸盐水泥；标准砂；水。

3.8.4　实验步骤

① 成型前将试模擦净，四周的模板与底座的接触面上涂上黄油，紧密装配，防止漏浆。内壁均匀刷一层机油，但勿使机油涂刷过多。

② 硅酸盐水泥与标准砂的质量比为 1∶3，水灰比为 0.5 进行称量，按成型三条试体材

料所需用量进行称量。

③ 胶砂搅拌时，先将称好的水泥与标准砂倒入搅拌锅内，开动搅拌机，拌合，10s 后徐徐加水，30s 内加完，自开动机器起搅拌（180±5)s 停车，将粘在叶片上的胶砂刮下，取下搅拌锅。

④ 将搅拌好的胶砂全部均匀地装入已卡紧于试模与振动台面中心的下料漏斗中，开动振动台，胶砂通过漏斗进入试模时的下料时间，应以漏斗三格中在 20～40s 内有两格出现空洞为准。振动必须在（120±5)s 内停车。

⑤ 振动完毕，用刮刀轻轻刮去高出试模的胶砂并抹平；接着在试体上编号，编号时应将试模的三条试体分在两个以上的龄期内。实验可更换不同品牌硅酸盐水泥，但搅拌锅、叶片和下料漏斗等需用湿布擦干净；可将部分试体放入养护箱内养护，温度保持在（20±1)℃，相对湿度不低于 90%，经 24h 后脱模，硬化慢的水泥允许延期脱模，但必须记录脱模时间。

⑥ 对各龄期试体必须在规定时间内进行抗压强度测试。抗压强度结果取三条试体平均值并取整数值，平均值作为抗压强度试验结果。

3.8.5 实验记录与结果分析

① 分组进行实验，记录不同品牌硅酸盐水泥，根据各龄期试体外形及抗压强度测试结果，分析水泥品种对水泥石材性能的影响。

② 分组进行实验，记录有无养护，根据各龄期试体外形及抗压强度测试结果，分析养护对水泥石材性能的影响。

③ 分组进行实验，记录不同环境成型温度，根据各龄期试体外形及抗压强度测试结果，分析环境温度对水泥石材性能的影响。

3.8.6 注意事项

① 试验用水必须是洁净的纯净水，如蒸馏水。

② 如经 24h 养护会因脱模而对强度造成损害时，可以延迟至 24h 后再脱模，但在实验报告中应予以说明。

③ 实验室空气温度和相对湿度及养护池水温在实验期间至少记录一次。

3.8.7 思考题

① 水泥熟料中主要有哪几种矿物？它们的水化特性各是什么？

② 除了抗压强度，水泥石材还有哪些性能指标可以测试？

③ 影响水泥胶砂强度的因素有哪些？

3.9 普通混凝土的和易性实验

3.9.1 实验目的

① 了解普通混凝土的组成及其作用。

② 掌握混凝土和易性的内涵及其评价方式。

③ 了解影响混凝土和易性的主要因素。

3.9.2　实验原理

普通混凝土是指用水泥作胶凝材料，砂、石作骨料，与水按一定比例配合，经搅拌而得的一种人工石材，广泛应用于土木工程。普通混凝土是由水泥、粗骨料（碎石或卵石）、细骨料（砂）和水拌合，经硬化而成的一种人造石材。砂、石在混凝土中起骨架作用，并抑制水泥的收缩；水泥和水形成水泥浆，包裹在粗细骨料表面并填充骨料间的空隙。水泥浆体在硬化前起润滑作用，使混凝土拌合物具有良好工作性能，硬化后将骨料胶结在一起，形成坚硬的整体。混凝土具有原料丰富、价格低廉、生产工艺简单的特点，因而用量越来越大；同时混凝土还具有抗压强度高、耐久性好、强度等级范围宽等特点。这些特点使其使用范围十分广泛，不仅在各种土木工程中使用，在造船业、机械工业、海洋开发、地热工程等领域也是重要的材料。

混凝土的性质包括混凝土拌合物的和易性、混凝土强度、变形性及耐久性等。其中，和易性也称混凝土的工作性，是指新拌水泥混凝土易于各工序施工操作（搅拌、运输、浇注、捣实等）并获得质量均匀、成型密实的性能，其含义包含流动性、黏聚性及保水性三个方面。

① 流动性。流动性是指新拌混凝土在自重或机械振捣的作用下，能产生流动，并均匀密实地填满模板的性能。流动性反映拌合物的稀稠程度。若混凝土拌合物太干稠，则流动性差，难以振捣密实；若拌合物过稀，则流动性好，但容易出现分层离析现象。主要影响因素是混凝土用水量。

② 黏聚性。黏聚性是指新拌混凝土的组成材料之间有一定的黏聚力，在施工过程中，不致发生分层和离析现象的性能。黏聚性反映混凝土拌合物的均匀性。若混凝土拌合物黏聚性不好，则混凝土中骨料与水泥浆容易分离，造成混凝土不均匀，振捣后会出现蜂窝和空洞等现象。主要影响因素是胶砂比。

③ 保水性。保水性是指新拌混凝土具有一定的保水能力，在施工过程中，不致产生严重泌水现象的性能。保水性反映混凝土拌合物的稳定性。保水性差的混凝土内部易形成透水通道，影响混凝土的密实性，并降低混凝土的强度和耐久性。主要影响因素是水泥品种、用量和细度。

新拌混凝土的和易性是流动性、黏聚性和保水性的综合体现，三者之间既互相联系，又常存在矛盾。因此，在一定施工工艺条件下，新拌混凝土的和易性是以上三方面性质的矛盾统一。

混凝土拌合物的和易性是一综合概念，难以用一种简单的评定方法来全面恰当地表达，通常是采用坍落度实验测定混凝土拌合物的流动性，再辅以直观经验评定黏聚性和保水性来综合评定。坍落度具体测定方法如下：将混凝土拌合物按规定分三次装入坍落度筒中，每次用振捣棒按顺时针方向由筒中心向四周插捣 25 次，三次插捣完毕后将多余的混凝土刮平，垂直向上提起坍落度筒并移至一旁，混凝土拌合物由于自重将会产生坍落现象，然后用尺子量出混凝土坍落的尺寸，即为坍落度。用筒高（300mm）减去塌落后混凝土最高点的高度，则为坍落度（图 3-11）。如果差值为 100mm，则坍落度为 100。坍落度越大，表示流动性越好。根据坍落度的不同，可将混凝土拌合物分为 4 级：低塑性混凝土（10～40mm）、塑性混凝土（50～90mm）、流动性混凝土（100～150mm）、大流动性混凝土（大于 160mm）。

图 3-11　混凝土坍落度的测定

影响混凝土和易性的主要因素是水泥浆数量、水泥浆稠度（水灰比）及砂率：

① 水泥浆数量。以满足流动性为度，不宜过量。在水灰比不变的情况下，如果水泥浆越多，则拌合物的流动性越大。但若水泥浆过多，则拌合物的黏聚性变差。

② 水泥浆稠度（水灰比）。水与水泥的质量比称为水灰比（W/C）。水灰比不宜过大或过小。水灰比过小时，混凝土拌合物流动性过小，会使施工困难，不能保证混凝土的密实性；水灰比过大时，又会造成混凝土拌合物的黏聚性和保水性不良。无论是水泥浆的数量，还是水泥浆的稠度，实际上对混凝土拌合物流动性起决定作用的是用水量的多少。

③ 砂率。砂率是指砂用量占砂、石总用量的质量分数。砂率不宜过大或过小，存在一合理砂率。砂率过大时，骨料的总表面积增大，包裹骨料的水泥浆层变薄，拌合物流动性降低；砂率过小时，则会使拌合物黏聚性和保水性变差，产生离析、流浆等现象。影响砂率的因素有：石子最大粒径与级配、砂的细度模数、水灰比、流动性要求、外加剂等。施工时应尽量选用较小的砂率，以节约水泥。

下面介绍普通混凝土的和易性实验。

3.9.3　实验设备及材料

① 设备：混凝土搅拌机；坍落度筒；拌合板；钢尺；捣棒；台秤；底板等。

② 材料：硅酸盐水泥；标准砂；碎石或卵石；水。

3.9.4　实验步骤

① 混凝土混合料的拌制。将水泥（3.6kg）与砂子（8.22kg）先拌匀，再加入石子（15.22kg）搅拌，将拌合均匀的物料堆成圆锥形，在中心做一凹坑，将称量好的水（2.16kg）分两次倒入拌合物中并搅拌均匀。

② 润湿坍落度筒及其用具，将筒放在底板上。

③ 将拌合好的混凝土拌合物用小铲分三层均匀装满坍落度筒，每层加量1/3，每层插捣25次，由边缘螺旋向中，插穿添加层至下层表面，刮平。

④ 清除筒边底板上的拌合料后，垂直提起坍落度筒，坍落度筒的提起过程应在5～10s内完成。

⑤ 提起坍落度筒后，用钢尺测量筒顶与坍落后混凝土拌合物最高点之间的垂直距离，即为该混凝土拌合物的坍落度值。整个试验应在150s内完成，试验测值精确到1mm，结果修约至5mm。

⑥ 若坍落度筒提起后出现崩坍、剪坏、偏心等现象，则应重新取样另行测定。若重做后仍出现上述现象，说明混凝土拌合物和易性不好，应予以记录。

⑦ 黏聚性评定：用捣棒轻敲已坍落的混凝土锥体，锥体继续逐渐下沉，则黏聚性好；出现倒塌、崩裂、离析，则黏聚性不好。

⑧ 保水性评定：较多的水泥稀浆从底部流出，骨料因失浆外露，则保水性不好。

3.9.5 实验记录与结果分析

① 记录坍落度筒尺寸，记录每次称样时水泥、砂子、石子和水的质量，记录每次测得的坍落度值，观察黏聚性和保水性情况。

② 分组进行实验，记录不同水灰比，根据测得的坍落度值及观察到的黏聚性和保水性情况，分析水灰比对混凝土和易性的影响。

③ 分组进行实验，记录不同砂率，根据测得的坍落度值及观察到的黏聚性和保水性情况，分析砂率对混凝土和易性的影响。

3.9.6 注意事项

① 试验用水必须是洁净的纯净水，如蒸馏水。

② 在坍落度小于要求，黏聚性和保水性合适的情况下，调整方法是：保持水灰比不变，增加水泥和水用量，相应减少砂、石用量（砂率不变）。

③ 在坍落度大于要求，黏聚性和保水性合适的情况下，调整方法是：保持水灰比不变，减少水泥和水用量，相应增加砂、石用量（砂率不变）。

④ 在坍落度合适，黏聚性和保水性不好的情况下，调整方法是：增加砂率（保持砂、石总量不变，提高砂用量，减少石子用量）。

⑤ 在砂浆过多引起坍落度过大的情况下，调整方法是：减小加砂率（即保持砂、石总量不变，减少砂用量，增加石子用量）。

3.9.7 思考题

① 测定混凝土拌合料的和易性有什么意义？

② 影响混凝土拌合料和易性的因素有哪些？

③ 改善混凝土拌合料和易性的措施有哪些？

3.10 混凝土掺外加剂的抗压强度实验

3.10.1 实验目的

① 了解混凝土外加剂的种类及其作用。

② 了解混凝土外加剂的性能指标。

③ 了解影响混凝土抗压强度的因素。

3.10.2 实验原理

广义的混凝土是指以水泥为主要胶凝材料，与水、砂、石子混合，并掺入化学外加剂和矿物掺合料，按适当比例配合，经过均匀搅拌、密实成型及养护硬化而成的人造石材。混凝土外加剂是在搅拌混凝土过程中掺入，占水泥质量5%以下，能显著改善混凝土性能的化学物质。混凝土外加剂的特点是品种多、掺量小，对混凝土的性能影响较大，具有投资少、见效快、技术经济效益显著的特点。传统意义上不采用外加剂的混凝土已不能满足现代施工工艺对混凝土的技术要求，混凝土外加剂已经成为现代混凝土中除水泥、砂、石、水之外不可或缺的第五大组成部分。

混凝土外加剂按其主要功能分为四类：①改善混凝土拌合物流变性能的外加剂，包括各种减水剂、引气剂和泵送剂等；②调节混凝土凝结时间、硬化性能的外加剂，包括缓凝剂、早强剂和速凝剂等；③改善混凝土耐久性的外加剂，包括防水剂和阻锈剂等；④改善混凝土其他性能的外加剂，包括加气剂、膨胀剂、着色剂、防冻剂、防水剂等。

混凝土最初使用外加剂仅仅是为了节约水泥，但随着建筑技术的发展，掺用外加剂已成为改善混凝土性能的主要措施。在混凝土中加入外加剂后，由于品种不同，产生的作用也各异。例如高效减水剂能大幅度减少拌合用水量，使大流动度混凝土、自密实混凝土、高强混凝土得到应用；增稠剂使水下混凝土的性能得以改善；缓凝剂使水泥的凝结时间延长，从而有可能减少坍落度损失，延长施工操作时间；防冻剂使冰点降低或者冰晶结构变形不致冻结，从而可能在零度以下进行施工等。

混凝土外加剂的性能指标可分为匀质性指标和掺外加剂混凝土性能指标。匀质性指标有含固量或含水率、密度、氯离子含量、细度、pH值等；而掺外加剂混凝土性能指标有减水率、泌水率比、含气量、凝结时间之差、抗压强度比、收缩率比等。

混凝土质量的主要指标之一是抗压强度。混凝土的抗压强度是通过试验得出的，一般采用边长为150mm的立方体试件作为混凝土抗压强度的标准尺寸试件，并在标准养护（温度20℃±2℃、相对湿度在95%以上）条件下，养护至28d龄期，用标准试验方法测得的极限抗压强度，称为混凝土标准立方体抗压强度。影响混凝土抗压强度的因素主要有水泥等级与水灰比、骨料以及掺入的外加剂等。

① 水泥强度和水灰比是影响混凝土抗压强度的主要因素，要控制好混凝土质量，最重要的是控制好水泥质量和混凝土的水灰比这两个主要环节。

② 骨料对混凝土强度也有一定影响，控制混凝土的粗骨料粒径，使其与不同的工程部位相适应；细骨料品种对混凝土强度影响程度比粗骨料小，但砂的质量对混凝土质量也有一定的影响，施工中，严格控制砂的含泥量在3%以内。

③ 外加剂的种类、掺入量、掺入方式也是影响混凝土强度的重要因素。在不改变各种原材料配比的情况下，添加减水剂，不仅可以提高混凝土的强度和耐久性，还能减少水泥用量、缩短混凝土凝结时间、改善混凝土的流变性，使得混凝土可以采用自流、泵送、无需振动等方式进行施工，提高施工速度，降低施工能耗；在不改变各种原材料配比（除水外）及混凝土的坍落度的情况下，减少水的用量，可以大大提高混凝土的强度，与不加减水剂相比，加入减水剂的混凝土无论早期强度还是后期强度均得到了不同程度的提高；在不改变各种原材料配比（除水泥）及混凝土强度的情况下，可以减少水泥的用量，掺入水泥质量0.2%～0.5%的混凝土减水剂，可以节省水泥量15%～30%；掺入混凝土高效减水剂，可

以提高混凝土寿命一倍以上，即使建筑物的正常使用寿命延长一倍以上。

其他因素如气温低对混凝土强度发展有一定的影响。夏季要防暴晒，充分利用早、晚气温低的时间浇筑混凝土；尽量缩短运输和浇筑时间，防止暴晒，并增大拌合物出罐时的坍落度。养护时不宜间断浇水，因为混凝土表面在干燥时温度升高，在浇水时冷却，这种冷热交替作用会使混凝土强度和抗裂性降低。冬季要保温防冻害，现冬季施工一般采取综合蓄热法及蒸养法。

下面以混凝土中掺入减水剂、缓凝剂、早强剂和引气剂为例介绍混凝土掺外加剂的抗压强度实验。

3.10.3　实验设备及材料

① 设备：压力试验机；搅拌机；台秤；天平；钢直尺；铁锹等。

② 材料：硅酸盐水泥；标准砂；碎石或卵石；水；外加剂（减水剂、缓凝剂、早强剂和引气剂）。

3.10.4　实验步骤

① 混凝土混合料的拌制与坍落度实验相同。

② 在拌制混凝土过程中按外加剂占水泥质量 5%以下分别加入各种外加剂（减水剂、缓凝剂、早强剂和引气剂），同时拌制一组不添加任何外加剂的混凝土作为空白对比实验。

③ 混凝土试件的制作与养护成型、养护试件。成型时振动台振动 30～40s，试件预养温度为 20℃±3℃。

④ 按混凝土立方体抗压强度试验方法进行试验并计算添加外加剂和不加外加剂混凝土立方体的 1d、3d 及 28d 抗压强度。试验结果取每批一组三个的抗压强度算术平均值，如实验结果中的最大值和最小值有一个超出中间值的 15%，以中间值为实验结果；如最大值和最小值均超出中间值的 15%，则试验结果作废，重做。

3.10.5　实验记录与结果分析

① 记录压力试验机的型号，记录每次称样时水泥、砂子、石子、水和外加剂的质量，记录掺入外加剂后的抗压强度及空白抗压强度。

② 分组进行实验，记录分别添加不同外加剂（减水剂、缓凝剂、早强剂和引气剂）时的情况，根据掺入外加剂与不添加任何外加剂所测得的混凝土立方体 1d、3d 及 28d 抗压强度结果，分析外加剂种类对混凝土抗压强度的影响。

③ 分组进行实验，记录添加不同含量外加剂（外加剂种类固定）时的情况，根据掺入不同含量外加剂与不添加任何外加剂所测得的混凝土立方体 1d、3d 及 28d 抗压强度结果，分析外加剂含量对混凝土抗压强度的影响。

3.10.6　注意事项

① 外加剂的品种应根据工程设计和施工要求选择。应使用工程原材料，通过试验及技术经济比较后确定。

② 几种外加剂复合使用时，应注意不同品种外加剂之间的相容性及对混凝土性能的影响。使用前应进行试验，满足要求后，方可使用。如聚羧酸系高性能减水剂与萘系减水剂不

宜复合使用。

③ 严禁使用对人体产生危害、对环境产生污染的外加剂。用户应注意工厂提供的混凝土外加剂安全防护措施的有关资料，并遵照执行。

④ 对钢筋混凝土和有耐久性要求的混凝土，应按有关标准规定严格控制混凝土中氯离子含量和碱含量。混凝土中氯离子含量和总碱量是指其各种原材料所含氯离子和碱量之和。

⑤ 由于聚羧酸系高性能减水剂的掺入量对混凝土性能影响较大，用户应注意按照规定准确计量。

3.10.7 思考题

① 混凝土中为什么要加入外加剂？

② 混凝土外加剂有哪些种类？分别起什么作用？

③ 减水剂和早强剂为什么能显著提高混凝土的早期强度（1d 及 3d）？

第4章

高分子材料成型与加工实验

高分子材料也称为聚合物材料，是以高分子化合物为基体，再配有其他添加剂（助剂）所构成的材料。高分子材料按来源分为天然高分子材料和合成高分子材料。高分子材料的种类有塑料、橡胶、纤维、胶黏剂和涂料。

结合高分子材料自身的性能特点，其作为非金属材料，高分子材料的成型加工具有下列特点：①可挤压性，是高分子材料成型加工的重要属性。绝大部分高分子材料在受到挤压时，都能够出现明显形变，即可通过控制挤压力度和方向，促使高分子材料具备相匹配的形变效果，成型更为合理。高分子材料在挤压形变过程中，往往需要材料呈现黏流态，高分子材料的流变性以及流动速率满足挤压形变要求。②可模塑性，是高分子材料成型加工所具备的重要属性。高分子材料在温度和压力的调控下，自身能够借助于模具发生有效形变，进而模塑成型，同样也需要考虑到高分子材料在不同状态下表现出的流变性以及热性能。③可延展性，能较好地支持高分子材料的成型加工。高分子材料在受到明显压力或者拉伸时，自身能够借助于形变予以适应，进而借助于该性能进行成型加工，促使聚合物发生符合要求的转变。

高分子材料的成型加工很大程度上是从传统金属材料成型技术中借鉴而来的，但随着高分子材料新品种的不断出现以及高分子材料成型理论研究取得的进展，各种新的成型工艺和设备也接连产生并得到应用，使制品的质量明显提高。高分子材料的成型加工包括塑料、橡胶及合成纤维的成型加工。塑料成型加工主要是在原有高聚物的基础上，通过添加恰当的添加剂，借助于适宜的温度和压力作用，促使其形成所需要的塑料产品。塑料成型加工工艺主要包括模压、注射、挤出、吹塑、浇注以及粉末压制烧结等，应结合具体处理需求进行恰当选用。橡胶的成型加工同样需要借助于一些外加剂，比如硫化剂、补强剂以及防老剂等。在橡胶成型加工中，往往还需要关注天然橡胶和合成橡胶的差异，针对不同橡胶类型采取适宜的加工方式，保证橡胶产品的最终定型较为合理。橡胶成型加工工艺主要包括模压法、传递模压法以及注射法。合成纤维主要有涤纶、锦纶、腈纶（人造羊毛）以及丙纶等。合成纤维的成型加工工艺主要涉及抽丝、牵伸以及热定型等环节。

未来高分子材料的成型加工：首先，应该进一步提高产品性能，促使高分子材料产品能够具备更高的耐腐蚀性、耐磨性、耐高温性能以及机械强度，才能够促使其在更多领域得到有效运用；其次，未来高分子材料的成型加工需要进一步关注智能化技术的引入和运用，充分借助于智能化手段，实现对高分子材料成型加工过程的实时监管调控，对于成型加工过程中存在的一些缺陷和问题也能够及时自我修复；最后，未来高分子材料成型加工还需要关注绿色化效果，针对当前高分子材料成型加工中存在的各类污染成分予以彻底规避，避免因为废弃物的排放带来严重环境压力。基于此，未来除了要研发无毒无害的高分子材料外，还需要在成型加工过程中进行优化，促使成型加工更为清洁，能够实现可循环利用，针对各类有毒害的废弃物也需要进行全面回收和净化处理，促进高分子材料成型加工的绿色化发展。

本章针对常见的塑料、橡胶、合成纤维等高分子材料，选择典型的成型加工工艺方法，通过一系列实验介绍高分子材料的成型加工工艺。

4.1 热塑性塑料的注射成型加工实验

4.1.1 实验目的

① 了解热塑性塑料注射成型的基本原理。

② 了解注射机的结构及各部件的功能。

③ 熟悉塑料注射成型工艺的基本过程及操作方法。

④ 了解注射成型的工艺参数对塑料制品性能和质量的影响。

4.1.2 实验原理

塑料的主要成分是合成树脂，根据需要可加入用于改善性能的某些添加剂，如填充剂、增塑剂、稳定剂、固化剂、润滑剂、着色剂、发泡剂等。塑料按照性能及用途可分为通用塑料和工程塑料；塑料按照树脂在加热和冷却时的性质，可分为热塑性塑料和热固性塑料。热塑性塑料的特点是受热后会软化，并熔融成黏流态，冷却后则变硬；再次受热后又可软化重塑，冷却后又可变硬，如此反复多次而保持其基本性能不变。热固性塑料则是在一定条件（如加热、加压或加入固化剂）下进行固化成型，并且在固化成型过程中发生树脂内部分子由线型结构到体型结构的变化。固化后的热固性塑料性质稳定，不再溶于任何溶液，也不能通过加热使其再次软化熔融（温度过高时则被热分解破坏）。

注射成型也称注塑成型，是热塑性塑料的主要成型方法之一。注射成型的基本原理如图 4-1 所示，将粒状或粉状塑料从注射机的料斗送入加热的料筒中，经过加热、压缩、剪切、混合和输送使物料均化和熔融成为黏流态，然后在注射机柱塞或移动螺杆的快速、高压、连续地推动下，以很大的流速通过料筒前面的喷嘴和模具的浇道系统将熔体注射到预先闭合好的低温模腔中，而充满模腔的塑料熔体在受压情况下经过一段时间的冷却定型后，开模，即可得到与模腔相同几何形状和尺寸精度的塑料制品。

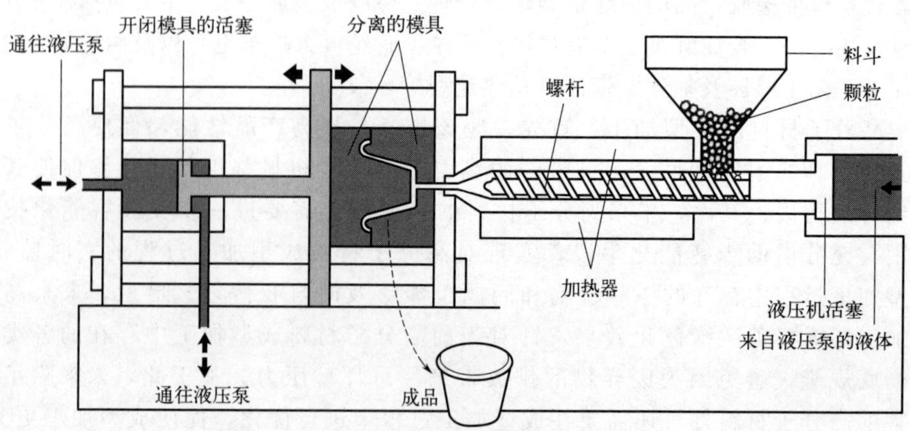

图 4-1 注射成型的基本原理

塑料注射成型的设备是注射机，有柱塞式和螺杆式两种形式。以螺杆式注射机为例，其结构由注射系统、合模系统和注塑模具三部分组成。注射系统是注射机最核心的部分，其作用是在规定的时间内将一定数量的物料加热塑化后，在一定的压力和速度下通过螺杆将熔融物料注入模具型腔中。注射系统由塑化装置和动力传递装置组成。合模系统的主要作用是安装模具、启闭并夹紧模具、制品脱模等，并在该系统内完成注射、保压、冷却定型以及顶出制品等工艺步骤。常见的锁模装置有机械式、液压式和液压-机械组合式三种类型。注塑模具是聚合物在注射成型过程中不可缺少的重要部件，其作用在于利用本身的特定形状，赋予聚合物形状和尺寸，给予强度和性能，使其成为有用的制品。注塑模具通常由定模和动模两部分组成，定模安装在注射机的定模板上，动模安装在注射机的动模板上，动模和定模闭合后构成浇注系统和模腔。注塑完成后，分开动模和定模即可取出塑料制品。注射机的动作过程是一个按预定的顺序做周期性动作的过程，具体如下：

合模→预塑→注射座前进→注射→保压→冷却定型→开模→顶出制品→合模

注射成型工艺过程包括成型前的准备、注射过程、塑件的后处理等。注射前的准备包括原料的检验、着色、干燥、料筒的清洗、脱模剂的选用等。注射过程包括各种工艺条件的确定和调整，塑料熔体的充模和冷却过程，具体包括加料、塑化、注射、冷却和脱模几个步骤。塑件的后处理是为了消除成型塑料制品存在的内应力，以改善其性能和尺寸稳定性，包括对成型塑件进行机械加工、抛光、涂饰、退火或调湿处理等。

注射成型的工艺条件包括温度、压力和时间（成型周期）。注射成型过程中需要控制的温度有料筒温度、喷嘴温度和模具温度等，前两种温度主要影响塑料的塑化和流动，模具温度主要影响塑料在模腔内的流动和冷却。注射成型过程中需要控制的压力有塑化压力和注射压力两种，塑化压力的大小可以通过液压系统中的溢流阀来调整，注射压力是指柱塞或螺杆头部对塑料熔体所施加的压力，其作用是克服塑料熔体从料筒流向型腔的流动阻力，使熔体具有所需的充型速率以及对熔体进行压实等。完成一次注射成型过程所需的时间即为成型周期，它包括注射时间（充模和保压时间）、模内冷却时间和其他时间（如开模、闭模、顶出塑件等的时间），注射时间和模内冷却时间均对塑料制品的质量有决定性的影响。

下面以热塑性塑料为例介绍注射成型加工实验。

4.1.3　实验设备及材料

① 设备：注射成型机；成型模具；鼓风干燥箱；天平。

② 材料：聚丙烯 PP、聚乙烯 PE、聚苯乙烯 PS 等热塑性塑料。

4.1.4　实验步骤

① 原料准备。将各种热塑性塑料原料放入 80℃的鼓风干燥箱中进行干燥，直至其含水率低于 0.1%。

② 模具的安装和调试。切断电源，将模具前、后部分分别固定到前固定模板和移动模板上，然后手动调试。

③ 接通冷却水，对油冷却器和料斗座进行冷却。

④ 接通电源，按拟定的工艺参数，设定料筒各段的加热温度，通电加热。

⑤ 将实验原料加入注射机料斗中。

⑥ 将操作方式设定为“手动”，按拟定的工艺参数设定压力、速度和时间参数，并作记录。

⑦ 待料筒加热温度达到设定值时，保持 30min。

⑧ 检查各动作程序是否正常，各运动部件动作有无异常现象，一旦发现异常现象，应马上停机，对异常现象进行处理。

⑨ 准备工作就绪后，关好前后安全门，操作时应集中精力观察控制屏按钮，以防误按，产生错误动作。

⑩ 开机，手动操作程序如图 4-2 所示。

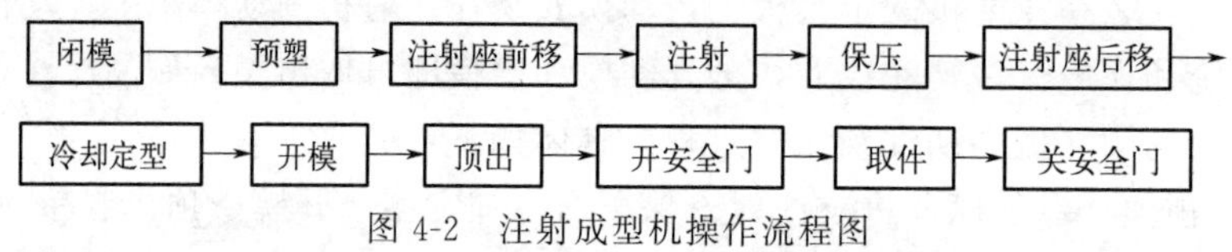

图 4-2　注射成型机操作流程图

⑪ 停机前，先关料斗闸门，将余料注射完毕；停机后，清洁机台，断电，断水。

4.1.5　实验记录与结果分析

① 记录实验设备型号及实验工艺参数（如螺杆各段温度、喷嘴温度、注射压力和时间、保温时间和冷却时间等）。

② 分组进行实验，记录不同的热塑性塑料原料及配比时的情况，根据取出后的塑料制品是否有缺陷分析热塑性塑料的种类对塑料制品性能的影响。

4.1.6　注意事项

① 开机前，应预热机筒（约 30min），保证机筒内原料塑化后才可开机，以免损坏螺杆。

② 开机前，必须检查各参数（压力、速度、时间、温度）是否调整合理。

③ 每次调模时，应将合模装置后侧的手压润滑泵提压几次，以保证润滑正常。

④ 开机前，切不可忘记打开油冷却器冷却水阀门和注射座冷却水阀门。

⑤ 严禁在料筒及喷嘴未达到规定温度就进行注射，喷嘴阻塞时，应提高其温度，若仍未畅通，则应拆下清洗，切勿加大注射压力使阻塞物从喷嘴中喷出，以防止熔料爆发性喷出造成烫伤。

⑥ 机器运转时，切勿将手伸入料斗、锁模机构中。切勿使金属或硬质杂物落入料斗。物料“架桥”或拆卸螺杆机筒时，应用铜棒清理残料，切不可用螺丝刀。

⑦ 每次加工结束时，关闭落料口插板，采用“手动”操作，注射座后退并反复预塑和注射，以排尽物料；关闭加热电源、油泵电机和水。

⑧ 注射机在加工结晶性塑料时，喷嘴不宜长时间同温度低的模具接触。注射机除了上述合模、注射、保压、预塑、开模和制品顶出的动作外，注射座还应在每一循环中移动一次。

4.1.7　思考题

① 在选择料筒温度、注射速度、保压压力、冷却时间时应该考虑哪些问题？

② 要缩短注射机的成型周期，可以采取哪些措施？

③ 注射成型时为什么要保压？保压对制品性能有何影响？

④ 注射机的螺杆与挤出机的螺杆在结构和形式上有何异同点？

4.2　聚乙烯管材挤出成型加工实验

4.2.1　实验目的

① 了解塑料挤出成型的基本原理。

② 了解单螺杆挤出机的结构及各部件的功能。

③ 熟悉塑料管材挤出成型工艺的基本过程及其操作方法。

④ 了解挤出成型的工艺参数对塑料制品性能和质量的影响。

4.2.2　实验原理

挤出成型又称挤塑，是最重要的高分子材料成型方法之一。除氟塑料外，所有的热塑性塑料都可以采用挤出成型，部分热固性塑料也可采用挤出成型。挤出成型可以获得各种形状的型材（如管、棒、条、带、板及各种异形断面型材），也可制作电线电缆的包覆物等。

挤出成型工艺过程的基本原理（以挤出管材为例）如图 4-3 所示。先将粒状或粉状塑料原料加入料斗中，经计量装置加入挤出机料筒内，在旋转的挤出机螺杆的推动下，塑料通过沿螺杆的螺旋槽向前方输送，并逐渐压缩，在此过程中受螺杆剪切力作用，获得摩擦热和料筒的加热从而温度不断上升，物料被加热成熔融的料流，经螺杆旋转的推力使熔融料通过机头环形通道形成管状物，经冷却定型装置对成型的管材进行冷却定型即成为塑料管材。

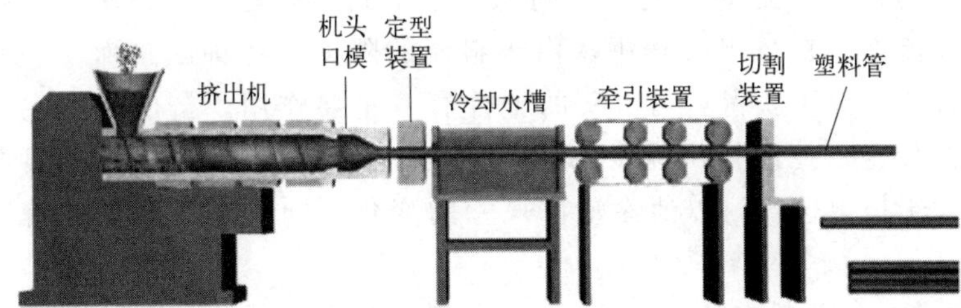

图 4-3　挤出成型工艺过程的基本原理

挤出成型所用的设备为挤出机。挤出机根据螺杆的数量可分为单螺杆挤出机和双螺杆挤出机。目前应用最多的是单螺杆挤出机，其结构主要包括：传动装置、加料装置、机筒、螺杆、机头口模等部分。机筒是挤出机的主要部件之一，塑料的塑化和加压过程都在其中进行。挤出成型的模具包括两部分，即机头和定型模。机头的作用是将挤出机挤出的塑料熔体由旋转运动变为直线运动，并进一步塑化均匀，产生必要的成型压力，保证塑件密实，从而获得所需截面形状的连续型材。定型模的作用是使从机头挤出的塑件的形状稳定下来．并对其进行精整，从而获得截面尺寸精确、表面光亮的塑件。

挤出成型的工艺过程如图 4-4 所示，一般包括原料的准备、挤出成型、定型与冷却、牵引、卷取或切割等。

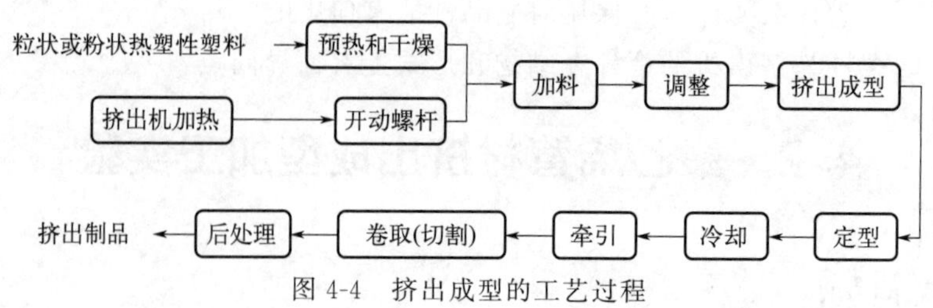

图 4-4　挤出成型的工艺过程

① 原料的准备。挤出成型大多使用粒状塑料原料，较少用粉状原料。无论何种原料，都会吸收一定的水分，所以在成型之前应对其进行干燥处理，使原料的水分控制在0.5%以下。原料的干燥一般在烘箱中进行。

② 挤出成型。在挤出机预热到规定温度后，启动电动机带动螺杆旋转输送物料，料筒中的塑料在料筒外部加热器的加热作用和内部螺杆对物料剪切作用产生的摩擦热的作用下，逐渐熔融塑化。由于螺杆旋转时对塑料不断推挤，迫使塑料经过滤板上的过滤网，再通过机头口模的型孔成型为连续型材。

③ 塑件的定型与冷却。塑件在离开机头口模后，应立即进行定型和冷却，否则在自重作用下塑件会产生变形，出现凹陷或扭曲现象。多数情况下，定型和冷却是同时进行的。但在挤出各种棒料和管材时，定型过程与冷却是先后分开进行的；而挤出薄膜、单丝等则无需定型，只进行冷却即可；挤出板材或片材时，常常还需通过一对压辊碾平。

④ 塑件的牵引、卷取和切割。在冷却的同时，还要连续均匀地对塑件进行牵引（由牵引装置完成），以便塑件能够顺利地挤出。通过牵引的塑件可根据使用要求在切割装置上裁剪（如棒、管、板、片等），或在卷取装置上绕制成卷（如薄膜、单丝、电线电缆等）。在此之后，某些塑件如薄膜等有时还需进行后处理，以提高尺寸稳定性。

挤出成型的工艺条件包括温度、压力、挤出速度和牵引速度。塑料在螺杆各段（加料段、压缩段和均化段）处的温度是不同的，呈不断上升趋势，在压缩段可达到熔点温度，开始进入黏流态。在挤出过程中，由于料流的阻力等各种因素而使塑料内部形成一定的压力，这种压力对于获得均匀密实的塑件有着重要作用。挤出速度主要与螺杆转速有关，调整螺杆转速是控制挤出速度的主要措施。牵引速度要与挤出速度相适应，一般是牵引速度略大于挤出速度，以消除塑件尺寸的变化；同时可对塑件进行适度的拉伸以提高其质量。

由于合成树脂一般为粉末状，粒径较小，松散、易飞扬，为便于成型加工，需将树脂与各种助剂混合塑炼制成颗粒状，这个工序称为造粒。造粒的目的在于进一步使配方均匀，排除树脂颗粒间及颗粒内的空气，使物料被压实到接近制成品的密度，以减少成型过程中的塑化要求，并使成型操作容易完成。一般造粒后的颗粒料较整齐，且具有固定的形状。颗粒料是塑料成型加工的原料，用颗粒料成型的优点：加料方便，不需强制加料器；颗粒料密度比粉末料大，制品质量较好；空气及挥发物含量较少，制品不易产生气泡。造粒工序对于大多数单螺杆挤出机生产塑料挤出制品一般是必需的，而双螺杆挤出机可直接使用捏合好的粉料生产。

下面以聚乙烯管材为例介绍挤出成型加工实验，塑料挤出造粒的实验内容基本与塑料管材的挤出成型加工实验相同。

4.2.3 实验设备及材料

① 设备：单螺杆挤出机（含冷却水槽、牵引机、切割机等辅助装置）；直通式管材机头口模；外径定径装置；鼓风干燥箱；天平。

② 材料：高密度聚乙烯（HDPE）塑料。

4.2.4 实验步骤

① 实验前准备。将高密度聚乙烯（HDPE）物料放入鼓风干燥箱进行烘干处理，检查料斗是否有异物，检查挤出机机头是否清理干净，检查冷却水系统是否连接正常。

② 安装机头口模和外径定径装置。根据拟生产的管道尺寸选择机头组件和定型装置组件，依次安装好机头、定型套及冷却箱两端密封胶垫；安装机头时，口模和芯模要同心，密封端面要压紧。

③ 挤出机预热升温。依次接通挤出机总电源和料筒加热开关，调节各段温度仪表设定值至操作温度（其中进料段温度为 100～120℃，压缩段温度为 130～170℃，计量段温度为 150～180℃左右，机头及口模段温度为 170～190℃）。待挤出机各段温度升温至设定值后，再保温 30～60min，使机筒和机头内外温度一致。

④ 启动螺杆。利用清机料在较低螺杆转速（0～5r/min）下对挤出机进行清洗，待有熔融的物料从机头挤出后，再继续提高转速。

⑤ 喂料挤出。清洗完成后，往料斗中加入高密度聚乙烯（HDPE）塑料颗粒进行挤管实验。在实验过程中应确保料斗中具有一定的料位，要适当控制喂料量，以避免挤出机负荷过大；随着主机转速的提高，喂料量可适当增加。当机头中有物料挤出时，仔细观察所挤出物料的塑化状态和管坯壁厚的均匀度，并根据塑化程度调整加热温度。

⑥ 牵引、冷却、裁剪。塑料挤出口模后，用一根同种规格、同种材料的管子，使其与挤出管坯粘在一起，经拉伸变细引入定径装置或以手将挤出管坯慢慢向外牵引入定径装置；启动真空泵，用手使管材平稳通过冷却水槽；开动牵引装置，将挤出的管材逐渐引入牵引履带内，观察管的外观质量；当管挤出到一定长度后，将管按工艺要求进行裁剪。注意调整挤出速度，使之比牵引速度稍快，以使两者间达到最佳匹配从而达到正常生产状态。这可以通过截取三段试样，测量管材壁厚和性能的变化来调整。

⑦ 停机。实验完毕后，逐步降低螺杆转速，挤出机筒内残存物料，同时趁热清理机头和多孔板的残留物料。对于热稳定性好的塑料，可以带料停车，但应保证料筒和机头内塑料不夹杂空气，以免下次开车时塑料被氧化。停车后随即关闭螺杆冷却水，并把调节电动机转速的旋钮调至低速位置。

4.2.5 实验记录与结果分析

① 记录实验设备型号及实验工艺参数（如螺杆各段温度、机头口模温度、螺杆转速、加料速度、真空度、牵引速度等）。

② 观察挤出过程的不稳定现象，记录工艺参数改变后，管子尺寸和外观的变化。

③ 分组进行实验，记录使用不同牌号高密度聚乙烯（HDPE）塑料时的情况，根据管子尺寸和外观的变化分析物料对塑料管材性能的影响。

4.2.6 注意事项

① 开动挤出机时，应先手工盘动联轴器，若能顺利盘动，方可启动螺杆。开始时螺杆应低速旋转，然后再逐步加速。进料后应密切注意主机电流值，如果发现电流值突然增大，应立即停机检查原因。

② 清理机头口模时只能使用铜刀或压缩空气，多孔板可采用火烧方法进行清理。

③ 本实验辅机较多，实验时可多人合作操作。操作时要注意分工明确、配合协调。

④ 当发生较长时间的停电时须立即切断电源，切断模头物料，按模具拆装步骤进行拆模处理，并关闭阀门；如果停电时间较短，可按正常开机步骤处理。

⑤ 手工操作将管材穿过定径套时，应小心操作，防止熔融物料将手烫伤；同时设备高温，严禁手触，避免烫伤。

4.2.7 思考题

① 螺杆结构的各基本特征参数对挤出管材制品有何影响？

② 挤出成型设定温度、压力、挤出速度、牵引速度时应该考虑哪些问题？

③ 影响高密度聚乙烯 HDPE 管表面光泽度的工艺因素有哪些？

④ 单螺杆挤出机与双螺杆挤出机在结构和形式上有何异同点？

4.3 热固性塑料的模压成型加工实验

4.3.1 实验目的

① 了解热固性塑料模压成型的基本原理和工艺操作过程。

② 了解模压机（平板硫化机）的基本结构及工作原理。

③ 了解酚醛模塑粉的基本配方及各组分在模塑料中的作用。

④ 了解模压成型工艺参数对热固性塑料模压制品性能及外观质量的影响。

4.3.2 实验原理

模压成型又称压塑成型或压缩成型，它是塑料成型中最传统的工艺方法，是热固性塑料的主要成型手段，也用于流动性很差的热塑性塑料制品的成型。模压成型所需设备和模具较简单，操作方便，但生产效率较低，难以制作形状复杂、薄壁的塑料件，不易实现生产自动化。

模压成型工艺过程的基本原理如图 4-5 所示，将缩聚反应到一定阶段的热固性树脂及其填充混合料置于成型温度下的凹模型腔中，合上凸模后在压机的压力作用下加压并加热；借助热和压力作用，使物料熔融成可塑性流体而充满型腔，获得与型腔一致的型样，同时带活性基团的树脂分子产生化学交联反应而形成网状结构，熔融的塑料逐步硬化定型；经一段时间保压固化后，脱模将其取出，即获得与模具型腔形状相同的塑料制品。

模压成型使用的设备为普通压力机，以液压机最为常用。模具的上模和下模分别安装在压力机的上、下工作台上，通过上工作台的上升和下降运动，实现模具的开启、闭合以及加压。上、下模通过导柱和导套来导向定位。模压成型所用的模具称为压缩模。与注射成型模

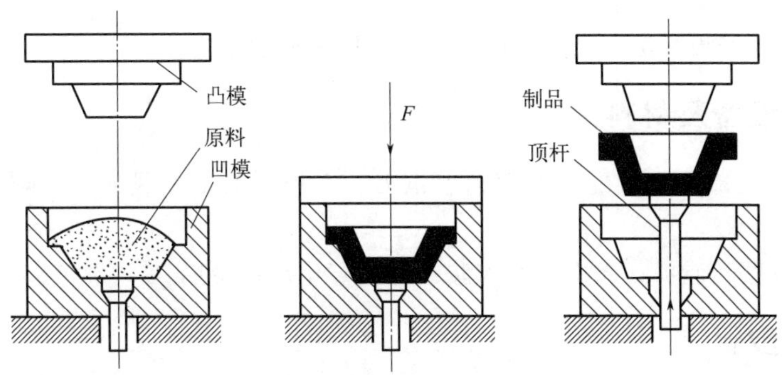

图 4-5　模压成型工艺过程的基本原理

具不同的是，压缩模没有浇注系统，但压缩模设有加料室和加热装置。

模压成型的工艺过程如图 4-6 所示，包括成型前准备、模压成型和成型后处理三部分。

① 成型前准备。热固性塑料比较容易吸湿，贮存时易受潮，故成型前应对其进行预热，以去除其中的水分和其他挥发物；同时提高塑料的温度，有利于其在模具内受热均匀，缩短成型周期。此外，有时还要对塑料进行预压处理，将松散的塑料原料压成一定重量且形状一致的型坯，以便于放入模具中。

② 模压成型。模具在使用前要进行预热。若塑件带有嵌件，应在加料前将嵌件预热后置于模具型腔内。模压成型过程一般要经过加料、闭模、排气、固化和脱模等几个阶段。

③ 成型后处理。塑件的后处理主要是退火，其目的是清除内应力，提高塑件的尺寸稳定性，减少变形和开裂。退火时塑件还能进一步交联固化，使其性能提高。

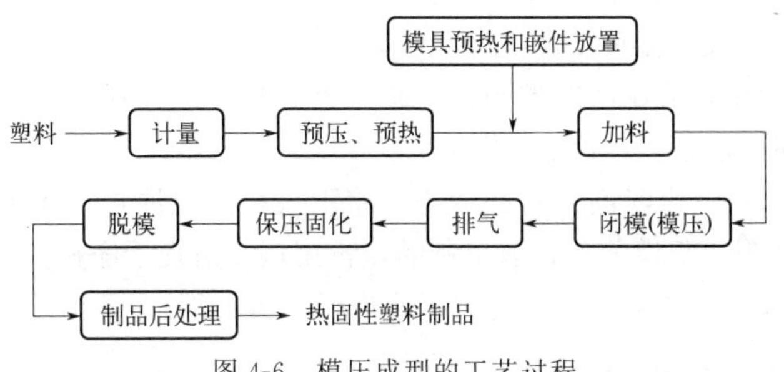

图 4-6　模压成型的工艺过程

模压成型的工艺条件包括模压温度、模压压力和模压时间。模压温度指模压时所需的模具温度，既关系着模内塑料熔体能否顺利充满型腔，又影响着成型时的固化速度。升高模具温度，交联反应快，可使成型周期缩短，生产效率提高。但温度过高，可引起塑料的热分解，同时还使塑件表层先发生硬化，降低物料的流动性，造成充模不满；并且因水分和挥发物难以排除，塑件内应力增大，脱模时制品的表观质量降低，塑件易发生肿胀、开裂、翘曲等缺陷。而如果模温过低，则使成型周期过长，固化不足，交联反应不完善，塑件的性能和表面光泽度下降。模压压力指压力机通过凸模对塑料所施加的迫使其充满型腔并固化的压力，其大小与塑料品种、塑件结构以及模具温度等因素有关。一般情况下，塑料的流动性越差、塑件越厚或形状越复杂、塑料的固化速度越快、塑料的压缩比越大，则所需的成型压力也越大。模压时间的长短对塑件的性能影响也很大。模压时间过短，塑料固化不足，性能下降且易变形；但模压时间过长，不仅生产效率低，而且由于塑料交联过程使塑件收缩率增加，产生内应力，也使其性能下降。

下面以酚醛树脂板为例介绍热固性塑料的模压成型加工实验。

4.3.3 实验设备及材料

① 设备：平板硫化机（配备脱模器、铜刀、石棉手套等用具）；模压模具；鼓风干燥箱；天平。

② 材料：酚醛树脂粉；六次甲基四胺；轻质氧化镁；炭黑。

4.3.4 实验步骤

① 塑料粉配制。各组分按照酚醛树脂为60%、六次甲基四胺为6%～8%、轻质氧化镁为10%～15%、炭黑为17%～24%进行备料称量，然后将各组分放入混合机中搅拌混合30min，再将塑料粉装入塑料袋中备用。

② 根据模压热固性塑料目标制品的密度ρ、厚度t及模具型腔的横截面积S，计算模塑料混合料的质量m（$m=St\rho$），实际中准确的装料量应等于计算值再附加3%～5%的挥发物、毛刺等损耗。然后将其与加料小勺一并放入烘箱中的厚纸片上，并将混合料在厚纸片上摊开铺展进行干燥处理。

③ 接通平板硫化机电源，旋开控制面板上的加热开关，仪器开始加热升温。根据实验要求，设置实验温度为预热温度105℃，并把模具置于加热板上预热。

④ 模具预热15min后，将上、下模板脱开，用棉纱将阳模凸台及阴模的型腔擦拭干净，然后在型腔底部放置一张PC脱模纸；将已计量好并干燥处理的塑料粉加入模腔内，堆成中间高的形式，在混合料上再覆盖一层PC脱模纸，合上阳模，置于平板硫化机热板中心位置；将实验温度设置为模压温度165℃。

⑤ 开动液压机加压，液压活塞推动下模板上升合模后，使压力表指针指示到所需工作压力，经2～7次卸压放气后，在模压温度和模压压力下保压。

⑥ 按实验要求保压一定时间后解除压力，将下模板降至原位；戴上手套将模具移至脱模台上打开模具，使阴、阳模分离，取出制品，再用钢刀清理干净模具并重新组装待用。

⑦ 改变工艺条件，重复上述操作过程再次进行模压实验。

4.3.5 实验记录与结果分析

① 记录模塑料配比，记录实验设备型号及实验工艺参数（如模压温度、模压压力和模压时间等）。

② 分组进行实验，记录采用不同模压温度，根据酚醛模塑板外观分析模压温度对热固性塑料制品性能的影响。

③ 分组进行实验，记录采用不同模压压力，根据酚醛模塑板外观分析模压压力对热固性塑料制品性能的影响。

④ 分组进行实验，记录采用不同模压时间，根据酚醛模塑板外观分析模压时间对热固性塑料制品性能的影响。

4.3.6 注意事项

① 实验过程中应保持实验场所良好的通风工作环境，保持清洁，防止脏物和水分进入

油箱和电气箱。

② 对模压料进行预热有利于改善模压料在模压成型过程中的工艺性能，增加物料的流动性以及减少挥发物，便于装模和降低制品的收缩率，提高制品的质量。因此，模压之前应对混合料进行预热，但预热温度不宜过高，以免导致模压料提前固化而影响后期模压实验。

③ 模压过程中加料时间要尽量短。从加料开始到闭模、排气、加压这段时间不能超过模塑料的聚合时间，酚醛模塑料的聚合时间一般在 100s 之内。

④ 当混合料被全部加入模具的型腔并覆盖上脱模纸之后，应立即闭模并使液压机下模板托着模具以较快速度上行，避免模塑料在模具中发生早期固化；当模具的下模顶部接近上模板时，降低模板上行速度，并慢慢模压模具中的混合料，然后逐渐加压和排气，最后加压至要求压力并使模具封模。

⑤ 当模压含有嵌件的塑料时，嵌件通常直接安装在固定位置上，且其安装位置必须准确平稳，否则会造成废品甚至会损坏模具。为使嵌件和模塑料结合更牢固，嵌件上应有环形槽、滚花等，使嵌件不致在受力时沿径向、轴向转动。清理模具时，用规定工具清理，不能用其他硬物刮。

⑥ 实验过程中要注意安全，防止触电，同时要戴手套防止模板的挤压或烫伤。

⑦ 遇到紧急情况应及时按下急停按钮。

4.3.7 思考题

① 模压成型过程经过加料、闭模、排气、固化和脱模等几个阶段时要注意哪些问题？

② 酚醛模塑粉中各组分的作用是什么？

③ 模压温度、模压压力和模压时间对制品质量有何影响？如何处理它们之间的关系？

④ 热固性塑料模压过程中为什么要进行排气？其模压过程与热塑性塑料的模压成型有何区别？

⑤ PC 脱模纸的作用是什么？除了 PC 脱模纸模压成型，常用的脱模剂还有哪些？

4.4 塑料薄膜的吹塑成型加工实验

4.4.1 实验目的

① 了解塑料薄膜的吹塑成型原理。

② 掌握聚乙烯薄膜吹塑成型工艺的基本操作过程。

③ 掌握工艺参数的设置及其对制品性能的影响。

4.4.2 实验原理

生产塑料薄膜的常见工艺类型包括压延法、吹塑法、流延法、拉伸法等方式，而吹塑薄膜工艺因其较强的原料适应性，是所有薄膜加工中使用最常见的方式之一。吹塑薄膜是将塑料原料通过挤出机把原料熔融挤成薄管，然后在结晶前用压缩空气将其吹胀，经冷却定型后形成薄膜制品。

用薄膜吹塑成型方法生产塑料薄膜与其他工艺方法相比具有以下优点：①薄膜吹塑成型法生产薄膜最经济，设备简单、投资少、收效快；②设备结构紧凑，占地面积小，厂房造价低；③薄膜经拉伸、吹胀，使吹塑过程中膜的纵、横向都得到拉伸取向，力学强度较高；④产品无边料、废料少、成本低；⑤所生产的薄膜幅度宽、厚度范围大、易于制袋。薄膜吹塑成型法与其他成型工艺相比缺点如下：薄膜厚度均匀度差；生产线速度低，产量较低（相较于压延法、流延法和拉伸法）；厚度一般在 0.01～0.25mm，折径 100～5000mm。因此，薄膜吹塑成型法已广泛用于生产 PVC、PE、PP 及其复合薄膜等多种塑料薄膜。

薄膜吹塑成型工艺过程的基本原理如图 4-7 所示。可分三个阶段：①挤出型坯，将塑料加入挤出机料筒中，经料筒加热熔融塑化后，在螺杆的强制挤压下自前端口模的环形间隙中挤出圆筒（管）状型坯。②收胀型坯，用夹板夹持型坯使其成密闭泡管，然后由机头之芯棒中心孔处通入压缩空气，把圆筒型坯吹胀呈泡管状（一般吹胀 2～3 倍），此时纵横间都有伸长，可以获得一定吹胀倍数的泡管。③冷却定型，在压缩空气和牵引冷却辊的作用下，收胀型坯受到纵横向的拉伸变薄，同时进入导向夹板和牵引夹辊把泡管压扁，需要阻止泡管内空气漏出以维持所需恒定吹胀压力，压扁泡管即成平折双层薄膜，最后进入卷取装置收卷。

在薄膜吹塑成型过程中，根据挤出和牵引方向的不同，可分为平挤上吹法、平挤下吹法和平挤平吹法三种。

① 平挤上吹法。该法是使用直角机头，即机头出料方向与挤出机垂直，挤出管环向上，牵引至一定距离后，由人字板夹拢，所挤管状由底部引入的压缩空气将其吹胀成泡管，并以压缩空气气量多少来控制其横向尺寸，以牵引速度控制其纵向尺寸，泡管经冷却定型就可以得到吹塑薄膜（图 4-7）。适用于平挤上吹法的主要塑料品种有 PVC、PE、PS、PA、PVDC（偏二氯乙烯）及 EVOH 等。平挤上吹法牵引稳定，占地面积小，操作方便，生产折径大，适合于生产不同厚度的薄膜产品；但厂房高、造价高，不适宜加工流动性大的塑料，不利于薄膜冷却，生产效率较低（相比其他成膜工艺）。

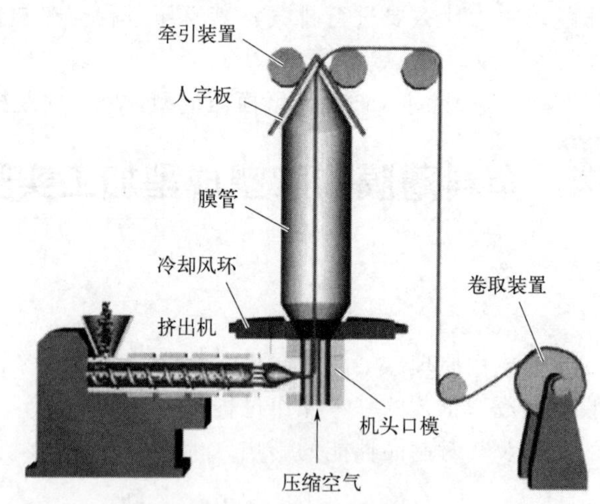

图 4-7　薄膜吹塑成型工艺过程的基本原理

② 平挤下吹法。该法使用直角机头，泡管从机头下方引出，不需要牵引装置（图 4-8）。该法特别适宜于黏度小的原料及要求透明度高的塑料薄膜。如 PP、PA、PVDC 及 EVOH 等。平挤下吹法对厂房高度要求不大，有利于薄膜冷却，生产效率较高，能加工流动性较大的塑料；但挤出机离地面较高，操作不方便，不宜生产较薄的薄膜，可加工原料种类少，生产效率较低（相比其他成膜工艺）。

③ 平挤平吹法。该法机头为中心式，使用与挤出机螺杆同心的平直机头，泡管与机头

中心线在同一水平面上（图 4-9）。该法只适用于吹制小口径薄膜的产品，如 LDPE、PVC 及 PS 膜，也适用于吹制热收缩薄膜。平挤平吹法结构简单、薄膜厚度较均匀、操作方便、引膜容易，可实现较大的吹胀比；但不适宜加工相对密度大、折径大的薄膜，占地面积大，泡管冷却较慢，不适宜加工流动性较大的塑料。

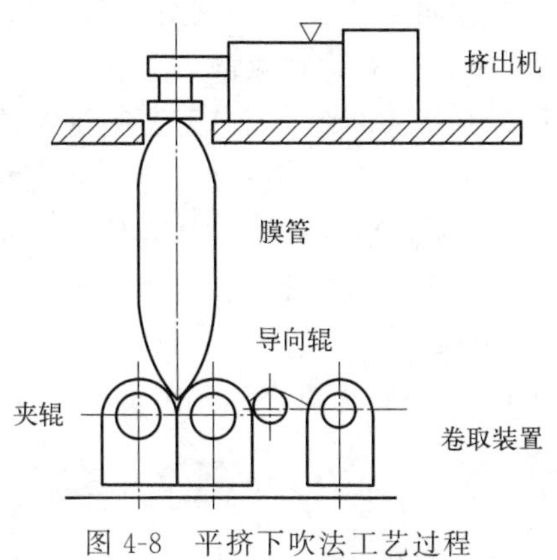

图 4-8　平挤下吹法工艺过程

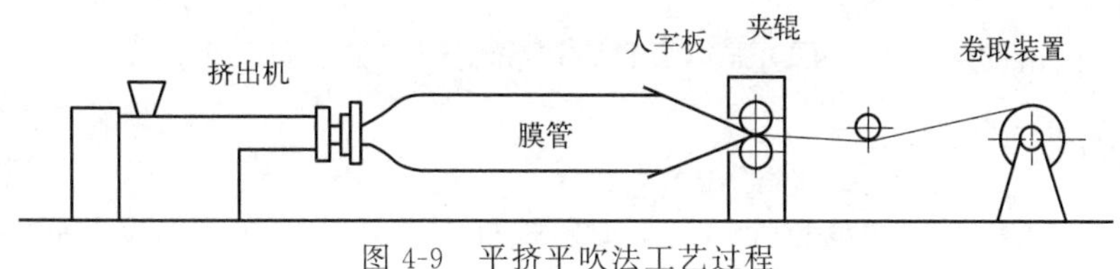

图 4-9　平挤平吹法工艺过程

在塑料薄膜吹塑成型过程中，必须加强对工艺参数的控制，规范工艺操作，保证生产的顺利进行，并获得高质量的薄膜产品。以聚乙烯吹塑薄膜生产为例，应控制好以下几项工艺参数：

① 挤出机温度。吹塑低密度聚乙烯（LDPE）薄膜时，挤出温度一般控制在 160～170℃之间，且必须保证机头温度均匀。挤出温度过高，树脂容易分解，且薄膜发脆，尤其使纵向拉伸强度显著下降；温度过低，则树脂塑化不良，不能圆滑地进行膨胀拉伸，薄膜的拉伸强度较低，且表面的光泽性和透明度差，甚至出现像木材年轮般的花纹以及未熔化的晶核（鱼眼）。

② 牵引比。牵引比是指薄膜的牵引速度与管环挤出速度之间的比值。牵引比是纵向的拉伸倍数，使薄膜在引取方向上具有定向作用。牵引比增大，则纵向强度也会随之提高，且薄膜的厚度变薄；但如果牵引比过大，薄膜的厚度难以控制，甚至有可能会将薄膜拉断，造成断膜现象。低密度聚乙烯（LDPE）薄膜的牵引比一般控制在 4～6 为宜。

③ 吹胀比。吹胀比是吹塑薄膜生产工艺的控制要点之一，是指吹胀后膜泡的直径与未吹胀的管环直径的比值。吹胀比为薄膜的横向膨胀倍数，实际上是对薄膜进行横向拉伸。拉伸会对塑料分子产生一定程度的取向作用，吹胀比增大，从而使薄膜的横向强度提高。但是，吹胀比也不能太大，否则容易造成膜泡不稳定，且薄膜容易出现折皱。因此，吹胀比应当同牵引比配合适当才行。一般来说，低密度聚乙烯（LDPE）薄膜的吹胀比应控制在 2.5～3.0 为宜。

④ 露点。露点又称霜线，指塑料由黏流态进入高弹态的分界线。在吹塑成型过程中，

低密度聚乙烯（LDPE）在从模口中挤出时呈熔融状态，透明性良好。当离开模口之后，要通过冷却风环对膜泡的吹胀区进行冷却，冷却空气以一定的角度和速度吹向刚从机头挤出的塑料膜泡时，高温的膜泡与冷却空气相接触，膜泡的热量会被冷空气带走，其温度会明显下降，当下降到低密度聚乙烯（LDPE）的黏流温度以下时，会使其冷却固化且变得模糊不清。在吹塑膜泡上可以看到一条透明和模糊之间的分界线，这就是霜线。在吹塑成型过程中，露点的高低对薄膜性能有一定的影响。如果露点高，位于吹胀后的膜泡上方，则薄膜的吹胀是在液态下进行的，吹胀仅使薄膜变薄，而分子不受到拉伸取向，这时的吹胀膜性能接近于流延膜。相反，如果露点比较低，则吹胀是在固态下进行的，此时塑料处于高弹态下，吹胀就如同横向拉伸一样，使分子发生取向作用，从而使吹胀膜的性能接近于定向膜。

总之，为减少薄膜厚薄公差、提高生产效率，合理设计成型口模、工艺和严格控制操作条件是保证吹塑薄膜产量和质量的关键。

下面以低密度聚乙烯（LDPE）薄膜为例介绍塑料的吹塑成型加工实验。

4.4.3 实验设备及材料

① 设备：挤出机（配备水平吹膜机头、牵引卷曲装置）；空气压缩机；鼓风机及冷却风环；剪刀；手套。

② 材料：低密度聚乙烯（LDPE）塑料；高密度聚乙烯（HDPE）塑料。

4.4.4 实验步骤

① 根据实验原料 LDPE 的特性，初步拟定螺杆转速及各段加热温度，同时拟定其他操作工艺条件。

② 按照挤出机的操作规程，接通电源，开机运转和加热。检查机器各部分的运转，加热、冷却是否正常。待各段预热达到要求的温度时，应对机头部分的衔接、螺栓等再次检查并趁热拧紧。保温一段时间以待加料。

③ 开动主机，在慢速运转下先加少量塑料，并时刻注意电流表、压力表、温度计、扭力值和进料情况是否稳定。待熔料挤成管坯后，观察壁厚是否均匀，用手（必须戴上手套）将挤出物慢慢引上牵引装置。

④ 随即通入压缩空气。观察泡管的形状、透明度变化及挤出制品的外观质量，结合实际情况及时协调工艺、设备因素（如物料温度、螺杆转速、口模同心度、空气气压、风环位置、牵引卷取速度等），使整个操作控制处于正常状态。挤出收塑过程中，温度控制应保持稳定，否则会造成熔体强度变化，吹胀比波动，甚至泡管破裂。另外，冷却风环及收胀的压缩空气也应保持稳定，否则会造成收塑过程的波动。

⑤ 当泡管形状稳定、薄膜折径已达要求时，切忌任意改变操作控制。在无破裂泄漏的情况下，不再通入压缩空气；有气体泄漏，则可通过气管通入少量压缩空气予以补充，同时确保泡管内压力稳定。

⑥ 切取一段外观质量良好的薄膜，并记下此时的工艺条件；称量单位时间的质量，同时测其折径和厚度公差。

⑦ 改变工艺条件（如提高料温、增大或降低螺杆转速、移动风环位置、加大压缩空气流量、提高牵引卷取速度等），重复上述操作过程，分别观察和记录泡管外观质量变化情况。

⑧ 以高密度聚乙烯（HDPE）塑料为原料，重复实验步骤①～⑦。

⑨ 实验完毕，逐渐减小螺杆转速，必要时可将挤出机内塑料挤完后停机。趁热用铜刀等工具清除机头和衬套中的残留塑料。

4.4.5　实验记录与结果分析

① 记录实验设备型号及实验工艺参数（如挤出机温度、螺杆转速、压缩空气流量、牵引卷取速度等）。

② 记录薄膜外观质量情况、单位时间薄膜质量，同时测薄膜折径和厚度公差。

③ 分组进行实验，记录分别采用高密度聚乙烯 HDPE 和低密度聚乙烯 LDPE 时的情况，根据泡管外观质量和实验中所观察的现象分析塑料种类对塑料薄膜质量的影响。

4.4.6　注意事项

① 熔体被挤出之前，操作者不得处于口模的正前方。

② 操作过程中严防金属杂质、小工具等物落入进料口中，以免损伤螺杆。

③ 清理挤出设备时，只能采用钢棒、铜刀或压缩空气管等工具，切忌损伤螺杆和口模等处的光滑表面。严禁使用硬金属制的工具如三角刮刀、螺丝刀等来清理，以免损伤设备。

④ 吹胀薄膜的空气压力，既不能使薄膜破裂，又要能保证形成对称的稳定泡管。

⑤ 在挤出过程中要密切注意工艺条件的稳定，不得任意波动，如发现不正常现象立即停车进行检查处理。

4.4.7　思考题

① 影响吹塑薄膜厚度均匀性的主要因素有哪些?

② 料筒温度、螺杆转速、模头温度、充气量、充气压力对薄膜质量有何影响?

③ 吹塑薄膜的纵向和横向的力学性能有没有差异？为什么？

4.5　塑料瓶的中空吹塑成型加工实验

4.5.1　实验目的

① 了解塑料中空吹塑成型工艺及其成型原理。

② 掌握控制制品透明性及厚度均匀性的工艺因素。

③ 了解塑料中空吹塑成型的三种常见方法。

4.5.2　实验原理

中空吹塑成型是将挤出或者注塑成型的塑料管坯（型坯）趁热（处于半熔融的类橡胶态时）置于模具中，并及时在管坯中通入压缩空气将其吹胀，使其紧贴于模腔壁上成型为模具的形状，经冷却脱模后即制得中空制品的二次成型技术。此方法是生产中空塑料制品的常用方法，可用于聚乙烯、聚氯乙烯、聚丙烯、聚苯乙烯等塑料的成型加工，也可用于聚酰胺、PET 和聚碳酸酯等的加工。

中空吹塑成型的基本原理如图 4-10 所示，将塑料原料从料斗加入单螺杆挤出机内，加热熔融塑化成均匀熔体，熔体在螺杆挤压下通过圆形口模挤成型坯，型坯在切刀、模具、模

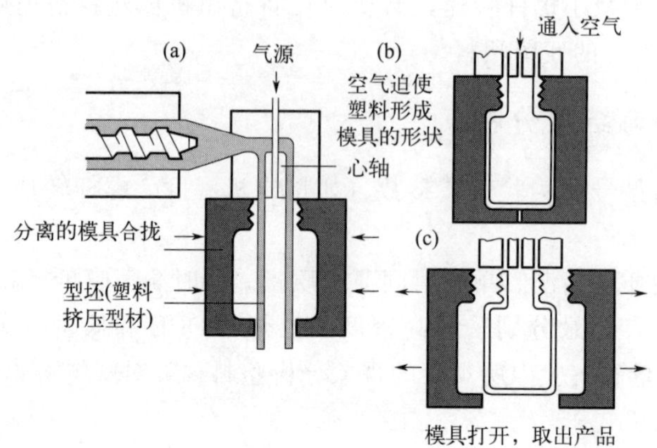

图 4-10　中空吹塑成型的基本原理

架和气嘴的协调作用下，被移至吹塑位置吹塑和冷却，形成与模具型腔形状相同的制品。冷却后模具打开，气嘴上升，制品自然脱落；机器自动进入下一个工作循环。

中空吹塑成型操作工序中的延时开模、开模定时、延时合模、合模定时、下降缓冲延时、定时气嘴下降、延时模架上升、上升缓冲延时、延时切刀、延时模下降、延时吹气、吹气定时等定时器的时间均可在程序控制器中独立调节，以形成协调的工作循环。中空吹塑成型制品的质量除受原材料特性影响外，成型工艺条件、机头及模具设计等都是十分重要的影响因素。影响制品壁厚均匀性的因素如下。

① 型坯温度。吹塑成型过程中，在挤出口模一定的情况下，影响型坯几何尺寸精度和外观质量的关键因素是材料的黏弹性行为，而材料的黏弹性行为主要由温度决定。故温度的高低直接影响型坯的形状稳定性和吹塑制品的外观质量。温度太高，熔体强度低，易发生型坯切口处料丝牵挂、型坯打褶、下垂严重以及模具夹持口不能迫使足够量的熔体进入拼缝线内，造成底薄、拼缝线处强度不足和冷却时间增长等弊病。温度过低，熔体的“模口膨胀”会变得更严重，致使型坯卷曲、壁厚不均和内应力增大，甚至出现熔接不良、模面轮廓花纹不清晰等现象。

② 吹塑的空气压力和容积速率。压缩空气不仅对熔融型坯施压收胀，同时还起冷却定型作用。为了使型坯能模制出最清晰的外形轮廓、商标花纹，必须使用足够的吹塑压力。其压力的大小随材料质量、型坯温度、制品容积和壁厚而异，一般在 0.4～0.8MPa 范围内。而空气的容积速率则应尽可能大一些，以缩短收塑时间，有利于制品获得较均匀的厚度和较好的表面质量；但充气的线速度过大也是不利的，会在空气进口处产生局部真空，造成这部分型坯内陷，影响制品外观质量，严重情况下，会把型坯从模口处冲断，造成不能收胀成型。

③ 挤坯机头和吹塑模具结构特征。挤坯机头通常是直角结构，机头、口模的间隙和形状直接影响吹塑制品壁厚的均匀性，其物料的通道应做成流线形，设计时可按照制品的几何形状、吹胀比和“模口膨胀”情况来确定，而模口间隙的大小可通过口模中锥形芯轴的轴向移动进行调节。

吹塑模具通常由两瓣组成，正确开设夹持口、余料槽、排气孔以及冷却通道等对提高制品质量和降低成本有着重要意义。如夹持口的角度和宽度、余料槽的大小不仅会影响模具闭合严密情况而且直接影响制品接缝质量的好坏，至于模腔内开设排气孔，目的是使型坯与模腔之间的残存空气在吹胀过程中能够逸出。若模具排气不良，残存空气将阻碍塑料型坯贴紧冷模壁，不仅延长冷却时间而且影响塑料的均匀固化，导致制品外观尤其是凹腔、波沟、转角处产生橘皮状斑点或局部变薄等缺陷，甚至在合模时出现模内受压空气膨胀，发生制品炸裂的异常现象。在模具设计中除分型线作为空气逸出的正常渠道外，其强化排气措施是在模腔表面开几条线槽，槽深以确保制品表面不受干扰、不留痕迹为限。

制品在模内的冷却效果是影响生产效率的一个重要因素，它与模腔中冷却水道的布置有密切关系。一般来说，冷却水道要尽可能靠近模腔，尤其是邻近夹持口部位和厚壁部分应注意布置，使制品各部分都能得到均匀冷却。

中空吹塑成型按型坯的制造方法不同可分为挤出吹塑成型、注射吹塑成型和拉伸吹塑成型。挤出吹塑成型是用挤出机挤出管状型坯，趁热将其夹在模具模腔内并封底，再向管坯内腔通入压缩空气吹胀成型。注射吹塑成型所用的型坯由注射成型而得，型坯留在模具的芯模上，用吹塑模合模后，从芯模中通入压缩空气，将型坯吹胀，冷却，脱模后即得制品。拉伸吹塑是将已经加热到拉伸温度的型坯放置在吹塑模具中，用拉伸杆进行纵向拉伸，用吹入的压缩空气进行吹胀横向拉伸，从而得到产品的方法。中空吹塑成型主要用于制作中空塑料制品（瓶子、包装桶、喷壶、油箱、罐、玩具等）。

下面以高密度聚乙烯（HDPE）塑料瓶的挤出吹塑成型为例介绍塑料的中空吹塑成型加工实验。

4.5.3　实验设备及材料

① 设备：塑料吹塑机；吹瓶模具；水银温度计（0～250℃）；秒表、测厚量具、剪刀、小铜刀、扳手、手套等实验用具。

② 材料：高密度聚乙烯（HDPE）塑料。

4.5.4　实验步骤

① 接通挤出机料斗座冷却水，根据加工物料的性质确定加工工艺条件，设定挤出机和机头温度至设定温度后，再保温 20～30min，在挤出机料斗中加入物料，挤出管坯。

② 接通空气压缩机电源，启动吹瓶辅机，打开模具。

③ 挤出管坯至需要长度时，用切刀切下管坯，将切下的管坯移至打开的模具中，然后合模，通过吹气嘴向管坯中通入压缩空气进行吹胀。

④ 保持吹气压力至冷却结束，打开模具取出制品，等待下一次操作。

⑤ 实验结束后，切断电源，关闭冷却水，清理机器。

4.5.5　实验记录与结果分析

① 记录塑料吹塑机的型号及测量吹瓶模具的尺寸，记录实验工艺参数（如挤出机温度、螺杆转速、吹气压力、吹气速度等），观察制得的塑料瓶外观质量情况。

② 分组进行实验，记录不同挤出机温度，根据制得的塑料瓶外观质量情况，分析型坯温度对中空塑料瓶质量的影响。

③ 分组进行实验，记录不同吹气压力，根据制得的塑料瓶外观质量情况，分析吹气压力对中空塑料瓶质量的影响。

④ 分组进行实验，记录不同吹气速度，根据制得的塑料瓶外观质量情况，分析吹气速

度对中空塑料瓶质量的影响。

4.5.6 注意事项

① 根据所要生产的塑料制品选择合适的原材料，并且要了解塑料原材料的加工性能。

② 根据所生产的制品，控制好挤出机的温度、转速及熔体的压力。

③ 控制好型坯的壁厚和质量。

④ 为避免型坯出现下垂的情况，在合理的范围内，可以适当加快型坯的挤出速度，缩短模具的等待时间。

⑤ 遵循吹胀压力要足够，吹气要快速的原则。

⑥ 型坯吹胀时，要确保充分且良好的排气。

⑦ 在保证制品充分冷却的前提下缩短成型周期。

⑧ 机器在正式生产之前要进行试机，保证每一个生产环节都能正常运行。

4.5.7 思考题

① 塑料能进行中空吹塑成型加工的依据是什么？

② 影响塑料中空吹塑成型制品质量的因素有哪些？简述之。

③ 挤出吹塑与注射吹塑的工艺差别是什么？

4.6 聚氨酯塑料的发泡成型加工实验

4.6.1 实验目的

① 了解塑料发泡成型的基本原理。

② 了解塑料发泡成型的种类及方法。

③ 掌握聚氨酯泡沫塑料的基本配方及生产方法

4.6.2 实验原理

发泡成型是指通过物理发泡剂或化学发泡剂的添加与反应，形成蜂窝状或多孔状结构泡沫塑料的成型方法。发泡成型的过程是：首先将气体溶解在液态的聚合物中，或将聚合物加热到熔融态，同时产生气体并形成饱和溶液；然后通过成核作用形成无数微小的泡核，泡核再膨胀成为具有所要求结构的泡沫体；最后通过固化定型将泡沫体的结构固定下来，得到泡沫塑料制品。因此，泡沫塑料的成型与定型一般分为 3 个阶段：气泡核的形成、气泡的增长和气泡的稳定（图 4-11）。

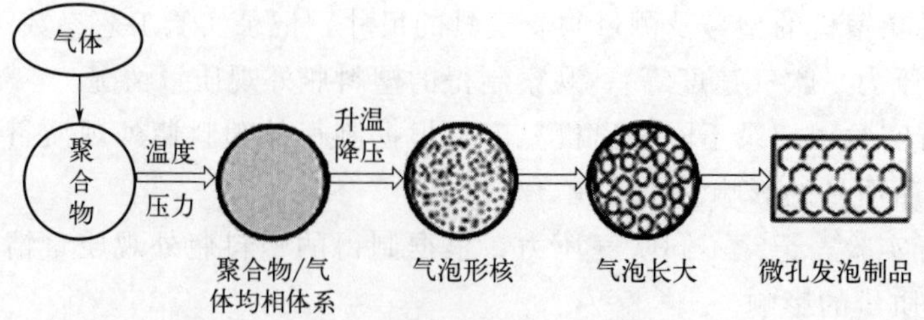

图 4-11 发泡成型的基本原理

① 气泡核的形成。塑料发泡过程的初始阶段是在塑料熔体或液体中形成大量的气泡核，然后使气泡核膨胀成泡沫体。所谓气泡核就是指原始微气泡，也就是气体分子最初聚集的地方。在聚合物液相中增加了气体相，气体分布在溶液中产生泡沫。如同时加入很细的固体粒子或微小的气泡核，就出现了作为气体的第二分散相，有利于泡沫的形成。所加入的有利于泡沫形成的物质称为成核剂。若不加入成核剂会容易生成大孔泡沫。气泡核的形成阶段对成型泡沫体的质量起着关键性的作用。若熔体中能同时出现大量均匀分布的气泡核，则将有利于得到泡孔细密而均匀的气泡体；若在熔体中只加入少量的气泡核，则最终形成的泡沫体少而不均匀，泡沫体密度较大且质量也较差。所以在发泡过程中控制好气泡核的形成阶段是非常重要的。把化学发泡剂（或气体）加入熔融塑料或液体混合物中，经过化学反应产生气体（或加入的气体）就会生成气-液溶液；随着生成气体的增加，溶液成为饱和状态，这时气体就会从溶液中逸出形成气泡核，这时溶液中形成气-液两相，气液溶液中形成气泡核称为成核作用，成核有均相成核和异相成核之分。在实际生产中常加入成核剂以有利于成核作用在较低的气体浓度下发生，成核剂通常是微细的固体粒子或微小气孔。如果不加入成核剂则有可能形成粗孔。

② 气泡的增长。增加溶解气体量，升高温度，使气体膨胀和气泡合并，有利于促进气泡增长，从小气泡形成气泡后，气泡内气体压力与其半径成反比，气泡越小，内部压力就越高。当两个尺寸大小不同的气泡靠近时气体从小气泡中扩散到大气泡中使气泡合并。同时，成核剂的作用大大增加了气泡的数量，加上气泡膨胀使气泡的孔径扩大，从而使泡沫不断胀大。所以，气泡形成后，气体受热膨胀后气泡之间的合并，促进气泡不断地增长。

③ 气泡的稳定。气液相共存的体系多数是不稳定的。在气泡形成过程中，由于气泡的不断生成和膨胀，形成了无数的气泡，使得泡沫体系的体积和表面积增大，气泡壁厚度变薄，致使泡沫体系不稳定；已经形成的气泡可以继续膨胀，或者气泡之间合并，或者出现气泡塌陷、破裂，这些现象的发生主要取决于气泡所处的条件。

泡沫塑料制造方法可分为两类：一类是将发泡用塑料原材料配合后由一个工序制得泡沫塑料的方法，称为一步发泡法（或直接法），聚氨酯泡沫塑料是其典型代表；另一类是由两个工序制得泡沫塑料的方法，称为两步发泡法（或间歇法），聚苯乙烯、聚乙烯泡沫塑料等就是用这种方法制作的。在两步发泡中，前一工序称为前发泡或预发泡，此时泡沫或珠粒尚未充分膨胀，密度也较高；后一工序称为后发泡或二次发泡，制得充分膨胀、低密度的最终泡沫制品。

发泡成型的方法主要有化学发泡、物理发泡和机械发泡三种。

① 化学发泡。化学发泡由特意加入的化学发泡剂受热分解或原料组分间发生化学反应而产生气体，使塑料熔体充满泡孔。化学发泡剂在加热时释放出的气体有二氧化碳、氮气、氨气等。化学发泡常用于聚氨酯泡沫塑料的生产。

② 物理发泡。物理发泡是在塑料中溶入气体或液体，而后使其膨胀或汽化发泡的方法。物理发泡适应的塑料品种较多。

③ 机械发泡。机械发泡是借机械搅拌方法使气体混入液体混合料中，然后经定型过程形成泡孔的发泡方法。此法常用于脲甲醛树脂，其他如聚乙烯醇缩甲醛、聚乙酸乙烯、聚氯乙烯溶胶等也适用。

聚氨酯泡沫塑料是一种新型高分子合成材料。与其他泡沫相比，在性能上具有许多特点，除密度小外，还具有无臭、透气、气泡均匀、耐湿、耐老化、抗有机溶剂腐蚀等特性，因而具有广阔的应用前景。聚氨酯泡沫塑料的发泡成型原理是：分别按配比将异氰酸酯、聚醚、水、聚酯和催化剂加入医用泡沫机的料罐中，经过加热循环，搅拌混合后，将混合的物料放入纸盒或纸杯中，待 0.5～3min 发泡完毕后，放入烘箱内在 100℃下熟化 1h，移出烘箱冷却至室温，得到聚氨酯泡沫。软质聚氨酯泡沫的制造分为三种工艺：预聚体法、半预聚体法和一步法。

① 预聚体法。把配料中全部聚酯（或聚醚）和异氰酸酯反应生成预聚体，然后在催化剂的作用下，与水反应产生气体并生成泡沫塑料。

② 半预聚体法。先预制预聚体，首先把过量的异氰酸酯和聚酯（或聚醚）反应制成预聚体，所得预聚体的游离异氰酸根含量范围在 20%～35%之间，发泡时再把预聚体和聚酯（或聚醚）、发泡剂、泡沫稳定剂、催化剂等混合反应即得聚氨酯泡沫塑料。

③ 一步法。将聚醚多元醇、多异氰酸酯、水以及其他助剂如催化剂、泡沫稳定剂等一次加入；在短时间内几乎同时进行气体发生及交联等反应；当物料混合均匀后，1～10s 便开始发泡，0.5～3min 内发泡完毕并得到具有较高分子量和一定交联密度的泡沫制品。要制得泡沫孔径均匀和性能优异的泡沫体，必须采用复合催化剂和控制合适的条件，使各种反应得到较好的协调。为了得到均匀的泡孔，移去反应热，避免泡沫芯部因高温而产生“焦烧”。

下面以聚氨酯泡沫塑料一步法为例介绍塑料的发泡成型加工实验。

4.6.3 实验设备及材料

① 设备：电动搅拌机或医用泡沫机；天平；烧杯；玻璃棒；量筒；纸盒或纸杯若干。

② 材料：聚醚三元醇（分子量 3000）；甲苯二异氰酸酯（纯度 98%）；三乙烯二胺（纯度 98%）；二月桂酸二丁基锡（Sn 含量 17%～19%）；水溶性硅油；蒸馏水。

4.6.4 实验步骤

① 准备好浇注模具（纸盒或纸杯）。

② 称量聚醚三元醇（100 份）、甲苯二异氰酸酯（35～40 份）、三乙烯二胺（1 份）、二月桂酸二丁基锡（0.1 份）、水溶性硅油（1 份）及蒸馏水（2.5～3.0 份）。

③ 将称量完的材料加入烧杯中，用玻璃棒高速搅拌 30s。

④ 高速搅拌后倒入纸盒或纸杯中，观察发泡过程。

⑤ 3min 后将纸盒或纸杯连同聚氨酯泡沫置于 100℃烘箱中熟化 1h，移出烘箱冷至室温，得到聚氨酯泡沫塑料。

4.6.5 实验记录与结果分析

① 记录搅拌机型号，记录各种材料的称量质量。

② 观察泡沫质量，若发现质量较差，分析其原因并改进配方。

4.6.6 注意事项

① 在室温条件下搅拌物料使其混合反应，需要较快地灌注到需要成型的空间，施工时应注意控制反应发泡时间，使搅拌后的混合物呈液态灌注到空隙中。

② 在发泡过程中，将会产生较大的膨胀力，应对灌注夹层或模型做适当的加固。

4.6.7 思考题

① 聚乙烯泡沫塑料与聚氨酯泡沫塑料的发泡机理有何不同？

② 聚氨酯泡沫塑料一步法的发泡过程中发生了哪些化学反应?

③ 在发泡成型过程中，要控制气孔的增大，使气孔稳定，可以采取哪些措施?

4.7　聚氯乙烯的搪塑成型加工实验

4.7.1　实验目的

① 了解搪塑成型的基本原理及工艺特点。

② 了解搪塑成型物料的配制及配方中各种助剂的作用。

③ 掌握搪塑成型的操作方法及工艺参数对搪塑产品性能的影响。

4.7.2　实验原理

搪塑成型是塑料成型的一种特殊方法，它是将糊塑料（塑性溶胶）倾倒入预先加热至一定温度的模具（凹模或阴模）中，接近模腔内壁的糊塑料即会因受热而胶凝，然后将没有胶凝的糊塑料倒出，并将附在模腔内壁上的糊塑料进行热处理（烘熔），再经冷却即可从模具中获得空心制品的成型方法。搪塑成型方法设备费用低，生产速度高，工艺控制简单；但制品的厚度、质量等的准确性较差，主要用于高档车仪表板等手感、视觉效果要求高的产品，以及搪塑玩具等。

搪塑成型的基本原理如图 4-12 所示，将聚氯乙烯（PVC）糊树脂配以增塑剂、稳定剂等各种助剂制成溶胶塑料，然后倒入已预热到一定温度的成型阴模中；当阴模内壁表层的聚氯乙烯糊受热时，增塑剂强度下降，阴模内壁表面黏附上一层聚氯乙烯糊；这时将多余的聚氯乙烯糊倒出，继续加热阴模，直到阴模内的聚氯乙烯糊变成连续均匀的增塑弹性体；再冷却阴模，取出聚氯乙烯增塑弹性体，修整装饰，最后得到聚氯乙烯软质制品。

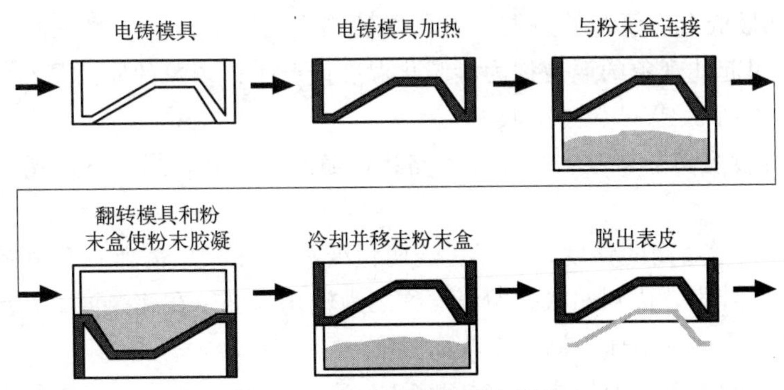

图 4-12　搪塑成型的基本原理

搪塑成型以 PVC 塑性溶胶为主要原料，PVC 均匀分散、悬浮在增塑剂中，所形成的分散体系也称 PVC 糊。为了满足使用要求，PVC 糊中通常还添加稀释剂、表面活性剂、稳定剂、着色剂、填充剂和润滑剂等。PVC 糊主要作为 PVC 的注浆成型及泡沫塑料成型的原料，可生产人造革、壁纸、玩具、泡沫制品、铺地材料、乳胶手套、软管、隔膜等。

制备 PVC 糊的原理为：在配制聚合物分散体的混合装置中，利用适当的机械搅拌作用，使 PVC 颗粒及其他组成的固体颗粒料均匀地分散在增塑剂中；同时还利用表面活性剂和润滑剂降低固体颗粒与液体界面的张力，防止固体颗粒聚集、沉积，形成稳定的分散体系。由于增塑剂和稀释剂等与PVC有一定的相容性，故在PVC糊的配制过程中，机械搅拌的强烈程度、物料温度、搅拌时间以及配方均会影响PVC颗粒溶胀的状况和颗粒之间夹杂空气的量。如果PVC颗粒过度溶胀，不仅PVC糊的黏度将显著提高，强度稳定性变差，而且还影响随后排除PVC糊中气泡工序和成型加工。因此控制机械搅拌强度、物料温度、搅拌时间等配制工艺参数以及优化配方对PVC糊质量很重要。在制备PVC糊的过程中，很难避免完全不搅入空气，除少数PVC糊容许一些空气存在外，大多数情况都是在使用糊之前，需对PVC糊进行脱气处理。糊内的大多数气体可以在混合后放置24h内自动逸出，余下的少部分气体经过脱气处理去除。脱气处理常采用抽真空的方法，使PVC糊中的空气自动逸出。

在搪塑成型中，PVC糊注入模具中通过加热由不均匀的分散体系变成连续均匀的增塑弹性体的过程，称为增塑糊的凝胶化-熔融塑化过程，具体过程如图4-13所示。

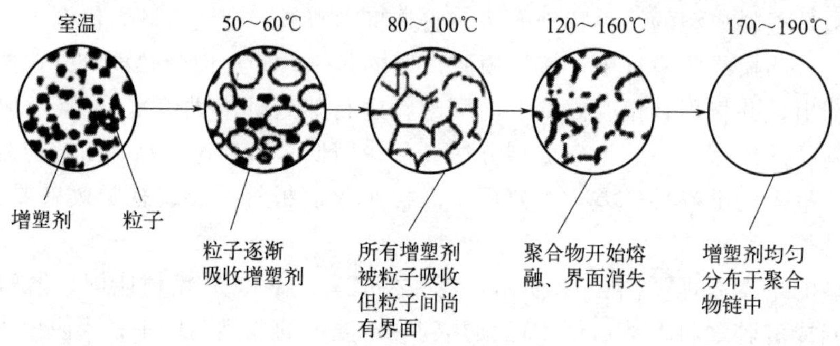

图4-13　增塑剂的凝胶化-熔融塑化过程

① 胶凝开始时，PVC颗粒均匀分散在液相中，PVC糊黏度由于增塑剂的浓度降低（由于环境温度的上升）而下降。

② 黏度降到最低点后便开始急剧上升，增塑剂失去其流动性，呈现凝胶状，这种现象被称为凝胶化，引起此现象的温度称为凝胶化温度。产生该现象的原因是对流动性起积极作用的“游离”增塑剂被PVC粒子吸收。

③ PVC糊黏度变得非常高，呈脆性干酪状，随温度升高，强度逐渐增大，表面也变得有光泽。

④ 继续升温，增塑糊的强度、光泽、透明性变得更好，并达到一个恒定的水平，此状态可看作“熔融”阶段，达到此状态的温度称之为塑化温度。在此温度下，增塑糊逐渐成为连续均一的透明体或半透明体，制品有较高强度。

搪塑成型制品的性能与搪塑成型控制和PVC糊配方有很大关系。搪塑成型控制取决于PVC糊的流变性，而PVC糊的流变性除与增塑剂的化学结构、溶剂化能力、用量及其他助剂的作用有关外，主要受PVC树脂分子量和颗粒特征的影响。分子量高的PVC树脂在糊中能适当地阻止溶剂化进程，使PVC糊的黏度比较稳定，但胶凝和熔化过程需要更高的温度和更长的时间。用高分子量PVC树脂所制得的制品物理、力学性能更加优良。PVC树脂初级粒子粒径大，单位质量的树脂具有较小的表面积，增塑剂覆盖的量较少，相应增大了提供流动的增塑剂的量，使得糊的黏度减小。PVC树脂初级粒子粒径分布宽，小颗粒填充于大颗粒之间，置换出更多提供流动的增塑剂。因此，初级粒子粒径大且粒径分布宽的PVC树脂所制糊的黏度较小；反之，糊的黏度较大，流动性差。

下面以 PVC 糊为例介绍塑料的搪塑成型加工实验。

4.7.3 实验设备及材料

① 设备：烘箱；搪塑模具（制备可测定力学性能的试样）；研钵；真空脱气装置；烧杯若干；玻璃棒。

② 材料：乳液法 PVC 树脂；DOP、DBP、DOA 等增塑剂；$CaCO_3$ 等填料；石蜡、硬脂酸等润滑剂；有机锡、Ca-Zn 稳定剂；黄、红、蓝等各种颜料。

4.7.4 实验步骤

① 聚氯乙烯糊塑料的制备。按表 4-1 配方进行称量。先将碳酸钙、颜料和少量的树脂粉放入研钵内进行研磨，待分散均匀后，再分批加入树脂粉、增塑剂、稳定剂及润滑剂，在不超过 32℃的条件下研磨成均匀的糊状料。

搪塑工艺的 PVC 增塑糊一般要求较低的黏度，通常低于 10Pa·s，使糊料能均匀涂覆在模具内表面，清晰表现模具的花纹和图案。如果黏度太低，会导致涂覆厚度不够，制品强度受影响。

表 4-1 PVC 增塑糊配方

原料	配比/g	原料	配比/g
PVC 糊树脂	100	硬脂酸润滑剂	2-10
DOP 增塑剂	70	碳酸钙填料	20
液体 Ca-Zn 热稳定剂	5	颜料	0.08

② 脱泡。启动真空装置，把 PVC 糊倒进脱泡装置的布氏漏斗中，使 PVC 糊逐滴下落，利用真空作用脱出糊中所裹气体，待脱泡完毕，停止真空泵，从料斗下的容器内得到脱了泡的 PVC 糊。

③ 预热模具。将烘箱升温至 180～200℃，一般控制在 180～190℃；然后把模具放入烘箱中加热，使模具温度升至 130℃左右，时间约 6～7min。

④ 搪塑成型。取出预热搪塑模具，让模具中凸出尖角部位倾斜，将 PVC 糊沿模具的侧壁匀速地注入模具型腔内，然后合上盖子，按照两个互相垂直的轴交替旋转；待 PVC 糊完全灌满模具型腔后，停留约 15～30s，以利于 PVC 糊均匀浸润模腔壁面，再将多余的 PVC 糊倒回容器内，这时与模壁接触的一层 PVC 糊已发生部分胶凝；随即搪塑模具送入恒温烘箱加热 10～15min，使贴于壁面的 PVC 糊加热塑化。

⑤ 冷却脱模。从烘箱内取出模具放入冷水中 5～10min，使其充分冷却后揭盖取出制品，即为 PVC 塑料搪塑制品。

⑥ 取出制品后，进行物理特性测定。观察制品外观，剪开制品，测量其厚度。

4.7.5 实验记录与结果分析

① 记录搪塑模具尺寸，记录聚氯乙烯糊塑料的配方。

② 记录搪塑成型加工过程中的加热温度、加热时间等工艺参数。

③ 分析实验过程中的各种现象及记录不正常情况处理结果。

4.7.6 注意事项

① 取出产品后，模具需干燥，再放入烘箱升温 6～7min，才能进行第三次实验。

② 灌浆前须将浆料搅拌，避免某些组分沉淀。

③ 搪塑时动作必须迅速，避免厚薄不均匀；冷却需彻底才能开模取制品。

4.7.7 思考题

① PVC 糊配方中增塑刑的种类及用量对制品性能有怎样的影响？

② 简述硬脂酸盐在 PVC 塑料中起润滑作用的机理？

③ 在由塑性溶胶变为制品的过程中，PVC 糊塑料发生了哪些物理变化？

④ 搪塑成型中容易出现哪些不正常现象？如何解决？

⑤ 搪塑成型对 PVC 糊的原料有哪些要求？实验用两种 PVC 树脂所制得的糊性能和搪塑制品的性能有何区别？

4.8 热塑性塑料片材的热成型加工实验

4.8.1 实验目的

① 了解热塑性塑料片材热成型的基本原理及应用。

② 了解塑料片材性能与热成型工艺参数的关系。

③ 掌握热成型设备的操作及控制热成型制品性能和外观质量的方法。

4.8.2 实验原理

热成型也是塑料成型的一种特殊方法，它是利用热塑性聚合物片材作为原料来制造壁薄、表面积大、半壳型塑料制品的一种方法。热成型法适用于深度较小的半壳型制品，如盘、碟、碗、罩等，具有适用性广、可加工出很薄的薄壁包装容器、所用设备较简单、操作较方便、生产成本较低等优点。热成型缺点是该方法属于塑料的二次成型，须先成型塑料片材作为其原料，所以难以实现自动化生产。

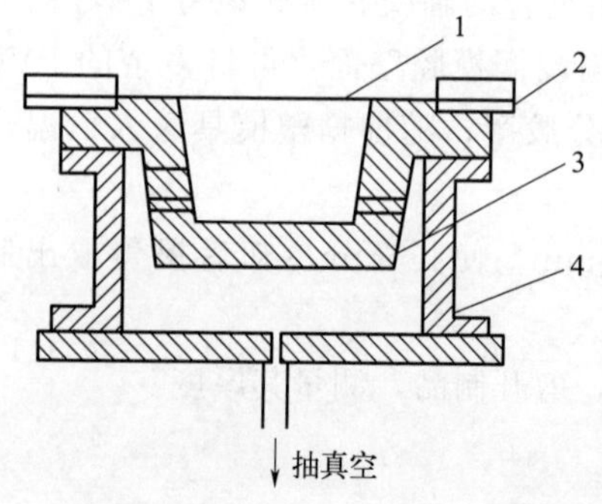

图 4-14 真空差压成型法的基本原理

1—片材；2—夹持框架；3—模内框；4—模外框

热成型方法包括真空差压成型、气压热成型、对模热成型、柱塞助压成型、固相成型及双片材热成型等。其中，真空差压成型法最具有代表性，其基本原理如图 4-14 所示。将热塑性塑料片材加热至一定的温度（$T_g \sim T_f$），固定在成型模具上；通过对模具抽真空使片材的上下两面形成压差，使已软化的塑料片材产生热弹性变形而紧贴于模具型腔内表面；随后在压力作用下冷却，将变形冻结下来，取得与模具型面相仿的形状，脱模后切除余边即得制品。

在热成型过程中，不同的高分子材料受热时其力学性能及它们的变化各不相同。通常在成型过程中总是希望高分子材料片材在成型温度下具有最大的断裂伸长率和较低的拉伸强度，但是这种理想条件往往不易实现。例如，尽管高抗冲聚苯乙烯（HIPS）塑料和 ABS 塑料的伸长率比 PVC 塑料高，但 PVC 在较宽的温度范围内伸长率变化较小，当成型压力一定时，即使成型温度有些波动也能顺利成型，而 HIPS 和 ABS 在小幅度的温度波动时，伸长率就急剧下降，致使成型过程难以控制；然而 PVC 的拉伸强度对温度的敏感性较大，对于制作深尺寸的薄壁制品会受到一定的限制。

除材料特性外，影响热成型制品质量的主要因素还有成型温度、加热技术、成型压力、成型速度及冷却效果等。不同的塑料片材类型、厚度、制品形样，应采用不同的最佳热成型工艺。

① 成型温度。材料最佳性能对应的温度不一定是最佳加工温度。例如 PVC 片材，具有最大伸长率的温度是 90℃左右，但这时的拉伸强度还很高，在真空吸塑压力较小的情况下无法使其充分伸展。为了减小张力，强化伸长效果，成型温度的选择以稍高于最大伸长率时的温度为宜。在较高的温度下成型，不仅可以减少制品的内应力和可逆形变，同时还可补偿成型过程中片材周转时的散热，使制品的花纹、图案清晰，形状和尺寸稳定。但过高的成型温度也会带来片材变色、制品粗糙度不佳、折皱或出现模具伤痕等质量问题。

② 加热方法和时间。加热方法和时间的选择要根据塑料的种类、片材厚度及成型制品的深度而定，总的要求是既要尽可能快地使片材加热至成型温度，又要设法减少片材内外温差。在各种加热方式中，远红外线辐射加热有其独特之处。它不仅具有光的聚焦反射性质，而且有一定的穿透能力，能使材料内部和外表得到同时加热，从而避免由于热胀程度不同而产生的形变和质变。但此种加热技术的实际温度很难准确测定，对不同厚度的片材，加热温度的调整在技术上还存在一些困难，通常是靠控制加热时间来实现，而加热时间的确定目前也主要靠经验积累。

③ 成型速度和成型压力。成型速度和成型压力的选择也是十分重要的。一般来说，拉伸片材变形的快慢取决于片材的厚度和加热温度，较厚的片材，在适当提高加热温度的同时宜用较快的拉伸速度，当然也要防止过快的拉伸而造成制品凹凸部位过薄的现象；当成型温度不太高时，用较慢的拉伸速度成型有利于材料伸长率的提高，对成型制品较深者尤其重要。至于成型压力，对真空吸塑来说会受最大真空度的限制，若使 PVC 片材在伸长率达最大时的温度下成型就要提高成型压力，这对单纯的真空吸塑显然不能满足要求，只能提高温度来降低拉伸强度；但对深度较大的制品，为了避免厚薄偏差太大仍应采用较低的温度成型，此时的真空压力也明显不足，要借助压缩空气或机械力来满足要求。

下面以几种热塑性塑料片材为例介绍塑料的热成型加工实验。

4.8.3　实验设备及材料

① 设备：真空成型机（由电气系统、远红外辐射加热烘道、真空系统等几部分组成）；夹持片材框架（大小可在一定范围调节）；饭盒式单阴模（木制或金属制，靠空气对吸塑制品进行自然冷却）；测厚仪（精度 0.01mm）；直尺、剪刀、手套等实验用具。

② 材料：硬质 PVC、改性 PS、ABS 等热塑性片材（要求片材厚度误差在±5%以内，表面光洁平整，无缺陷）。

4.8.4 实验步骤

① 将硬质 PVC、改性 PS 或 ABS 等热塑性片材展开，标示纵横方向，测量片材的厚度（准确至 0.01mm），在光亮处检查片材有无孔眼等缺陷。再按夹持框架尺寸（模具投影面积+余量）把片材裁剪成一定形状的料坯。

② 开启加热，根据加热方式、加热功率确定加热时间。开启真空泵，检查吸塑系统真空度能否达到工艺要求。

③ 将透明的料坯固定在夹持框架上，展平压紧。夹持时在与料坯相接触的框架表面可衬以橡胶或泡沫塑料垫片，以防塑料片滑移而影响吸气系统的密闭性。

④ 将装好料坯的框架送至烘道内，调整塑料与发射板之间的距离，尽可能使其各部位能够均匀受热，避免局部过热或加热不足。当框架上的料坯预热一定时间后，开始出现凹凸起伏膨胀状态，紧接着料坯又逐渐展平张紧，随后变软下垂，立即将夹持框架和预热好的料坯移至吸塑模具上，使热弹态的料坯与模具型腔接触形成一个密闭系统，再迅速开启真空管道阀件对模具进行抽真空，迫使塑料延伸贴紧模具型腔而获得与型腔相仿的形状。

⑤ 当真空表指针沿相反方向降至一定程度并开始回升时，关闭管道阀件，停止对模具抽真空，让其自然冷却（或对模具通水冷却）几秒钟，使制品温度降至 T_g 以下后再解除真空。打开夹持框架取出成型制品，经修边后即得所需制品。

⑥ 调整下列因素，重复上述步骤，观测制品的外观质量及性能变化。

a. 采用不透明片材作料坯。

b. 由低至高改变对片材的加热温度。

c. 改变成型模具的深度。

d. 逐渐降低系统真空度。

4.8.5 实验记录与结果分析

① 记录真空成型机的型号、生产厂家和主要性能参数；记录实验用几种片材的厚度及吸塑工艺条件。

② 进行壁厚偏差测试，将吸塑制品沿中心轴剖开，测量各点的壁厚，画出壁厚分布坐标图。

③ 进行耐热性检测，将吸塑制品放入烘箱内，以 1℃/min 的速度升温到 40℃，停留受热 60s，测量变形情况；再逐级间隔 5℃升温，停留受热 60s，观测各级温度变形情况。

④ 分析热成型制品性能和外观随配方和工艺条件的变化，对实验提出改进意见。

4.8.6 注意事项

① 热塑性塑料片材的厚度务必测量。

② 在真空成型机中加热时务必注意防止烫伤。

4.8.7 思考题

① 与注射成型相比，热成型工艺及其制品有何特点？

② 影响热成型制品质量的主要工艺因素有哪些？成型温度的选择依据是什么？

③ 原材料性质是如何影响热成型制品性能的？

4.9　橡胶的塑炼实验

4.9.1　实验目的

① 了解橡胶的组成及橡胶制品的生产过程。

② 掌握橡胶塑炼的基本原理及塑炼加工过程。

③ 了解橡胶塑炼设备开炼机的基本结构及其操作方法。

4.9.2　实验原理

橡胶是现代国民经济与科技领域中不可缺少的高分子材料，用途十分广泛，不仅能满足人们的日常生活、医疗卫生等各方面的需要，还能满足工农业生产、交通运输、电子通信和航空航天等各个领域的技术要求。

橡胶的主要成分是生胶。生胶具有很高的弹性，但分子链间相互作用力较弱，强度低，稳定性差。因此，生胶需添加各种配合剂（如硫化剂、活化剂、增塑剂、填充剂、防老化剂、着色剂等）并经过相应的加工和处理后才能生产出橡胶制品。经改性处理后的橡胶具有较高的强度、耐磨性、绝缘性和化学稳定性等。橡胶按照生胶的来源可分为天然橡胶和合成橡胶，按照使用范围又可分成通用橡胶和特种橡胶。无论何种橡胶制品，其生产加工过程一般包括配料、塑炼、混炼、成型和硫化五个主要工序。

塑炼是橡胶加工的一个工序，采用机械或化学的方法，降低生胶分子量和黏度以提高其可塑性，并获得适当的流动性，以满足混炼和成型进一步加工的需要。橡胶塑炼的基本原理是：由于生胶弹性高，无法与各种配合剂混合均匀，成型也很困难；通过塑炼，在机械或化学作用下，生胶大分子长链断裂变成较短的分子链，分子量降低且分子量分布趋向均匀化，生胶的黏度降低，去除或减小了生胶的高弹性，使之由原来的强韧的高弹性状态转变为柔软而富有可塑性的状态，并获得适当的流动性，从而满足后续橡胶混炼和成型加工的需要。天然橡胶的生胶必须进行塑炼；合成橡胶是否要塑炼则应视品种而定，有些合成橡胶的生胶本身具有一定程度的可塑性，可以不必塑炼。

塑炼方法可分为机械塑炼法和化学塑炼法。机械塑炼法主要利用开放式炼胶机（开炼机）、密闭式炼胶机（密炼机）的机械破坏作用；而化学塑炼法是借助化学增塑剂的作用引发并促进大分子链断裂。这两种方法在生产实践中往往结合在一起使用。

开炼机是一种传统的塑炼设备，其结构如图 4-15 所示。塑炼时，胶料堆放在辊筒上方，由于胶料与辊筒表面之间的摩擦和黏附作用，以及胶料之间的黏结作用，当辊筒旋转时，胶料便会随着辊筒的转动而被卷入两辊间隙中。这时，由于两个辊筒表面的线速度不同，在辊隙内的物料就会受到强烈的挤压与剪切作用而发生分子链断裂，降低了大分子的长度，从而达到增塑的目的（图 4-16）。

影响橡胶塑炼效果的因素有多种，既和氧、电、热、机械力以及增塑剂等因素有关，同时还受装胶容量、辊筒间距、辊筒转速与速比、辊筒温度、塑炼时间等因素影响。例如，开炼机的两个辊筒的速比愈大，则剪切作用愈强，塑炼效果愈好。但是，随着速比的增大，生胶升温加速，电力消耗将增大，所以前后辊转速比一般为 1∶(1.25～1.27)。此外，缩小辊间距也可增大机械剪切作用，提高塑炼效果。

下面以开炼机塑炼生胶为例介绍橡胶的塑炼实验。

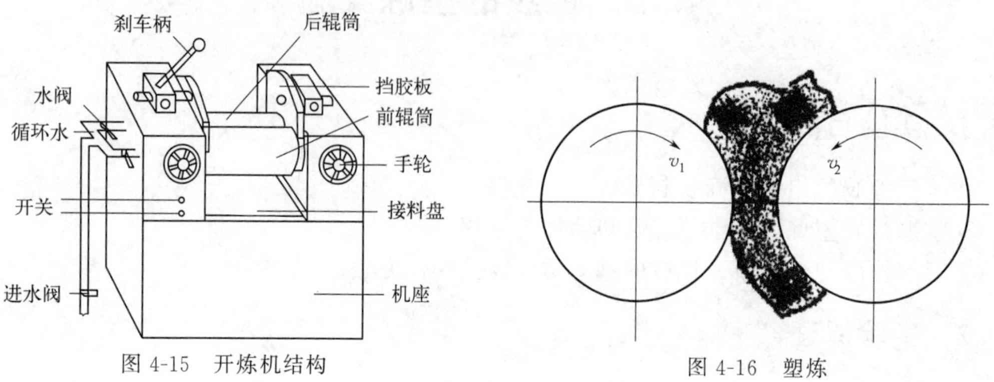

图 4-15　开炼机结构

图 4-16　塑炼

4.9.3　实验设备及材料

① 设备：双辊筒开炼机；电热鼓风干燥箱；裁胶刀；割刀。

② 材料：天然橡胶生胶。

4.9.4　实验步骤

① 检查辊筒上是否粘有杂物，如有杂物黏附或油污等污渍，实验前应及时清除干净，以免开机后轧坏辊筒或影响塑炼胶质量。

② 将辊距调大，按照设备操作规程打开双辊开炼机电源，先开机空转并试验紧急刹车，检查开炼机各个部件是否处于正常运转状态，确保无异常现象发生。

③ 烘胶：将块状天然橡胶生胶放入 50℃的烘箱中进行烘胶。烘胶时间长短取决于胶的硬度，以烘烤软化后便于切割为准。

④ 切胶：从烘箱中取出适当软化的生胶，并用裁胶刀切取设计重量的胶块。

⑤ 破胶：将辊距调至 2～3mm，然后将切割好的生胶块依次连续投入至两个辊筒之间（其间操作不宜中断，以防胶块弹出伤人）。破胶的次数一般为 2～3 次。

⑥ 薄通：将辊距调至 0.5～1mm，辊温控制在 45℃左右，再将破胶后的生胶在靠近大牙轮的一端投入辊筒的间隙中，使之不包辊直接落到接料盘中。当辊筒上无堆积胶料时，将盘内胶片扭转 90°角后重新投入辊筒间隙内继续薄通，直至获得所需的可塑性。

⑦ 捣胶：将辊距调至 1mm，使胶料包辊后，手握割刀从左向右割到近右边缘（约 4/5，不要割断），再向下割，使胶落在接料盘上（直到辊筒上的堆积胶快消失时才停止割胶）；而割落的胶随着辊筒上的余胶带入辊筒右方，再从右向左同样割胶。如此反复操作多次，直到达到所需的塑炼程度。

⑧ 辊筒冷却：在塑炼过程中，辊筒因胶料的挤压、摩擦而具有较高的温度，应经常用手轻轻触碰辊筒感觉辊温。若感到辊温较高，应适当通冷却水使辊温下降，确保辊温不超过 50℃。

⑨ 实验完毕后关闭电源，清理辊筒及接料盘。

4.9.5　实验记录与结果分析

① 记录实验设备型号及实验工艺参数（如实验温度和湿度、生胶质量、破胶次数、薄

通次数等)。

② 分组进行实验，记录不同辊筒转速与速比，根据塑炼胶料的可塑度分析辊筒转速与速比对橡胶塑炼质量的影响。

③ 分组进行实验，记录不同辊筒间距，根据塑炼胶料的可塑度分析辊筒间距对橡胶塑炼质量的影响。

4.9.6　注意事项

① 操作双辊开炼机时必须在老师的指导下按照设备操作规程进行，操作过程中必须集中精力，不得聊天以免分散注意力，更不能相互打闹。

② 要调整好开炼机的辊距，保持辊距的平衡（若两端辊距调节得大小不一，极易造成辊筒偏载，从而损坏设备)，同时要严禁两个辊筒直接接触。

③ 捣胶时要先用割刀将包辊胶片划破，然后再上手拿胶，严禁戴手套操作，手也一定不能接近辊缝；如果胶片未被割开，不准硬拉硬扯；严禁一手在辊筒上投料，一手在辊筒下接料；如遇胶料跳动不易轧时，不得用手压胶料；推料时必须半握拳，不准超过辊筒顶端水平线；摸测辊温时，手背必须与辊筒转动方向相反。

④ 割刀必须放在安全地方，严防割刀卷入胶料而被带入辊轮；割刀必须在辊筒中心线以下操作，不准对着自己身体方向。

⑤ 辊筒运转过程中如发现胶料或辊筒中有杂物，或挡板、轴瓦处等有积胶时，必须停车处理；如遇到运输带积胶或发生故障也必须停车处理；如遇到突然停车，应按顺序切断电源，关闭水、气阀门。严禁带负荷开车。

⑥ 炼胶时必须有 2 人以上在场，如遇到危险时应立即触动安全刹车。

⑦ 留长发的女生应事先戴好帽子，并将长发盘入帽中，以免头发被卷入炼胶机中。

4.9.7　思考题

① 影响橡胶塑炼效果的主要因素有哪些？

② 在橡胶塑炼过程中，为什么要控制辊筒的温度在 50℃以下？

③ 操作开炼机时应注意哪些安全事项？

4.10　橡胶的混炼实验

4.10.1　实验目的

① 了解橡胶混炼的目的。

② 掌握橡胶混炼的基本原理及工艺过程。

③ 了解橡胶混炼设备密炼机的基本结构及其操作方法。

4.10.2　实验原理

橡胶混炼是指通过机械的作用，将各种配合剂加入经过塑炼的生胶中（关于橡胶的塑炼已在 4.9 实验中介绍)，并将其混合均匀的过程。可见，橡胶混炼的目的是使各种配合剂能完全均匀地分散在塑炼胶中，使胶料组成和各种性能均匀一致，从而提高所得橡胶制品的使用性能，改进橡胶的工艺性能，降低生产成本。因此，混炼胶的质量控制对确保橡胶制品的工艺及使用性能意义重大。

橡胶生产中常用的配合剂有硫化剂、硫化促进剂、活化剂、增塑剂、填充剂、防老化剂、着色剂等。其中，硫化剂（如硫磺）又称交联剂、固化剂，其作用是使生胶的大分子由线型结构转变为体型结构，即使橡胶分子链发生交联反应，从而提高其强度、弹性和化学稳定性；硫化促进剂的作用是增加硫化剂活性、缩短橡胶硫化时间；活化剂的作用是配合硫化促进剂发挥作用，更有利于硫化的进行；增塑剂的作用是提高橡胶的塑性，改善加工性能；填充剂（如炭黑、碳酸钙、硫酸钡等）则用于提高橡胶的强度和耐磨性，降低成本等；防老化剂可避免橡胶大分子在加工过程中发生氧化降解作用；着色剂可赋予橡胶制品不同的颜色。混炼胶组分复杂，配合剂种类及用量对橡胶制品的性能都会产生影响。在进行橡胶混炼时，除了选择正确的配合剂外，还应注意各种配合剂的加料顺序，一般先加入量少难分散的小料（如活化剂及防老化剂），确保这些小料在橡胶中有足够长的时间进行分散，再加入量多易分散的配合剂（如增塑剂及填充剂），最后加入硫化剂和硫化促进剂。混炼后得到的混炼胶是制造各种橡胶制品的原料。

橡胶混炼加工设备有开炼机和密炼机，其中密炼机具有生产效率高、混炼质量好、环境污染小等优点。密炼机的结构如图 4-17 所示，是一种设有一对特定形状并相对回转的转子、在可调温度和压力的密闭状态下间歇性地对聚合物材料进行塑炼和混炼的机械，主要由密炼室、两个相对回转的转子、上顶栓、下顶栓、测温系统、加热和冷却系统、排气系统、安全装置、排料装置和记录装置组成。

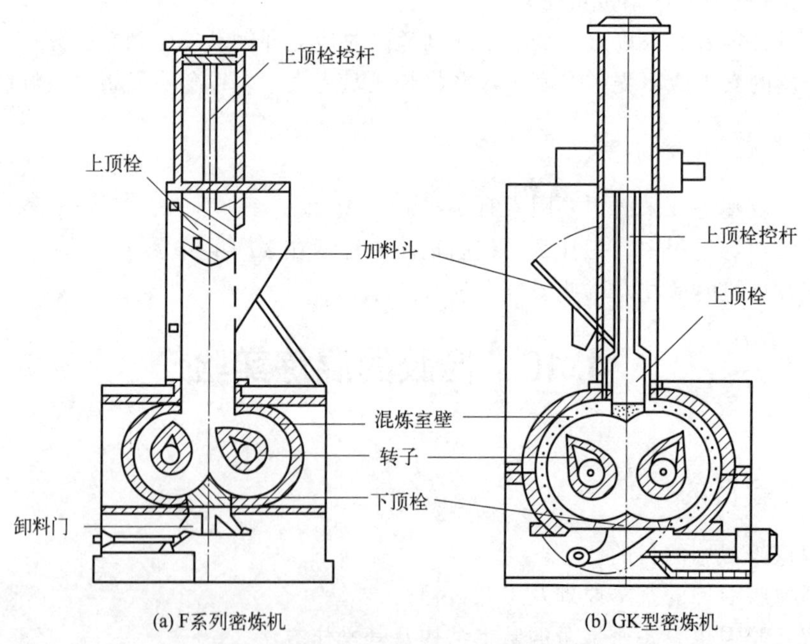

图 4-17　密炼机结构

密炼机混炼的工作原理是：密炼机工作时，两转子相对回转，将来自加料口的物料夹住带入辊缝受到转子的挤压和剪切，穿过辊缝后碰到下顶栓尖棱被分成两部分，分别沿前后室壁与转子之间缝隙再回到辊缝上方。在绕转子流动的一周中，物料处处受到剪切和摩擦作用，使胶料的温度急剧上升，黏度降低，增加了配合剂在橡胶表面的湿润性，使橡胶与配合剂表面充分接触。配合剂团块随胶料一起通过转子与转子间隙、转子与上下顶栓、密炼室内壁的间隙，受到剪切而破碎，被拉伸变形的橡胶包围，稳定在破碎状态。同时，转子上的凸棱使胶料沿转子轴向运动，起到搅拌混合作用，使配合剂在胶料中混合均匀。配合剂如此反复剪切破碎，胶料反复产生变形和恢复变形，转子凸棱的不断搅拌，使配合剂在胶料中分散均匀，并达到一定的分散度。由于密炼机混炼时胶料受到的剪切作用比开炼机大得多，炼胶温度高，因此密炼机炼胶的效率大大高于开炼机。

密炼机混炼时也要注意加料顺序，即先加塑炼胶，然后加入防老化剂、填充剂和增塑剂等，硫化剂和硫化促进剂应最后加入。混炼后的胶料应立即进行强制冷却，以防相互粘连。冷却后一般要放置一段时间，使配合剂进一步扩散均匀。混炼对橡胶质量有很大影响，混炼越均匀，橡胶制品质量越好，使用寿命越长。除了加料顺序，混炼温度、装料容量、转子转速、混炼时间、上顶栓压力和转子的类型等对密炼机混炼的胶料质量也有影响。

下面以密炼机混炼塑炼胶和配合剂为例介绍橡胶的混炼实验。

4.10.3　实验设备及材料

① 设备：密炼机；天平；铲刀；剪刀。

② 材料：塑炼胶；硫磺（硫化剂）；氧化锌（硫化促进剂）；硬脂酸（活化剂）；轻质碳酸钙（补强剂）；炭黑（填充剂）。

4.10.4　实验步骤

① 按塑炼胶∶硫磺∶氧化锌∶硬脂酸∶轻质碳酸钙∶炭黑＝100∶3∶5∶2∶30∶20（单位：g）配方称取规定质量的塑炼胶和配合剂（组分量供参考，学生可自己设计）。

② 打开密炼机电源开关及加热开关，预热密炼机，同时检查风压、水压、电压是否符合工艺要求，检查测温系统、计时装置、功率系统指示和记录是否正常。

③ 密炼机预热好后，稳定一段时间，准备炼胶。

④ 提起上顶栓，将已切成小块的塑炼胶从加料口投入密炼机，落下上顶栓，炼胶 1min。

⑤ 提起上顶栓，依次加入硬脂酸、轻质碳酸钙、炭黑、氧化锌、硫磺，落下上顶栓混炼 5min，混炼过程中捣胶 2～3 次。用热电偶温度计测胶料的温度，记录密炼室初始温度、混炼结束时密炼室温度及排胶温度，以及最大功率、转子的转速。

⑥ 出胶，关闭密炼机电源开关及加热开关，打开密炼室，用铲刀将混炼胶刮下，并用剪刀趁热迅速将混炼胶剪成细小颗粒状，待橡胶成型使用。

4.10.5　实验记录与结果分析

① 记录实验设备型号及实验工艺参数（如混炼时温度、混炼时间、转子转速、上顶栓压力、出胶温度、捣胶次数等）。

② 分组进行实验，记录不同塑炼胶和配合剂配比，根据混炼胶料的形态变化情况分析实验配比对橡胶混炼质量的影响。

4.10.6　注意事项

① 混炼过程中，硫化剂应最后加入。如果硫化剂提早加入，可能导致在混炼过程中就

发生交联反应，而过长的混炼时间会使胶料烧焦，不利于后期的成型和硫化工序。

② 开始混炼实验时，可先混炼一个与试验胶料配方相同的胶料以调整密炼机的工作状态，再正式混炼；对同一批混炼胶料，密炼机的控制条件和混炼时间应保持相同。

③ 在捣胶过程中，注意割刀应由中央处割向两端，用手撕扯胶料时应向下、向外方向进行，不能随着辊筒方向一起运动。

4.10.7 思考题

① 开炼机和密炼机在结构上有何区别？

② 混炼温度、装料容量、转子转速、混炼时间、上顶栓压力和转子的类型等是如何影响橡胶混炼效果的？

③ 混炼胶中常用的配合剂有哪几类？各种配合剂的作用是什么？

④ 橡胶是先塑炼后混炼，还是先混炼后塑炼？为什么？

4.11 橡胶的压延成型实验

4.11.1 实验目的

① 了解橡胶压延成型的基本原理及工艺过程。

② 掌握压延机的基本结构及其操作方法。

③ 了解工艺条件对橡胶压延成型制品质量的影响。

4.11.2 实验原理

压延成型与挤出成型、注射成型、模压成型并列为四大聚合物成型加工方法。压延成型是借助于辊筒间强大的剪切力，并配以相应的加工温度，使接近黏流态温度的物料通过一系列相向旋转着的平行辊筒的间隙，使其受到多次挤压和延展作用，最终成为具有一定宽度和厚度且表面光洁的薄片状制品的加工方法。压延成型是生产高分子薄膜和片材的主要方法，塑料和橡胶均有压延成型工艺，塑料中以聚氯乙烯树脂为主要原料。

压延成型的基本原理如图 4-18 所示。在压延成型过程中，借助于辊筒间产生的剪切力，让物料多次受到挤压、剪切以增大可塑性，在进一步塑化的基础上延展成为薄型制品。辊筒对物料的挤压和剪切作用改变了物料的宏观结构和分子形态，在温度配合下使物料塑化和延展。压延的结果是使料层变薄，而延展后使料层的宽度和长度均增加。压延过程中，在滚筒对物料挤压和剪切的同时，辊筒也受到来自物料的反作用力，这种力图使两辊分开的力称分离力。通常可将辊筒设计和加工成略带腰鼓形，或调整两辊筒的轴，使其交叉一定角度（轴交叉）或加预应力，从而在一定程度上克服或减轻分离力的有害作用，提高压延制品厚度的均匀性。对于热塑性塑料，在压延过程中，由于受到很大的剪切应力作用，大分子会沿着薄膜前进方向发生定向作用，使生成的薄膜在物理力学性能上显现出各向异性，这种现象称为压延效应。压延效应的大小，受压延温度、转速、供料厚度和物理性能等的影响，升温或增加压延时间，均可减轻压延效应。

压延成型设备主要由压延机和辅机组成，压延机的主要组成部分是一组平行的辊筒，辅机部分包括引离、轧花、卷取、切割等装置。压延机通常按辊筒的数目及排列的方式分类。

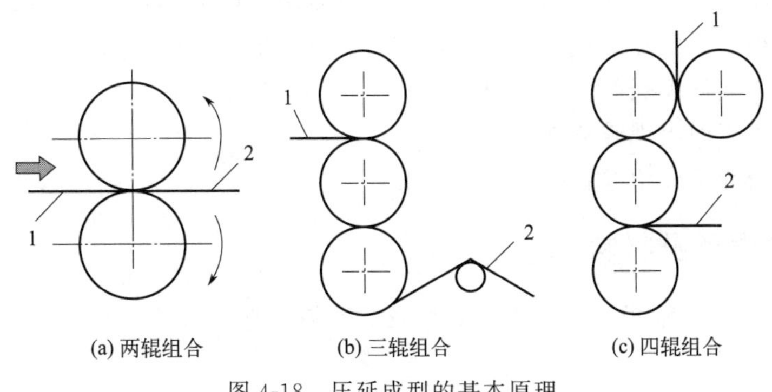

图 4-18　压延成型的基本原理

1—原料；2—薄料

根据辊筒数目的不同，压延机有双辊、三辊、四辊、五辊甚至六辊压延机，生产中应用较多的是三辊和四辊压延机。压延机的结构如图 4-19 所示，主要由机座、机架、轴承、辊筒、辊距调节装置、辊筒变形调节装置等组成。

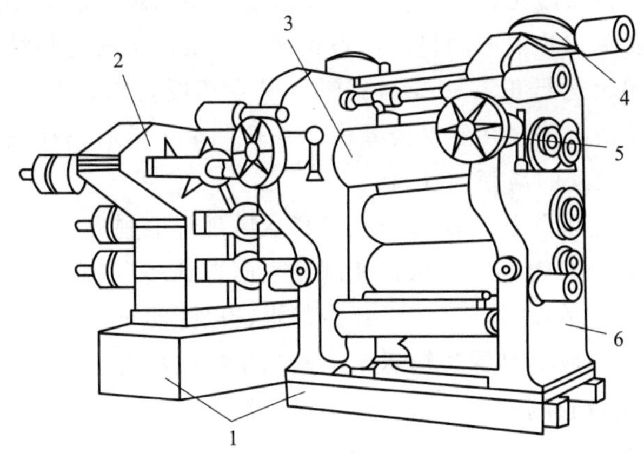

图 4-19　压延机的结构

1—机座；2—传动装置；3—辊筒；4—辊距调节装置；5—轴交叉调节装置；6—机架

压延成型工艺条件包括辊温、辊速、速比、辊隙间存料量、辊距等，是影响压延制品质量的关键因素，这些条件既互相联系又互相制约。

① 辊温。辊筒具有足够的热量是使物料熔融塑化、延展的必要条件。物料压延成型过程中所需的热量来自内热和外热。内热即在压延过程中辊筒转动时，由于剪切作用而产生的大量摩擦热。外热指通过介质或电对辊筒表面进行加热，使辊筒具有一定的温度。物料所需要的热量是一定的，内热、外热要均衡，因此辊速和辊温的控制要互相关联。

② 辊速和速比。辊速是决定压延生产速度的关键因素。辊速快，则生产效率高，同时制品收缩率也大。辊速应视压延物料的流动特性和制品的厚度等因素决定。压延机相邻两辊筒线速度之比称为辊筒的速比。调整压延机辊筒的速度，使各个辊筒具有一定的速比，主要原因：一是使压延物依次贴辊；二是提高物料的塑化程度。压延机的辊筒速比控制应适中。速比过大会出现包辊现象，薄膜厚度会不均匀，有时还会产生过大的内应力；速比过小，薄膜会不吸辊，导致有气泡夹入，影响制品质量。

③ 辊距和辊隙间存料。辊距是相邻两辊表面间的最小距离。压延时各辊筒间距的调节

既是为了适应不同厚度制品的要求，也是为了改变各道辊隙间的存料量。辊隙间存料量对产品质量的影响也很大。辊隙间存料量过多，物料在压延前停留时间过长，温度降低，再进入辊间压延时就会造成薄膜表面粗糙，内部有气泡；存料量过少，压延物料供不应求时，会因挤压力不足使薄膜表面出现皱皮现象。

下面以混炼胶为例介绍橡胶的压延成型实验。

4.11.3 实验设备及材料

① 设备：压延机；辅机（包括引离、轧花、卷取、切割等装置）。

② 材料：混炼胶。

4.11.4 实验步骤

① 准备。清除设备上一切杂物，各润滑部位加润滑油；查看主电机电流是否正常，检查各传动部位运转声音是否正常，各传动件和辊筒运转是否平稳。

② 压延。启动压延机，辊筒用电磁感应加热升温，辊筒升温速度以每小时30℃左右为宜，不宜太快，调整各辊筒速比，调整辊距到接近生产用间隙；然后辊筒混炼胶上料，料先少加，量要均匀，先在Ⅰ和Ⅱ辊中加料，供料正常后，根据熔料包辊情况，适当微调各辊的温差及速比直至熔料包辊运行正常。按制品厚度尺寸精度要求，微调辊距。调整各辅助装置，使制品的厚度尺寸精度控制在要求公差内。一切调整正常后，在预置的温度及速度内将混炼胶物料压挤成预定尺寸的薄膜或片材。

③ 引离。通过引离辊的作用，使薄膜或片材从压延辊上脱离。

④ 轧花。轧花辊和橡胶辊共同作用，使制品表面得到一定的花纹。

⑤ 冷却。薄膜或片材成型后经过若干组冷却辊，以降温定型。

⑥ 输送。定型后的橡胶制品通过输送带，制品呈松弛状态运送到下道工序。

⑦ 卷取、切割。使橡胶制品成卷状以便储存、运输。

4.11.5 实验记录与结果分析

① 记录实验设备型号及实验工艺参数（如辊温、辊速、速比、存料量、辊距等）。

② 观察压延成型橡胶制品的外观并测量其尺寸。

4.11.6 注意事项

① 辊筒在轴交叉位置时，如需调距，应两端同步进行，以免辊筒偏斜受损。

② 经常观察轴承油量、各仪器仪表的显示是否正常，设备有无异常声响、振动和气味。

③ 经常排放气动系统空气过滤器中的积水和杂物。

④ 卷取过程要严格控制卷取速度，使其始终与压延速度相适应。为了保证压延顺利进行，一般控制的辊速为：卷取速度≥冷却速度＞引离速度＞第三辊筒速度。

4.11.7 思考题

① 橡胶除了压延成型，还有哪些成型方法？

② 辊温和辊速是如何影响橡胶压延成型效果的？

③ 橡胶压延成型过程中存在压延效应吗？为什么？

4.12　橡胶的平板硫化实验

4.12.1　实验目的

① 了解橡胶硫化的基本原理及其对橡胶性能的影响。

② 掌握平板硫化机的基本结构及其操作方法。

③ 掌握硫化的工艺过程及其工艺条件对橡胶制品质量的影响。

4.12.2　实验原理

橡胶混炼时虽然已在胶料中加入了硫化剂，但由于交联反应需要在较高温度和一定的压力下才能进行，所以混炼时尚未产生硫化。硫化可以在橡胶制品成型的同时进行（如注射成型和模压成型通常就是在胶料充模后通过继续升温和保压完成硫化的），也可以在制品成型之后进行硫化（如挤出成型后的橡胶就是经过冷却定型，再送到硫化罐内完成硫化的）。

所谓橡胶的硫化，是指在一定的温度和压力下橡胶的线型大分子链经过一段时间交联剂的作用而发生化学交联，最终形成三维网状结构的化学变化过程。以硫磺硫化剂为例，其硫化反应的机理如下：在适当的温度下，硫磺在活性剂和硫化促进剂的作用下形成活性硫；同时天然橡胶（如聚异戊二烯）主链上的双键打开，形成大分子自由基；活性硫原子作为交联键桥使橡胶大分子间交联而形成立体网状结构；成型过程中施加压力并保持一定时间有利于活性点的接触，促进交联反应的进行。可见，橡胶硫化实质是经过塑炼、混炼，橡胶的高分子链已变成较短分子链，再通过硫化，使较短分子链重新变成稳定的长链网状结构（图 4-20）。硫化是橡胶制品生产中最后一道主要工序，它使橡胶的强度、硬度和弹性升高而塑性降低，并使其他性能（如耐磨性、耐热性和化学稳定性等）同时得到改善。

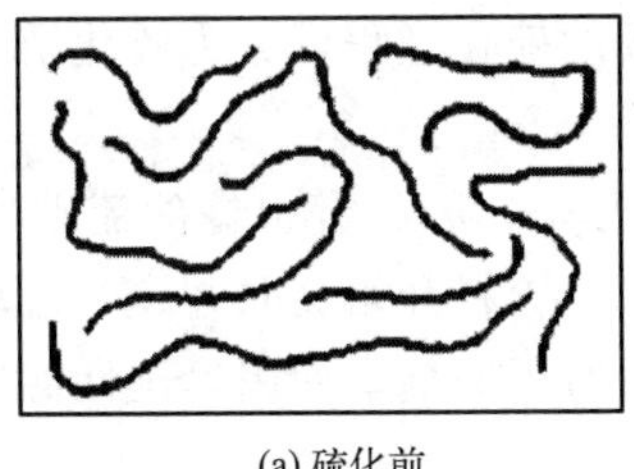

(a) 硫化前

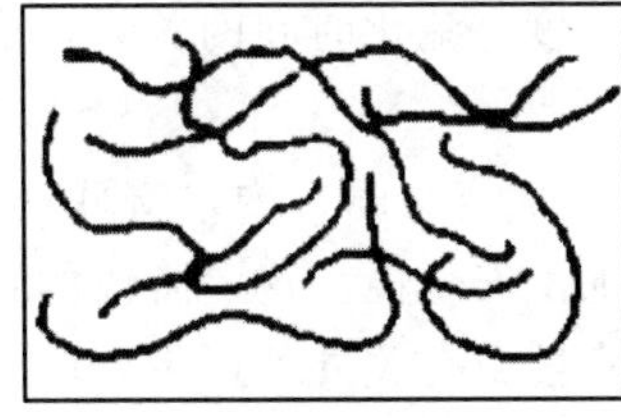

(b) 硫化后

图 4-20　橡胶分子链硫化前后的网络结构变化

硫化方法按硫化条件可分为冷硫化、室温硫化和热硫化三类；按硫化设备可分为注压硫化、硫化罐硫化、共熔盐硫化、微波硫化和平板硫化等。其中，平板硫化是常用的热硫化方法，其所用的设备叫平板硫化机（图 4-21）。平板硫化机主要由主机、液压系统和电气控制系统三大部分组成。在平板硫化机工作时，热板使胶料升温并使橡胶分子发生交联，其结构由线型结构变成网状的体型结构，这时可获得具有一定物理力学性能的制品；但胶料受热后开始变软，同时胶料内的水分及易挥发的物质会气化，这时依靠液压缸给以足够的压力使胶料充满模型，并限制气泡的生成，使制品组织结构致密。如果是胶布层制品，可使胶与布黏着牢固。另外，给以足够的压力可防止模具离缝面出现溢边、花纹缺胶、气孔海绵等现象。

橡胶平板硫化机主要用于硫化平型胶带，具有热板单位面积压力大、设备操作可靠和维修量少等优点。

图 4-21　平板硫化机

大多数橡胶制品的硫化都是在加热（一般为130～180℃）和加压（一般为0.1～15MPa）的条件下经过一定时间后完成的。因此，影响硫化过程的主要工艺条件是硫化剂用量、硫化温度、硫化压力及硫化时间。

① 硫化剂用量。其用量越大，硫化速度越快，可以达到的硫化程度也越高。但硫磺在橡胶中的溶解度是有限的，过量的硫磺会由胶料表面析出，俗称“喷硫”。为了减少喷硫现象，要求在尽可能低的温度下，或者至少在硫磺的熔点以下加硫。根据橡胶制品的使用要求，硫磺在软质橡胶中的用量一般不超过3%，在半硬质胶中用量一般为20%左右，在硬质胶中的用量可高达40%以上。

② 硫化温度。提高硫化温度，可以促进硫化反应。由于橡胶是不良导热体，制品的硫化进程由于其各部位温度的差异而不同。为了保证比较均匀的硫化程度，厚橡胶制品一般采用逐步升温、低温长时间硫化的办法。硫化温度过高，会引起橡胶分子的热降解，使其性能下降。

③ 硫化压力。硫化时施加压力，有利于消除制品中的气泡，提高致密性，且可促进胶料充模；但硫化压力过大，也会引起橡胶分子的热降解，使其性能下降。

④ 硫化时间。这是硫化工艺的重要环节，硫化时间与橡胶种类、制品尺寸、硫化温度和压力等因素有关。通常，硫化温度越低，制品尺寸越大，所需的硫化时间越长。但硫化时间过长，则硫化程度过高（俗称过硫）；而硫化时间过短，则硫化程度不足（俗称欠硫）。只有适宜的硫化程度（俗称正硫化），才能保证最佳的综合性能。

根据胶料定伸强度与硫化时间的关系，橡胶的硫化过程可分为硫化诱导、预硫、正硫化和过硫四个阶段。

① 硫化诱导期（焦烧时间）内，交联尚未开始，胶料有很好的流动性。这一阶段决定了胶料的焦烧性及加工安全性。这一阶段的终点，胶料开始交联并丧失流动性。硫化诱导期的长短除与生胶本身性质有关外，还主要取决于所用助剂，如用迟延性促进剂可以得到较长的焦烧时间，且有较高的加工安全性。

② 硫化诱导期以后便是以一定速度进行交联的预硫化阶段。预硫化期的交联程度低，即使到后期，硫化胶的扯断强度和弹性也不能达到预想水平，但撕裂和动态裂口的性能却比相应的正硫化好。

③ 到达正硫化阶段后，硫化胶的各项物理性能达到或接近最佳点，或达到性能的综合平衡。

④ 正硫化阶段（硫化平坦区）之后，即为过硫阶段。在过硫阶段，如果交联仍占优势，橡胶就会发硬，定伸强度继续上升；反之，橡胶发软，即出现返原。因此过硫阶段可能会出现两种情况，即天然胶出现“返原”现象（定伸强度下降）及大部分合成胶（除丁基胶外）定伸强度继续增加。

下面以硫磺硫化剂和平板硫化机为例介绍橡胶的平板硫化实验。

4.12.3　实验设备及材料

① 设备：平板硫化机；金属模具（阴、阳模）一副。

② 材料：混炼胶（其中添加的硫化剂为硫磺）。

4.12.4　实验步骤

① 检查平板硫化机各部位连接情况以确保设备能正常运行，并将混炼得到的厚胶片裁剪成块状，其面积略小于模具型腔的面积，但块状胶片的体积应略大于模具型腔的体积。

② 根据设计好的制品硫化工艺条件调节平板硫化机液压系统的工作压力和加热模板的加热温度。

③ 将模具清理干净后，在阴模的型腔壁及阳模凸台处涂上脱模剂并晾干。

④ 将模具移至平板硫化机的上、下模板之间，并将上、下模板温度设置为 150℃（硫化温度），然后打开加热电源，将温度升至设定的 150℃并在此温度下预热 20～30min。在模板升温过程中，模具温度随之升高。

⑤ 从加热板（动模板）上取出模具，打开上模，将已裁剪好的胶块装入模具的型腔中，然后立即盖上上模，再将装有胶块的模具重新放回到平板硫化机的加热板上，并确保放置在加热板中央位置处（对于无模型制品如胶带、胶板直接放入热板之间）。

⑥ 启动油泵电机，升起加热板（动模板）合模加压，柱塞便推着活动平台及热板向上运动，并推动可动平板压紧模具或制品。当压力达到设定的硫化压力（1.5～2.0MPa）时将模具卸压放气 3 次，然后保压，并开始记录硫化时间。

⑦ 硫化时间到达设定值后除去压力，降下加热板，取出模具，开模后趁热取出橡胶制品。

⑧ 实验结束，关闭温度开关及设备电源等，并对模具及时清理后将模具放回指定的存放位置。

4.12.5　实验记录与结果分析

① 记录实验设备型号及硫化工艺条件（如混炼胶用量及其所含硫化剂用量、硫化温度、硫化压力及硫化时间等）。

② 分组进行实验，记录采用不同硫化温度，根据橡胶制品外形分析硫化温度对橡胶制品硫化质量的影响。

③ 分组进行实验，记录采用不同硫化压力，根据橡胶制品外形分析硫化压力对橡胶制品硫化质量的影响。

④ 分组进行实验，记录采用不同硫化时间，根据橡胶制品外形分析硫化时间对橡胶制品硫化质量的影响。

4.12.6　注意事项

① 操作平板硫化机时必须有 2 人以上在场。

② 由于平板硫化机的模板及模具温度较高，操作时必须戴上手套，以防被烫伤。同时还要防止被模具砸伤。

③ 实验过程中要注意安全，防止触电，且在加热板上升过程中严禁将头、手等部位伸

至加热板之间。

④ 将模具放入加热板（动模板）中时，应将其放在加热板的中间位置，防止出现偏载的情况。

⑤ 实验过程中应保证通风良好，工作环境应保持清洁，要防止脏物和水分进入油箱和电气箱。

⑥ 实验结束后应清洁设备的外表面，必要时给各相对运动的部件（如导架与支柱、平台与支柱）间加油以保持良好的润滑。

⑦ 硫化时，温度和压力必须严格控制，阴、阳模的温度尽可能保持一致。

4.12.7 思考题

① 混炼胶为什么还要进行硫化？硫化的机理和实质是什么？

② 天然橡胶、塑炼胶、混炼胶和硫化胶的结构和力学性能有何不同？

③ 胶料的硫化工艺条件与硫化制品的性能有何关系？

④ 橡胶的硫化过程分为哪几个阶段？

⑤ 硫化前为什么要预热模具和进行卸压放气？

4.13 聚丙烯纤维的熔体纺丝成型实验

4.13.1 实验目的

① 了解聚合物纤维熔体纺丝成型的基本原理。

② 掌握熔体纺丝机的基本结构及其操作方法。

③ 掌握熔体纺丝的工艺过程及其工艺条件对聚合物纤维质量的影响。

4.13.2 实验原理

熔体纺丝成型是化学纤维的主要成型方法之一，简称熔纺。熔体纺丝是指将高分子聚合物加热熔融成为一定黏度的纺丝熔体，利用纺丝泵连续均匀地挤压到喷丝头，通过喷丝头的细孔压出成为细丝流，然后在空气或水中使其降温凝固，通过牵伸成丝的一种成型方法。凡是加热能熔融或转变成黏流态而不发生显著降解的聚合物，都能采用熔体纺丝法进行纺丝。

熔体纺丝成型的基本原理是：将高聚物原料喂入螺杆式挤出机，由旋转的螺杆送到加热区，经过挤压、熔融向前送至计量泵；计量泵控制并确保聚合物熔体稳定流入纺丝箱，在箱中熔体被过滤并被压入多孔喷丝板中喷出熔体细流，再经调温风箱吹出的冷风快速冷凝而成固化丝束纤维。同时，导丝辊的作用还可以产生预拉伸，使丝条直径变细。初生纤维通过卷丝筒被卷绕成一定形状的卷状（对于长丝）或均匀落入盛丝桶中（对于短纤维）。熔体纺丝速度高，高速纺丝时每分钟可达几千米。

熔体纺丝法主要分为直接纺丝法和切片纺丝法。直接纺丝是将聚合后的聚合物熔体直接送往纺丝；切片纺丝是将颗粒树脂经过干燥、加热熔融成纺丝熔体后进行的纺丝工艺。工业生产上常采用直接纺丝法，使用的设备为熔体纺丝机。熔体纺丝机的纺丝工艺主要包括制备纺丝熔体、熔体通过喷丝孔挤出形成熔体细流、熔体细流冷却固化形成初生纤维以及初生纤维上油和卷绕四个步骤。熔体纺丝机纺丝具体的工艺过程如图 4-22 所示，熔体纺丝时，聚合物在螺杆挤出机中熔化后被送入纺丝部位，经纺丝泵定量送入纺丝组件；过滤后，由喷丝板的毛细孔中挤出；液态丝条通过冷却介质时逐渐固化，而后由下方的卷绕装置高速拉伸成丝，该丝为初生纤维；初生纤维经过后加工成为纤维。为不使丝条冷却过快难以成丝，有时采用等温熔体纺丝，即在喷丝板外加一个等温室（称纺丝甬道）。卷绕装置的拉伸速度很高，可达 1500～3000m/min，视材料种类及流变性质而定。熔体纺丝的拉伸比很大，产率很高，且可在较大的范围内调节。

熔体纺丝成型的主要工艺参数包括熔体黏度和温度、聚合物通过喷丝板各孔的质量流速、卷绕速度或落丝速度、纺丝线的冷却条件、喷丝孔形状和尺寸及间距、纺程长度等。

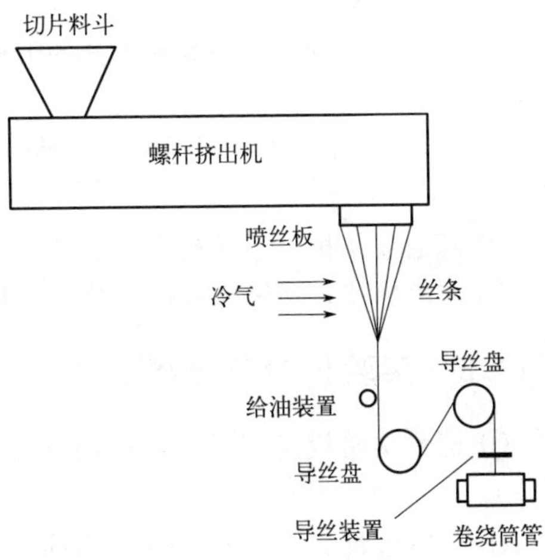

图 4-22　熔体纺丝机纺丝的工艺过程

① 熔体黏度和温度。聚合物颗粒熔融过程通常在螺杆挤出机内进行，控制螺杆挤出机各段温度和箱体温度可以改变熔体的温度，使其具有适当的黏度和良好的可纺性。熔体黏度主要取决于成纤聚合物的分子量，熔体黏度过高，则流动不均匀，使初生纤维拉伸时易产生毛丝、断头。熔体温度可利用螺杆挤出机各段的温度来控制，熔体温度过高，会导致聚合物降解和形成气泡；温度过低，则熔体黏度过高，两者均使纺丝过程不能正常进行。

② 聚合物通过喷丝板各孔的质量流速。从螺杆挤出机出来的熔体经过计量泵送往喷丝头组件，该组件由过滤网、分配板和喷丝板等组成，其作用是除去熔体中的杂质，使熔体均匀地送至喷丝板。喷丝板用耐热、耐腐蚀的不锈钢材料制成，面上的小孔按一定规律排布，孔径通常为 0.2～0.5mm。熔体通过喷丝板上的小孔形成熔体细流。细流直径在喷丝小孔处会出现膨胀现象，这是熔体的弹性所致。不同的聚合物孔口膨胀程度不同。聚酯、聚酰胺熔体在正常纺丝条件下，孔口胀大比在 1.5 以下。弹性效应较显著的是聚丙烯。孔口胀大常是流动不均的根源。生产上常采用增大喷丝小孔直径、长径比（小孔长度与直径之比）和提高熔体温度等措施来减小胀大比，以防止熔体破裂。

③ 纺丝线的冷却条件。熔体细流喷出后受到冷空气的作用而冷却固化。细流和周围介质的热交换主要以传导和对流方式进行。熔体细流的温度在冷却过程中逐步下降，黏度则不断提高。当黏度提高到某临界值而卷绕张力已不足以使纤维继续变细时，便达到了固化点。固化长度指熔体细流从喷丝孔口到固化点的长度，这是纤维结构形成的关键区域。冷却室内吹出冷空气的风速、风温需要均匀恒定，以保证熔体细流在纺丝过程中的温度分布、速度分布和固化点的位置恒定。纤维所受的轴向拉力恒定才能制得粗细和结构均匀的纤维。

与溶液纺丝成型相比，熔体纺丝成型具有纺丝速度快、不需要溶剂和沉淀剂、污染少、设备简单、工艺流程短等优点。合成纤维的主要品种（如涤纶、锦纶、丙纶等）都是采用熔体纺丝成型生产的。

下面以聚丙烯为例介绍化学纤维的熔体纺丝成型实验。

4.13.3 实验设备及材料

① 设备：熔体纺丝机；辅机（压缩机、纺丝卷绕机等）。

② 材料：聚丙烯（颗粒状）。

4.13.4 实验步骤

① 打开熔体纺丝机电源，设定螺杆挤出机 1 区温度为 220～230℃，2 区温度和箱体温度为 250～260℃，打开进料段冷却水。

② 待温度升到设定参数并平衡 30min 后，启动螺杆，将聚丙烯颗粒加入料斗中，打开侧吹风，开始纺丝。

③ 投料后约 5～10min 后，有聚丙烯熔体细流从喷丝孔喷出，在侧风的冷却下固化成型。

④ 开启卷绕机，引导初生纤维经过上油给湿装置卷绕到卷筒管上。

⑤ 实验完毕，逐渐降低螺杆转速，并将挤出机残存的剩余物料尽量挤完后停车。

4.13.5 实验记录与结果分析

① 记录实验设备型号及熔体纺丝工艺条件（如螺杆各区温度、计量泵转速、卷绕速度等）。

② 分组进行实验，分别调整不同的计量泵转速和卷绕速度，得到不同线密度的初生纤维。

4.13.6 注意事项

① 纺丝操作时必须穿戴劳保用品，不允许佩戴手表、戒指、项链等饰物。

② 开、停车以及非计划性停车时要严格按纺丝操作指导书处理。

③ 加料后及时盖上盖子，防止各类杂质、小工具等落入进料口损伤螺杆。

④ 熔体从喷丝板喷出时温度较高，操作过程中应注意防止烫伤。

⑤ 实验结束后，采用铜棒、铜刀或压缩空气清理螺杆、组件或喷丝板的残留物，严禁使用硬金属工具以免损伤设备。

4.13.7 思考题

① 聚丙烯与聚酯熔体纺丝时对冷却吹风的要求有何不同？

② 用手对聚丙烯初生纤维进行冷拉伸，纤维颜色会出现什么变化？为什么会出现这些变化？

③ 除了熔体纺丝成型法，还有哪些化学纤维的成型方法？

4.14 聚丙烯腈纳米纤维的静电纺丝成型实验

4.14.1 实验目的

① 了解聚合物纳米纤维静电纺丝成型的基本原理。

② 掌握静电纺丝机的基本结构及其操作方法。

③ 掌握静电纺丝的工艺过程及其工艺条件对聚合物纳米纤维质量的影响。

4.14.2　实验原理

静电纺丝成型是一种特殊的纳米纤维制造工艺。静电纺丝是指聚合物溶液在几千伏至几万伏的高压静电场作用下，使聚合物液滴克服表面张力而产生喷射细流，细流在喷射过程中拉伸固化落在接收屏上，最终形成非织造、连续的网状纤维毡的技术。相比于熔体纺丝成型，静电纺丝可以制备直径在几十到几百纳米的纤维，是目前能够直接、连续制备聚合物纳米纤维的方法。静电纺丝产品具有较高的孔隙率和较大的比表面积，并具有成分多样化、直径分布均匀等优点。

聚合物纳米纤维静电纺丝成型的基本原理如图 4-23 所示，是基于高压静电场下导电流体产生高速喷射的原理发展而来的。首先将聚合物溶液带上几千至上万伏的高压静电，带电的聚合物液滴在电场力的作用下在毛细管的 Taylor（泰勒）锥顶点被加速（图 4-24）；当电场力足够大时，聚合物液滴克服表面张力形成喷射细流；细流在喷射过程中溶剂蒸发或固化，最终落在接收装置上，形成类似非织造布状的纤维毡。在静电纺丝过程中，液滴通常具有一定的静电压并处于一个电场当中。因此，当射流从毛细管末端向接收装置运动时，都会出现加速现象，从而导致了射流在电场中的拉伸。由于聚合物有一定的黏性，在牵拉时可以形成细丝而不会形成液滴。静电纺丝在一般情况下可以得到直径在 0.1μm 数量级的纤维，比普通挤出纺丝法（10～100μm）的纤维直径小得多。

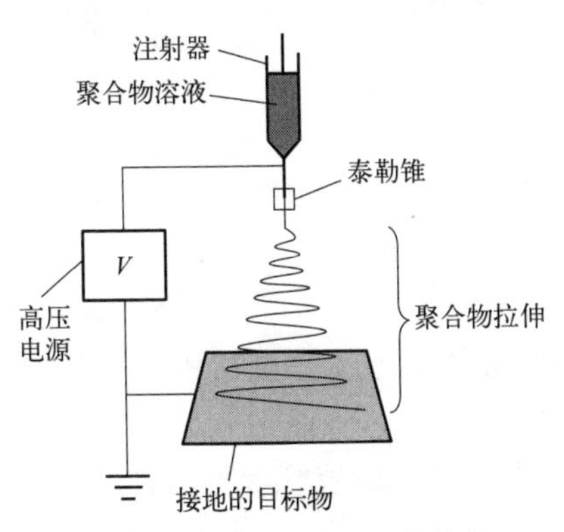

图 4-23　聚合物纳米纤维静电纺丝成型的基本原理

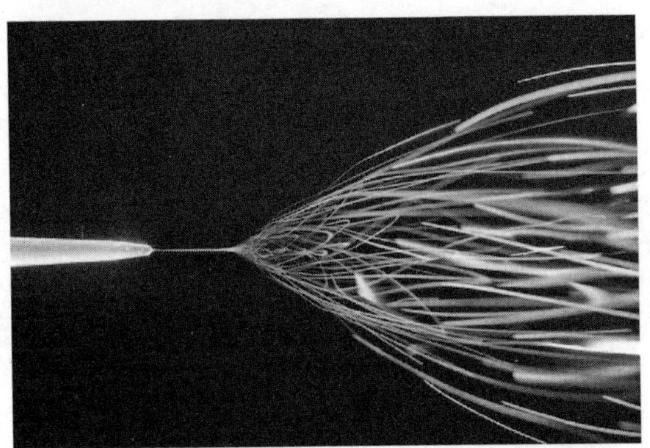

图 4-24　静电纺丝 Taylor 锥及其喷射细流

静电纺丝成型的设备是静电纺丝机，主要由推进泵、注射器、高压电源以及接收装置组成。其中，高压电源的正极与负极分别与注射器针头和接收装置相连；而接收装置的形式也是多样化的，可以是静止的平面、高速转动的滚筒或者圆盘。静电纺丝法制备纳米纤维的影响因素很多，这些因素可分为溶液性质（如溶液黏度、弹性、电导率和表面张力）、控制变量（如毛细管中的静电压、毛细管口的电势和毛细管口与收集器之间的距离）以及环境参数（如溶液温度、纺丝环境中的空气湿度和温度、气流速度等）。其中主要影响因素包括：

① 聚合物溶液浓度。聚合物溶液浓度越高，黏度越大，表面张力越大，而离开喷嘴后液滴分裂能力随表面张力增大而减弱。通常在其他条件恒定时，随着浓度增加，纤维直径增大。

② 电场强度。随电场强度增大，高分子静电纺丝液的射流有更大的表面电荷密度，因而有更大的静电斥力。同时，更高的电场强度使射流获得更大的加速度。这两个因素均能引起射流及形成的纤维有更大的拉伸应力，导致有更高的拉伸应变速率，有利于制得更细的纤维。

③ 毛细管口与收集器之间的距离。聚合物液滴经毛细管口喷出后，在空气中随着溶剂挥发，聚合物浓缩固化成纤维，最后被收集器接收。随两者间距离增大，直径变小。

④ 静电纺丝流体的流动速率。当喷丝头孔径固定时，射流平均速度显然与纤维直径成正比。

⑤ 收集器的状态不同，制成的纳米纤维的状态也不同。当使用固定收集器时，纳米纤维呈现随机不规则状态；当使用旋转盘收集器时，纳米纤维呈平行规则排列。因此，不同设备条件所生成的纤维膜不同。

目前，静电纺丝技术已经可用于几十种不同的高分子聚合物，既包括聚酯、聚酰胺、聚乙烯醇、聚丙烯腈等柔性高聚物的静电纺丝，也包括聚氨酯弹性体的静电纺丝以及液晶态的刚性高分子聚对苯二甲酰对苯二胺等的静电纺丝。静电纺丝技术制备的纳米纤维，具有比表面积大、孔隙率高、尺寸容易控制、表面易功能化（如表面涂覆、表面改性）等特点，在许多领域都有重要的应用价值。静电纺丝纳米纤维在过滤以及个体防护领域可以用于水处理、防护服、口罩等；在传感器领域可以用于电阻传感器、光学传感器等；在化工领域可以用于催化剂等；在生物医学领域可以用于伤口敷料、组织工程支架、药物载体等。

下面以聚丙烯腈溶液为例介绍聚合物纳米纤维的静电纺丝成型实验。

4.14.3 实验设备及材料

① 设备：静电纺丝机；电磁搅拌器。

② 材料：聚丙烯腈（PAN，分子量 15 万）；二甲基甲酰胺（DMF）。

4.14.4 实验步骤

① 电纺溶液的配制。称取 0.5g 聚丙烯腈（PAN）放入具塞三角烧瓶中，再加入 5mL 二甲基甲酰胺（DMF），60℃磁力搅拌 6h 使其完全溶解，待用。

② 纺丝溶液的转移。将配制好的溶液移入注射器中，连好输液管，再与针头连接，最后将注射器放置于注射泵上。

③ 箱体内部环境控制。打开温度调节按钮，调节温度；打开风扇。

④ 调试接收装置。在接收滚筒上覆盖一层金属铝箔，打开滚筒电机按钮，通过旋转旋钮调节滚筒转速，并观察是否正常，转速控制在 300～2000r/min；然后调节接收距离。

⑤ 调试溶液流速。打开注射泵，调节溶液流速，流速要求在纺丝过程中不能滴液，但也不能过慢，视溶液黏度决定具体流速。

⑥ 开高压。打开高压发生装置开关，按下按钮，再调整旋钮至所需电压，电压应控制在 10～20kV。

⑦ 电纺丝收集。收集时避免用手直接接触电纺纳米纤维，以免手上汗液将纤维溶解，应戴手套操作。收集完成后按要求进行观察或保存。

⑧ 关闭设备。纺丝完毕后，关闭设备时与打开顺序相反，依次为：关高压—关注射泵—关滚筒—关风扇—关加热。

4.14.5　实验记录与结果分析

① 记录实验设备型号及静电纺丝工艺条件（如溶液黏度、静纺电压、接收距离、溶液推注速度等）。

② 分组进行实验，分别使用不同黏度的 PAN 溶液，根据接收的初生 PAN 纤维膜情况分析溶液黏度对静电纺丝纤维质量的影响。

③ 分组进行实验，分别使用不同的静纺电压，根据接收的初生 PAN 纤维膜情况分析静纺电压对静电纺丝纤维质量的影响。

④ 分组进行实验，分别使用不同的接收距离，根据接收的初生 PAN 纤维膜情况分析接收距离对静电纺丝纤维质量的影响。

⑤ 分组进行实验，分别使用不同的溶液推注速度，根据接收的初生 PAN 纤维膜情况分析溶液推注速度对静电纺丝纤维质量的影响。

4.14.6　注意事项

① 整个纺丝过程中打开舱门之前，必须先把高压电源关闭，才能进行样品的收集处理、注射器的拆卸以及更换样品溶液等操作。

② 纺丝过程中若发现火花、电弧或听到“吱吱”的声响，立刻按下红色按钮停止机器运转；将高压发生器旋钮归零并关闭。

③ 纺丝前检查高压线是否有电线裸露。

④ 纺丝结束打开舱门后，至少过 30s 后才能将铝箔从圆滚筒上取下来。

4.14.7　思考题

① 静电纺丝成型制备纳米纤维材料具有哪些优点？

② 哪些因素会影响静电纺丝纳米纤维的直径大小？

③ 除了聚丙烯腈，还有哪些聚合物可以静电纺丝？溶解这些聚合物的溶剂分别是什么？

④ 静电纺丝成型制备纳米纤维材料用什么表征手段可以观察其形貌？

4.15　紫外光固化光敏树脂 3D 打印成型实验

4.15.1　实验目的

① 了解 3D 打印成型的原理及优点。

② 了解光固化成型工艺的基本原理及其成型过程。

③ 掌握紫外激光固化快速成型设备的结构、工作原理及操作方法。

4.15.2　实验原理

3D 打印成型技术是快速成型技术的一种，又称为增材制造技术，它是依据零件的三维 CAD 模型数据，全程由计算机控制，将离散材料（丝材、粉末、液体等）逐层累加制造实体零件的技术。3D 打印成型技术是集数字化技术、新材料技术、光学技术等多学科技术于一体的集成技术。不同于传统制造的去除成型和变形成型，3D 打印成型技术是一种“自下而上”进行材料累加的制造过程。

3D 打印成型技术的基本原理是：设计者首先在计算机中建立所需生产零件的三维几何模型，该模型可以是设计者的原创模型，也可以是对已有零件实物复制及修改后转化而来的模型；然后根据工艺要求，将其按一定厚度进行分层，取得三维模型在各个分层截面上的二维平面信息；再将各层的平面信息进行一定的数据处理，加入工艺参数，产生数控代码；最后由数控加工系统以平面加工的方式有序地加工出每个薄层并使它们自动黏合成型。根据这种原理，3D 打印成型技术不需要传统的刀具、夹具及多道加工工序，利用三维设计数据，在一台设备上可快速而精确地制造出任意复杂形状的零件，从而实现“自由制造”，解决了许多过去难以制造的复杂结构零件的成型问题，并大大减少了加工工序，缩短了加工周期。结构越复杂的产品，其制造的速度提升越显著。

目前 3D 打印成型技术主要分为两类：一类是基于高能束的成型技术，如光固化成型、选择性激光烧结成型等；另一类是基于喷涂/喷射的成型技术，如熔融沉积成型、三维印刷成型等。其中光固化光敏树脂成型是一种光致聚合反应生长型制造工艺，其基本原理是基于光敏树脂在激光束有选择地照射下能够迅速局部固化。如图 4-25 所示，在盛有液态光敏树脂的专用容器内，利用激光束在液态光敏树脂内沿确定的平面运动轨迹进行面扫描，使被扫描区的树脂薄层产生聚合反应，很快由液态转变为固态而形成零件的一个薄层截面；当一层固化完毕，将升降工作台下降一个层片厚度的距离，使已固化的树脂表面又覆盖上一层新的液态树脂，如此重复地扫描固化，新固化的一层牢固地黏结在前一层上，最终完成零件的立体制造（图 4-25）。这种方法适于制作小型件，材料利用率高，能直接得到塑料制品，且塑件表面质量好，尺寸精度较高。

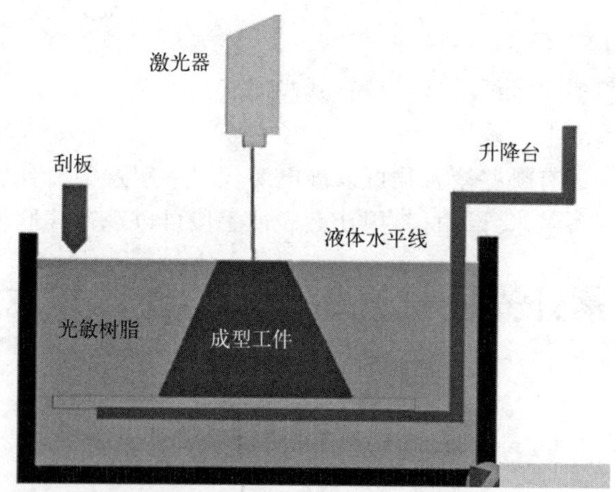

图 4-25　光固化光敏树脂 3D 打印成型

光固化光敏树脂 3D 打印成型设备的结构如图 4-26 所示，主要由激光器（7）、光路系统（1～5）、扫描照射系统（6）和分层叠加固化成型系统（8～10）等几部分组成。该设备的工作原理是：计算机程序控制 X 轴和 Y 轴振镜偏摆，使投射到树脂表面的激光光斑能够沿 X、Y 轴做平面扫描移动，将三维模型的截面形状扫描到光固化树脂上，使之发生固化；然后计算机程序控制托着成型件的工作台（9）下降一个设定的高度，使液态树脂能漫过已固化的树脂；再控制涂覆板（10）沿平面移动，使已固化的树脂表面涂上一层薄薄的液态树脂；计算机再控制激光束进行下一层扫描，如此重复直到整个模型成型完成。

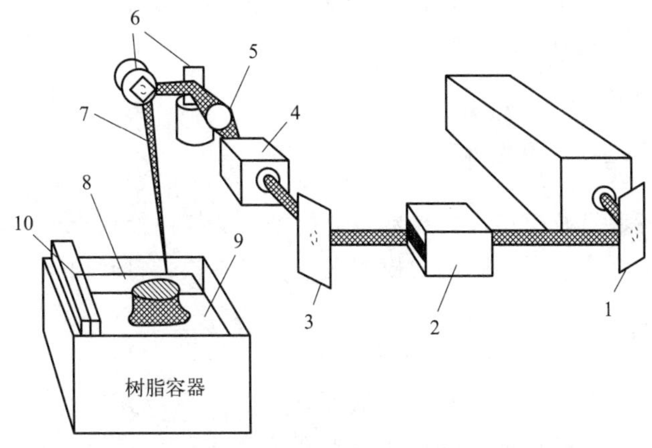

图 4-26　光固化光敏树脂 3D 打印成型机的结构

1—反射镜；2—光阑；3—反射镜；4—动态聚焦镜；5—聚焦镜；
6—振镜；7—激光束；8—光固化树脂；9—工作台；10—涂覆板

光固化成型的全过程一般分为前处理、分层叠加成型、后处理三个主要步骤。

① 前处理包括成型件三维模型的构造、三维模型的近似处理、成型方向的选择、三维模型的切片处理和生成支撑结构。

② 分层叠加成型是增材制造的核心，其过程由模型截面形状的制作与叠加组成。

③ 后处理指树脂固化成型为完整制件后，从增材制造设备上取下的制件需要去除支撑结构，并置于大功率紫外灯箱中作进一步的内腔固化。

3D 打印成型技术适用的材料范围较广，包括塑料、光敏树脂、金属、纸张、石蜡、陶瓷、树脂砂等。其中，高分子材料在 3D 打印成型技术中具有种类繁多、轻质高强、熔融温度低的优势。

下面以光敏树脂高分子材料为例介绍紫外光固化光敏树脂 3D 打印成型实验。

4.15.3　实验设备及材料

① 设备：紫外光固化快速成型打印机；电脑；修剪工具；砂纸。

② 材料：光敏树脂（一种环氧树脂，即丙烯酸酯混杂型光敏树脂）；酒精。

4.15.4　实验步骤

① 下载模型。想要打印模型，就必须有模型文件。模型文件可以自己建模，也可以到相关模型网站下载想要打印的模型，下载好以后导入切片软件中进行参数设置。

② 切片模型。下载好的模型，参数都是默认的，可以用切片软件设置模型的参数，可以设置的参数有层厚、支撑以及填充密度等。

③ 安装打印平台和料槽并倒入树脂。将光固化 3D 打印光敏树脂倒入紫外光固化快速成型设备的料槽中，然后安装打印平台。可根据预处理软件（切片软件）给出的打印材料用量参考值，酌情倒入相应计量的光敏树脂。

④ 导入文件后一键打印。把提前处理好的数据文件用 U 盘拷贝到设备中，点击打印按钮，直接开始打印。注意观察整个打印过程并记录打印时间。

⑤ 后处理。后处理包括铲件、清洗、去支撑、打磨和组装。其中，零件取出后用修剪工具去除支撑；用酒精进行清洗；为了去除支撑在零件表面留下的痕迹，用砂纸轻轻打磨零件表面，以达到光滑的效果。

4.15.5 实验记录与结果分析

① 记录实验设备型号及模型设置参数（如层厚、支撑以及填充密度、成型时间等）。

② 分组进行实验，分别使用不同的模型文件设置参数，打印出不同的模型并拍照。

4.15.6 注意事项

① 模型切片时注意选择光滑无孔洞的底面，不要选择最大接触面来接近底板，底部抬升5mm，选择全部支撑；然后检查一些支撑有没有加牢固，越接近底板的地方，支撑需要布置多一些，否则容易导致打印过程掉落。

② 使用打印耗材前需先轻微摇晃，切忌大力摇晃导致大量气泡产生而影响打印进程。

③ 在接触耗材时（光敏树脂有微毒性），请勿接触光敏树脂或者使眼睛等部位接触到，以免发生皮肤过敏或者不适，如果不慎接触，快速用大量清水清洗并及时就医。

④ 建议使用厂家推荐的光敏树脂耗材，以免发生仪器损坏。

⑤ 光敏树脂不使用时回收到瓶子里，防止与阳光接触或者沾染灰尘，请放置于阴凉通风的地方。

⑥ 检查料槽内有无杂质影响打印，如果不确定，可以点击操作面的清理料盘，切忌使用金属铲刀触碰槽内离型膜。

⑦ 检查曝光时间是否在规定范围，防止过曝出现膨胀或者曝光不足导致成型失败。

⑧ 在打印过程中，应避免阳光直射或者强光环境，同时要保持打印机周围环境通风，保持室温下环境打印。

⑨ 打印后零件处理，务必戴上手套进行操作，用无水乙醇喷洗金属铲刀，先清理打印完的模型，防止成型平台上的树脂滴漏到桌面上。建议使用TPM（三丙二醇甲醚）进行清洗，或者无水工业酒精，严禁使用含水量较大的医用酒精和食用酒精。在清洗时，切记浸泡在酒精中的时间不要超过3min，并且注意仅浸泡零件的支撑部分。

⑩ 打磨前的零件尽量保持干爽，清洗好的零件用压缩空气吹干，不易吹干的地方可以用纸布擦拭。带水打磨时尽量快速，避免在水中过多浸泡，因为水会使新出炉的样件（生胚）产生一定程度的软化变形。打磨前若样件较软，须静置脱水后再打磨，之后再次静置脱水，即比较软的零件需要进行两次静置脱水。

⑪ 静置脱水后的零件需要进行紫外后固化处理，至少30min，强烈建议紫外后固化箱一并放置于恒温恒湿的设备间。紫外固化箱内的光源分布对固化效果影响很大，尽可能保证样品被各个方向的光均匀辐射。

4.15.7 思考题

① 3D打印成型技术具有哪些优点和缺点？

② 光固化3D打印成型对光敏树脂材料有什么性能要求？

③ 光固化光敏树脂3D打印成型技术在哪些领域有应用？

4.16　聚乳酸熔融沉积 3D 打印成型实验

4.16.1　实验目的

① 了解熔融沉积成型的基本原理及工艺特点。

② 了解熔融沉积成型使用的高分子材料。

③ 掌握熔融沉积快速成型设备的结构、工作原理及操作方法。

4.16.2　实验原理

熔融沉积成型（FDM）技术利用热塑性材料的热熔性和黏结性的特点，通过计算机的控制，进行层层堆积，最终生成所需的实体或模型。熔融沉积成型技术的最大特点是将成型材料熔融后，直接堆积成三维实体模型；不使用激光，设备维护简单，成型速度较快，生产成本较低，且环保性较好。

熔融沉积成型的基本原理如图 4-27 所示。成型材料和支撑材料通过送丝机构送进相应的喷头，在喷头内被加热至熔融状态；喷头通过成型系统的控制，根据提前设定的轮廓信息和填充轨迹做平面运动，而且经由喷头挤出的材料均匀地平铺在每一层截面轮廓上；此时被挤出的丝材在短时间内快速冷却，并和上一层固化的材料黏结在一起，层层堆积最终生成所需的实体零件。

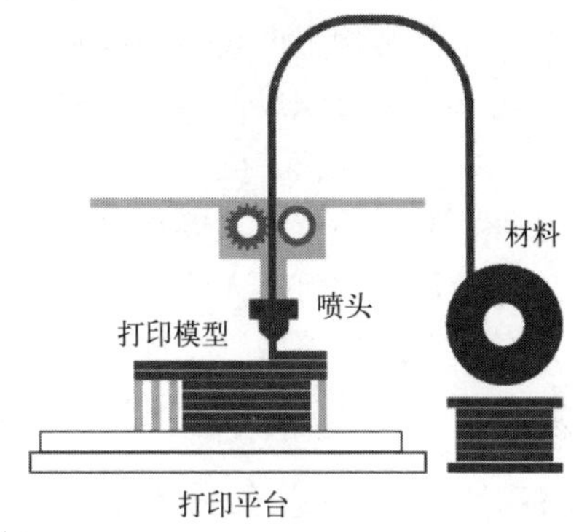

图 4-27　熔融沉积成型的基本原理

在熔融沉积成型中，每一个层片都是在上一层上堆积而成的，上一层对当前层起到定位和支撑的作用。随着高度的增加，层片轮廓的面积和形状都会发生变化，当形状发生较大的变化时，上层轮廓就不能给当前层提供充分的定位和支撑作用，这就需要设计一些辅助结构“支撑”，以保证成型过程的顺利实现。支撑可以采用同一种材料，一般采用双喷头独立加热，一个用来喷模型材料制造零件，另一个用来喷支撑材料做支撑，两种材料的特性不同，制作完毕后可容易地去除支撑。送丝机构为喷头输送原料，送丝要求平稳可靠。送丝机构和喷头采用推-拉相结合的方式，以保证送丝稳定可靠，避免断丝或积瘤。

熔融沉积成型工艺也包括前处理、成型加工过程和后处理三个部分。前处理主要包括零件的三维建模、模型切片处理、切片文件的校验与修复、模型摆放位置的确定以及加工参数的确定；成型加工过程是指零件被加工制造的阶段；后处理是指零件加工完成后，为了满足使用工况需求，对其表面和支撑结构进行修复处理的过程。

熔融沉积成型所用材料为热塑性高分子材料，主要是 PLA（聚乳酸）、ABS（丙烯腈-丁二烯-苯乙烯共聚物）、PETG（聚对苯二甲酸乙二醇酯-1,4-环己烷二甲醇酯）、PC（聚碳酸酯）等。PLA 源于玉米淀粉和甘蔗等可再生资源，所打印模型能够进行快速冷却和定型，可有效避免模型的翘曲变形。ABS 的强度、韧性、耐高温性及机械加工性等很好，但 ABS 在 FDM 过程中冷却收缩问题严重，易产生翘曲、开裂等问题，而且还会产生有刺激性气味的气体。PETG 属于共聚酯类热塑性高分子材料，是一种新型的环保透明工程塑料，具有优异的韧性和透明度，易加工，并且在打印过程中无气味，无翘曲。PC具有高强度、高抗冲、耐高低温、抗紫外线等优异的性能，其制件能够作为最终零部件用在工程领域。

熔融沉积成型技术与其他快速成型技术相比具有以下工艺特点：

① 成型材料广泛。熔融沉积成型技术所应用的材料种类很多，主要有PLA、ABS、尼龙、石蜡、铸蜡、人造橡胶等熔点较低的材料，及低熔点金属、陶瓷等丝材，可以用来制作金属材料的模型件或PLA塑料、尼龙等零部件和产品。

② 成本相对较低。熔融沉积成型技术不使用激光，与其他使用激光器的快速成型技术相比，它的制作成本很低；除此之外，其原材料利用率很高并且几乎不产生任何污染，而且在成型过程中没有化学变化发生，在很大程度上降低了成型成本。

③ 后处理过程比较简单。熔融沉积成型所采用的支撑结构很容易去除，原型制件的支撑结构只需要经过简单的剥离就能去除。目前出现的水溶性支撑材料使结构更易剥离，模型的变形比较微小。

熔融沉积成型技术与其他快速成型工艺相比也存在一些不足，如只适用于中小型模型件的制作、成型零件的表面条纹比较明显、厚度方向的结构强度比较薄弱（因为挤出的丝材是在熔融状态下进行层层堆积，而相邻截面轮廓层之间的黏结力是有限的，所以成型制件在厚度方向上的结构强度较弱）以及成型速度慢、成型效率低。

由于熔融沉积成型整个过程不需要模具，所以该成型技术大量应用于汽车、机械、航空航天、家电、通信、电子、建筑、医学、玩具等产品的设计开发过程，如产品外观评估、方案选择、装配检查、功能测试、用户看样订货、塑料件开模前校验设计以及少量产品制造等，也应用于政府、大学及研究所等机构。用传统方法须几个星期、几个月才能制造出的复杂产品原型，用熔融沉积成型法无需任何刀具和模具，短时间便可完成。

下面以聚乳酸高分子材料为例介绍熔融沉积3D打印成型实验。

4.16.3 实验设备及材料

① 设备：熔融沉积成型打印机；电脑；铲子；砂纸。

② 材料：聚乳酸塑料（丝状线材）。

4.16.4 实验步骤

① 三维模型的分层处理。打开Autora数据处理软件，将自己建模或从网站下载的成型模型的*.STL文件导入；然后根据模型的具体情况，对模型进行分割、定向、排样等工艺处理；检验并修复STL文件；最后设置分层参数，并输入分层数据文件*.CLI。

② 启动电脑，接通熔融沉积成型打印机电源，按下照明、温控、数控、散热等按钮；启动控制软件Cark，打开要成型的文件*.CLI；初始化系统，启动温度控制系统。

③ 将一卷聚乳酸塑料长丝装入打印机，待成型材料达到指定的温度（270℃）后打开喷头按钮，选择菜单“造型”→“控制面板”，弹出控制面板对话框后在喷头区域按下“喷丝”按钮，聚乳酸长丝被喂入到挤出喷头中并在喷嘴中熔化，注意观察喷头出丝的情况。

④ 调整工作台和喷头相对位置，其间隙大约为0.1mm。

⑤ 分层制造，堆积造型。设定好相应造型工艺参数后，待成型室温度达到指定的温度（55℃）后，选择菜单“造型”，单击“Star”开始造型。

⑥ 造型结束后，将设备降温，将原型从工作台取出，去除支撑，使用工具和砂纸打磨

原型表面。

4.16.5　实验记录与结果分析

① 记录实验设备型号及模型设置参数（如分层参数、熔融温度、成型室温度、成型时间等）。

② 分组进行实验，分别使用不同的模型文件设置参数，打印出不同的模型并拍照。

4.16.6　注意事项

① 熔化的材料被挤压成细条，并逐层沉积在预定的位置，在此处冷却并固化。有时，通过使用安装在挤出头上的冷却风扇也可以加快材料的冷却速度。

② 所使用的材料是热塑性聚合物，大部分为丝状线材，近期也有使用颗粒状材料的设备出现。

③ 大多数 FDM 系统允许调整几个过程参数，包括喷嘴和构建平台的温度、构建速度、层高和冷却风扇的速度等，比较重要的是构建速度和层高。

4.16.7　思考题

① 分层厚度（层高）对熔融沉积成型加工有什么影响？请从成型精度和成型效率两个方面进行分析。

② 熔融沉积成型技术与其他快速成型技术相比具有哪些优点和缺点？

③ 熔融沉积 3D 打印成型技术在哪些领域有应用？

4.17　尼龙激光选区烧结 3D 打印成型实验

4.17.1　实验目的

① 了解激光选区烧结成型的基本原理及工艺特点。

② 了解激光选区烧结成型使用的高分子材料。

③ 掌握激光选区烧结成型设备的操作方法及其工艺参数对成型件性能的影响。

4.17.2　实验原理

激光选区烧结成型技术借助计算机辅助设计与制造，采用分层制造叠加原理，将翻模材料直接成型为三维实体零件，不受成型零件形状复杂程度的限制，不需任何工装模具。

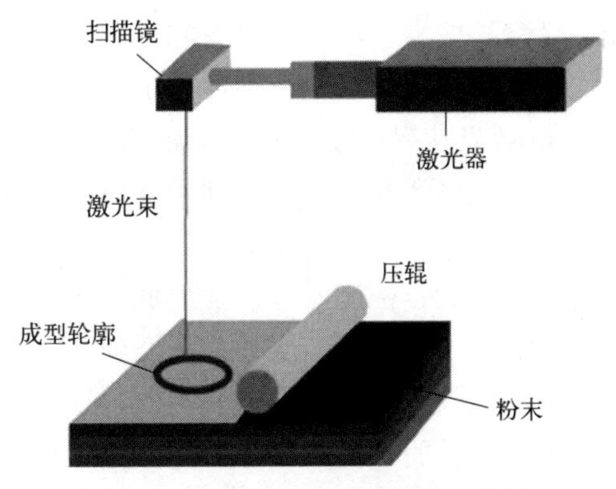

图 4-28　激光选区烧结成型的基本原理

激光选区烧结成型的基本原理如图 4-28 所示。首先将三维实体模型文件沿 Z 向分层切片，并将零件实体的截面信息存储于 STL 文件中；然后在工作台上用铺粉辊铺一层粉末材料，由 CO_2 激光器发出的激光束在计算机的控制下，根据各层截面的 CAD 数据，有选择地对粉末层进行扫描；在被激光扫描的区域，粉末材料被烧结在一起，未被激光照射的粉末材料仍呈松散状，作为制件（也称烧结件、成型件）和下一粉末层的支撑；一层烧结完成后，工作台下降一个截面层厚（设定的切片厚度）的高度，再进行下一层铺粉、烧结，新的一层和前一层自然地烧结在一起。这样，当全部截面烧结完成后除去未被烧结的多余粉末，便得到与所设计的三维实体零件结构相同的制件。在整个成型过程中，激光扫描过程、激光开关、预热及辅粉辊和粉缸的移动等都是在计算机系统的精确控制下完成的。

相比于其他快速成型技术，激光选区烧结成型技术具有下列特点。

① 成型材料非常广泛。从理论上讲，任何能够吸收激光能量而黏度降低的粉末材料都可以用于激光选区烧结成型，这些材料可以是高分子、金属或陶瓷粉末材料。

② 应用范围广。成型材料的多样性，决定了激光选区烧结成型技术可以使用各种不同性质的粉末材料来成型不同用途的复杂零件。激光选区烧结技术可以成型用于结构验证和功能测试的塑料原型件及功能件，可以通过直接法或间接法来成型金属或陶瓷功能件。目前，激光选区烧结成型件已广泛用于汽车、航空母舰、医学、生物学等领域。

③ 材料利用率高。在激光选区烧结成型过程中，未被激光扫描的粉末材料还处于松散状态，可以被重复使用，因而，激光选区烧结成型技术具有较高的材料利用率。

④ 无须支撑。由于未烧结的粉末可对成型件的空腔和悬臂部分起支撑作用，因此激光选区烧结成型不必像光固化光敏树脂成型或熔融堆积成型那样需要另外设外支撑结构。

在激光选区烧结成型工艺可使用的众多成型材料中，高分子粉末材料以其低成本、来源广、密度小等优势得到了广泛的应用。激光选区烧结成型高分子粉末材料主要由高分子基体粉末材料及稳定剂、润滑剂、分散剂、填料等助剂组成，其中高分子基体粉末材料是影响烧结件性能的主要因素，其他助剂使高分子粉末材料适合工艺要求，改善烧结件性能。高分子基体粉末材料主要是结晶高分子材料，这是因为结晶高分子材料经过激光烧结能形成致密的烧结件，烧结件的性能接近于模塑件的性能；而非结晶高分子材料（如聚苯乙烯、丙烯腈-丁二烯-苯乙烯共聚物、聚甲基丙烯酸甲酯、聚氯乙烯、聚碳酸酯等）在进行激光烧结时表观黏度高，难以形成致密的烧结件，较高的孔隙率导致烧结件的力学性能远远低于材料本体的力学性能。

常用的结晶高分子材料有聚乙烯、聚丙烯、尼龙、热塑性聚酯、聚甲醛等。聚甲醛加工热稳定性差，在烧结温度下易发生热降解和热氧化，不适合作激光选区烧结成型材料。聚乙烯和聚丙烯熔融温度较大，力学性能一般，也不太适合用于烧结塑料功能件。尼龙和热塑性聚酯都是通用工程塑料，具有良好的综合性能，热稳定性较好，熔融程度都很低，有利于激光选区烧结成型。因此，尼龙和热塑性聚酯都是高性能的激光选区烧结成型材料。

影响激光选区烧结成型件质量的主要工艺参数是激光功率、扫描速度和铺粉层厚度。

① 激光功率。在激光功率较低时，烧结件的拉伸强度和冲击强度均随激光功率的增加而增加，但当激光功率增大到一定值后，继续增加激光功率，烧结件的强度反而会降低。这是因为激光功率决定了输送给粉末材料的能量，输入的能量太低，粉末不能充分熔化，烧结件的孔隙率大，密度低，强度也低；激光功率增加到一定值时，输入的能量恰好使粉末充分熔融，烧结件的拉伸强度和冲击强度达到最大值。激光功率再增加时，烧结过程中会出现冒烟、烧结层颜色变成深褐色的现象，这表明输入的能量太大，导致粉末表面的温度过高，引起高分子材料的氧化降解，从而降低了烧结件的强度。激光功率过大还会使烧结层的粉末颗粒完全熔化，并流动到烧结层区域外，和未烧结的粉末黏附在一起，这样会导致烧结件尺寸

扩大、变形，烧结完成时周围的支撑粉末黏结在烧结件上，清粉困难。

② 扫描速度。扫描速度决定了激光束对粉末的加热时间，在激光功率相同的情况下，扫描速度越低，激光对粉末的加热时间越长，传输的热量越多，粉末熔化越好，烧结件的强度越高。但过低的扫描速度容易导致粉末完全熔化，不仅不能提高烧结件的强度，还会影响成型精度和速度。过高的激光扫描速度相应地要求较高的激光功率，对长时间工作的激光器寿命有很大影响。此外，扫描速度过高会导致烧结不完全，也会影响烧结件的力学性能。因此，需要选择合适的激光扫描速度，如尼龙 12 塑料粉末比较适宜的激光扫描速度 2000mm/s。

③ 铺粉层厚度。烧结件的拉伸强度随铺粉层厚的减小而增大。当铺粉层厚为 0.2mm 时，层与层之间难以互相黏结，有较明显的分层现象，烧结件的强度较低，将铺粉层厚减小到 0.15mm 时，则层与层之间黏结较好，烧结件的强度较大；将铺粉层厚减小到 0.1mm 时，烧结件的强度提高不大，制造时间却大大增加，而且烧结件的尺寸也可能出现较大的正偏差。因此，铺粉层厚取 0.15mm 较好。铺粉层厚还与烧结粉末的粒径有关。两种不同平均粒径粉末的对比实验表明，粒径为 40μm 的尼龙 12 粉末，用 0.20mm 的层厚制作烧结件时容易产生分层现象，烧结件的拉伸强度明显低于层厚为 0.1mm 的烧结件；而粒径为 58μm 的尼龙 12 粉末，用 0.15mm 的层厚与 0.1mm 的层厚制作的烧结件力学性能非常相近。因此，粉末粒径小，宜选用较小的层厚；粉末粒径大，则选用较大的层厚。铺粉层厚可取粉末平均粒径的 2～3 倍。

下面以尼龙 12 材料为例介绍激光选区烧结 3D 打印成型实验。

4.17.3　实验设备及材料

① 设备：激光选区烧结设备（辅助设备有冷却系统）；电脑。

② 材料：尼龙 12 材料（PA12 粉末）。

4.17.4　实验步骤

① 前处理。由于 AM 系统由三维 CAD 模型直接驱动，因此首先要构建三维 CAD 模型；再用一系列相连的小三角平面来逼近曲面，得到模型的 STL 文件；根据被加工模型的特征选择合适的加工方向，在成型高度方向上用一系列一定间隔的平面切割近似后的模型，以便提取截面的轮廓信息。此阶段主要完成模型的三维 CAD 模型，经 STL 数据转换后输入到激光选区烧结系统中。

② 设置工艺参数，包括预热温度、激光功率、扫描速度、扫描间距、铺粉层厚等。

③ 粉层激光烧结叠加成型加工。设备根据原型的结构特点，在设定的工艺参数下，自动完成原型的逐层烧结叠加过程；当所有层自动烧结叠加完成后，需要将烧结件在成型缸中缓慢冷却至 40℃以下。

④ 后处理。成型完后取出烧结件并清除浮粉，观察成型件的烧结情况。

4.17.5　实验记录与结果分析

① 记录激光选区烧结设备的型号，记录设置的工艺参数（如预热温度、激光功率、扫描速度、扫描间距、铺粉层厚等）。

② 分组进行实验，分别使用不同的激光功率（其他条件不变），根据成型件的烧结情况

分析激光功率对激光选区烧结成型件质量的影响。

③ 分组进行实验，分别使用不同的扫描速度（其他条件不变），根据成型件的烧结情况分析扫描速度对激光选区烧结成型件质量的影响。

④ 分组进行实验，分别使用不同的铺粉层厚（其他条件不变），根据成型件的烧结情况分析铺粉层厚度对激光选区烧结成型件质量的影响。

4.17.6 注意事项

① 激光选区烧结所用的材料除了石蜡粉、尼龙粉，也可以使用其他熔点较低的粉末材料进行实验。

② 为了提高激光选区烧结件强度和表面质量，需要对无定形高分子粉末材料烧结件进行一定的后处理。根据不同的用途，可将后处理分为两大类：a. 用作功能件，用树脂对烧结件进行增强处理；b. 用于精密铸造，用石蜡对烧结件进行熔蜡处理。

4.17.7 思考题

① 根据实验结果分析工艺参数对尼龙 12 粉末激光选区烧结件性能的影响规律。

② 激光选区烧结成型技术与其他快速成型技术相比具有哪些优点和缺点？

③ 激光选区烧结 3D 打印成型技术在哪些领域有应用？

4.18 胶黏剂修补轮胎的粘接成型实验

4.18.1 实验目的

① 了解胶黏剂粘接成型的基本原理及工艺特点。

② 了解胶黏剂的组成及各自所起的作用。

③ 掌握粘接工艺过程及胶黏剂修补轮胎的粘接成型方法。

4.18.2 实验原理

粘接也称胶接，它是利用胶黏剂对固体的黏合力而使分离的物体实现牢固的永久性连接的成型方法。

胶黏剂能够将两个相同或不同材料的物体牢固地黏合在一起，主要是靠黏合力的作用。黏合力的大小与胶层自身固化后的内聚力和胶层对被粘物表面的黏附力有关，并且由这两个力中较小者所决定。如图 4-29 所示，当外力超过黏合力时，将使胶接接头破坏。如果内聚力小于黏附力，则破坏发生在胶层内部，称为内聚破坏；如果内聚力大于黏附力，则破坏发生在胶层与被粘物表面之间的界面上，称为黏附破坏；如果内聚力与黏附力相近，则破坏部分发生在胶层内，部分发生在黏附界面上，称为混合破坏。显然，最后一种情况最为理想，因为两种力的作用都得到了充分发挥，达到了最高的黏合力。但实际上，内聚力通常要小于黏附力。内聚力是胶黏剂内部分子之间的结合力，它取决于胶黏剂的性质、组成、配比和固化工艺等。胶层中存在的缺陷也会使内聚力降低，因此为了减小缺陷存在的概率，胶层宜薄一些。

与焊接等方法相比，粘接具有以下优点：

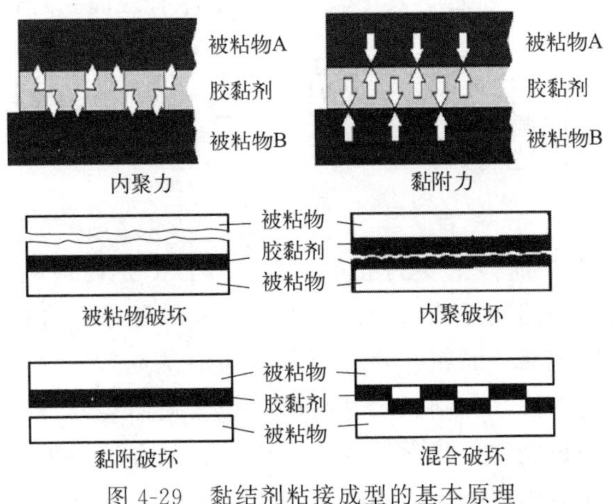

图 4-29　黏结剂粘接成型的基本原理

① 适用范围广。粘接一般不受材料种类、形状、厚薄、大小的限制，可粘接同种或异种材料，可粘接薄壁、微小、硬脆的零件，还可粘接复杂或热敏的制件等。

② 粘接接头重量轻，变形小，外表光滑美观。

③ 接头应力分布均匀。由于粘接时不受高温热作用，避免了组织转变和残余应力等对接头的不良影响，减少了应力集中，提高了耐疲劳性能。

④ 粘接接头不仅密封性良好，而且具有绝缘、防潮、耐蚀、减振、阻热、隔音等性能，并可防止金属的电化学腐蚀。

⑤ 粘接工艺温度低，操作方便容易，设备简单，成本较低。

粘接的主要缺点是接头的耐热性较差，使用温度受到限制（一般长期使用温度在 150℃以下）；接头强度不够高，一般难以达到母材的强度，有些胶黏剂的耐老化性差，接头使用寿命较短。

胶黏剂的组成按照其来源不同而有较大差别，天然胶黏剂的组成比较简单，多为单一组分；合成胶黏剂则较为复杂，通常是以具有黏合作用的组分为基础加入多种添加剂配制而成的混合物。实际应用较多的是合成胶黏剂，其主要组分包括：

① 粘料。也称基料，是对胶黏剂的黏合作用和物理化学性质起主要作用的组分。粘料应满足如下性能要求：能够润湿被粘材料（即要有一定的流动性，如粘料本身能成为液态或能够溶于溶剂中），与被粘材料有良好的黏附性；具有一定的强度、韧性、耐热性、耐老化性等；对被粘材料不产生化学腐蚀。目前常用的粘料主要是一些合成高分子化合物，如环氧树脂、丁腈橡胶等。

② 固化剂。又称硬化剂，其作用是参与化学反应，使高分子化合物的分子结构由线型变为网状或体型，从而使胶黏剂发生固化，提高粘料的粘接强度。

③ 增韧剂。其作用是提高胶黏剂固化后的塑性和韧性，降低脆性，从而提高接头的抗剥离和抗冲击性能，如苯二甲酸二丁酯。

④ 填料。其作用是改善胶黏剂的某些性能（如强度、抗老化性等）或降低成本。如金属或金属氧化物粉末、非金属矿物粉末、玻璃或石棉纤维等。

⑤ 稀释剂。其作用是降低胶黏剂的黏度，以便于涂胶施工。

此外，根据不同的需要，胶黏剂中还可以加入偶联剂（用以提高胶黏剂的黏附力）、促进剂（用以加快固化速度）、稳定剂、防老化剂和颜料等。

粘接的工艺过程如图4-30所示，其中较重要的工序有表面处理、涂胶和固化等。

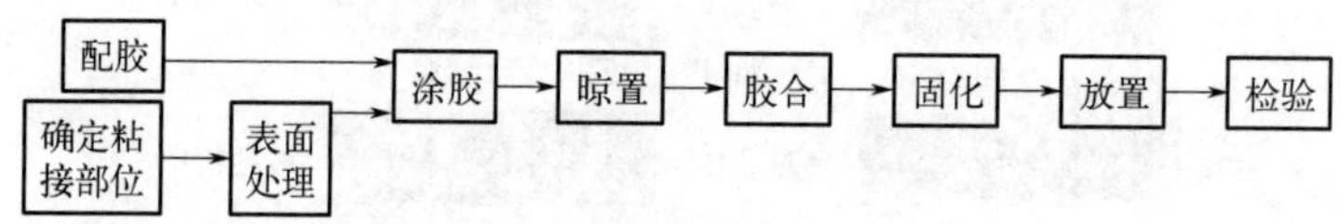

图4-30 粘接工艺过程

① 表面处理。这是粘接前很重要的准备工作，其目的是使被粘表面充分净化，适度粗化和活化，从而增强胶黏剂的润湿能力和黏附力，以取得良好的粘接效果。常用的表面处理方法有：溶剂清洗法（以汽油、酒精、苯、丙酮等为清洗剂），可将表面的灰尘、油污和松散的氧化膜去除；机械清理法（如刮、铲、打磨、铣、喷砂等），既可去除表面上的油污和氧化膜，还增加了表面的粗糙度；化学处理法（用酸、碱等溶液处理或电化学酸洗等），可在除锈去油的同时使表面活化或钝化。实际中应依据被粘表面的状态、胶黏剂的种类、接头的强度要求、使用环境等选用表面处理方法。

② 胶黏剂的配制。单组分胶黏剂一般可以直接使用，多组分胶黏剂须在使用前将各组分按规定比例调配，混合均匀，并尽可能做到随配随用。

③ 涂胶。涂胶就是采用适当的方法和工具将胶黏剂涂布在被粘表面上。对于不同种类的胶黏剂，有不同的涂胶方法。液态胶黏剂可采用刷涂、喷涂、注入等方法；糊状或膏状胶黏剂可采用刮涂、辊涂、注入等方法；固态胶黏剂可采用热熔涂胶、覆贴胶膜（先刷底胶再覆贴胶膜）等方法。涂胶时应保证胶层均匀，不能缺胶也不能堆胶，胶层厚度一般控制在0.05～0.2mm。

④ 固化。固化是胶黏剂通过物理作用（如溶剂挥发、乳液凝聚、熔体冷却等）或化学作用（如聚合、交联等），变为固体并具有一定强度的过程。固化条件（温度、压力、时间等）应根据胶黏剂的类型而定。每种胶黏剂都有特定的固化温度，适当提高固化温度可以加快固化过程，并能提高粘接强度。但固化温度也要严格控制，温度过高会使接头脆化，温度太低则会因反应不充分而使固化不完全。固化时一般均需施加一定的压力，以增强胶黏剂的流动性、润湿性和渗透能力等，使胶层厚度更为均匀。固化时间与胶黏剂种类、固化温度及压力等有关，提高温度可缩短固化时间。

⑤ 检验。对粘接接头的质量进行检验。

下面以502胶水为例介绍胶黏剂修补自行车轮胎的粘接成型实验。

4.18.3 实验设备及材料

① 设备：漏气的自行车内胎；锉刀、刷子、榔头等工具。

② 材料：502胶水。

4.18.4 实验步骤

① 在自行车内胎上找到漏气的位置。用打气筒给内胎打气，然后打来一盆清水，把内胎放到水里，通过有无气泡冒出找到破胎的部位。

② 在破洞周围打磨以帮助黏附。找到破洞的位置，做个标记，然后用锉刀打磨破洞周围的胎面并磨平，有锯齿痕有助于黏附。最后把打磨的橡胶碎屑等全部清理干净，确保表面干净。

③ 选择一个大小合适的补胎片，如果不确定用多大合适，就选择比破损胎面面积相对大一些的补胎片；然后用同样的方法将补胎片打磨出锯齿痕。

④ 将适量的 502 胶水涂抹在破洞的位置上，然后以破洞为中心，沿周围涂抹开来，面积比补胎片稍微大一些；然后等待胶水变干。

⑤ 当胶水干燥时，表面会从闪亮变成无光泽（这需要一点耐心，不要过于着急进行下一步）；然后对准破损处将补胎片贴好，并用榔头之类的东西捶打几分钟。如果使用的是免胶补胎片，则可以在清洁的破损周围直接进行黏合，让补胎片和内胎完全接触，并按压一会儿。

⑥ 将修补好的内胎重新打气，再次检查是否有漏气情况。

4.18.5　实验记录与结果分析

① 记录使用的 502 胶水型号。

② 查资料，写出 502 胶水的组成、理化性质、使用方法及应用领域。

4.18.6　注意事项

① 在整个修补过程中，修补面的清洁是很重要的，务必等胶水彻底干燥后再进行修补。

② 尽量使粘接接头承受剪切应力，避免胶层承受剥离和不均匀扯离作用力；尽量增大粘接接头的粘接面积。

③ 502 胶黏剂的蒸气会刺激眼睛，所以使用时须格外小心；避免 502 胶黏剂与皮肤接触及进入眼睛，若发生意外，应立即用大量清水洗涤并送去医院。清洗眼睛时，可使用稀碳酸氢钠溶液；若触及手部时，可以用肥皂水、洗涤液或浮石等洗净手部。

4.18.7　思考题

① 502 胶黏剂由哪些部分组成？各自起什么作用？

② 粘接连接技术与焊接和机械连接技术相比具有哪些优点和缺点？

③ 粘接连接技术在哪些领域有应用？

第5章

复合材料成型与加工实验

复合材料是由两种或两种以上物理和化学性质不同的材料组合起来而形成的一种多相固体材料。复合材料通常由基体材料和增强材料组成；基体材料为连续相，它形成复合材料的几何形状并起粘接增强材料的作用；而增强材料为分散相，它以独立的形态分散在基体中，起提高强度或韧性等作用。与传统的单一材料相比，它具有比强度和比模量高、抗疲劳性好、减振能力强、耐热性和耐腐蚀性好等优点。目前，复合材料不仅在航空、航天等高技术领域，在其他工业部门如汽车、船舶、通信、电子、电气、机械设备、建筑、体育用品等方面的应用也越来越广泛。

相对于传统材料的成型加工，复合材料的成型加工具有下列工艺特点：

① 复合材料的制备与制品的成型是同时完成的。复合材料的制备过程通常就是其制品的成型过程。这一方面有利于简化生产工艺，缩短生产周期，特别是可以实现形状复杂的大型制品的一次整体成型；另一方面，这也使得复合材料的成型加工工艺水平不仅决定其制品的外形和尺寸，而且直接影响制品的内在质量和性能。

② 复合材料的可设计性对其成型加工工艺有重要的影响。由于复合材料由两种或两种以上不同性能的材料所构成，因此可以根据使用条件的要求，人为地设计制品中材料的种类、成分、含量和增强相的分布方式等，从而最大限度地发挥各组成材料的性能潜力，或使制品的性能、质量和经济指标等达到优化组合，这是任何单一材料无法具有的特性。但是，复合材料性能的可设计性必须通过相应的成型工艺才能实现。因此，应当根据复合材料制品的结构形状、性能要求和所设计的材料组分及其组合方式，选择合适的成型方法并进行正确的工艺操作。

③ 复合材料成型加工时的界面对其制品的性能具有重要作用。复合材料中的增强材料通过其表面与基体形成界面层而结合并固定于基体之中，界面层使增强材料与基体形成一个整体，并通过它传递应力。如果在成型加工时增强材料与基体之间结合得不好（结合太强或太弱），界面不完整，就会损害复合材料的性能。影响复合材料界面形成的主要因素有基体与增强材料的相容性和润湿性等，相容性是指基体与增强材料之间热胀冷缩程度的差异和产生化学反应倾向的大小，而润湿性则是指液态物质在固体表面自动铺展的程度。以金属基复合材料为例，增强材料常常不能被液态金属润湿，且与金属容易发生化学反应，在界面处形成有害的脆性相。为了改善增强材料与金属基体之间的润湿性和相容性，一般要在成型之前对增强材料表面涂覆涂层或进行溶液浸渍等表面处理。

聚合物基复合材料的成型加工工艺主要有手糊成型、模压成型、喷射成型、树脂传递成型（RTM）、纤维缠绕成型、挤出成型、注射成型等；陶瓷基复合材料的成型加工工艺主要有粉末冶金成型、模压成型、等静压成型、热压铸成型、挤压成型、轧膜成型、注浆成型、流延成型、注射成型、直接凝固成型等；金属基复合材料的成型加工工艺按增强体产生方式的不同主要有内生型（如自蔓延燃烧反应法、放热弥散法、接触反应法、气-液-固反应法、熔体直接氧化法、机械合金化法、浸渗反应法、混合盐反应法、微波合成法等）和外生型（如粉末冶金法、热压扩散结合法、真空吸铸成型法、真空压力浸渍法、挤压铸造法、共喷沉积法等）两种。

本章介绍一些典型的复合材料成型加工实验。

5.1　玻璃钢的手糊成型加工实验

5.1.1　实验目的

① 了解玻璃钢的组成及性能特点。

② 理解手糊成型的基本原理及其工艺过程。

③ 掌握玻璃钢成型用模具的种类及各自的优缺点。

5.1.2　实验原理

玻璃钢全称为玻璃纤维增强塑料，它是以玻璃纤维及其织物为增强材料，以不饱和聚酯树脂、环氧树脂、酚醛树脂等合成树脂为基体复合而成的一种复合材料。玻璃钢具有轻质高强（密度在 1.5～2.2g/cm^3 之间，只有碳钢的 1/5～1/4，但其拉伸强度接近甚至超过碳钢，比强度可以与高级合金钢相比）、耐腐蚀（对大气，水和一般浓度的酸、碱、盐以及多种油类和溶剂都有较好的抵抗能力）、电性能好（优良的绝缘材料，高频下仍能保持良好的介电性，微波透过性良好）、热性能良好（热导率低，在瞬时超高温情况下是理想的热防护和耐烧蚀材料，能保护宇宙飞行器在 2000℃以上承受高速气流的冲刷）、可设计性好（可以根据需要，充分选择材料，灵活设计各种结构产品）、工艺性优良（可以根据产品的形状、技术要求、用途及数量来灵活地选择成型工艺）等优点，但也存在弹性模量低（比木材大两倍，但不足钢材的 10%，容易变形）、长期耐温性差（在高温下长期使用强度会明显下降）、存在老化现象（在紫外线、风沙雨雪、化学介质、机械应力等作用下容易导致性能下降）、剪切强度低（层间剪切强度很低，靠树脂承担）等缺点。

玻璃钢的成型方法主要有手糊成型、层压成型、RTM 法、挤拉法、模压成型、缠绕成型等。其中，手糊成型又称接触成型，是树脂基复合材料生产中最早使用且应用最普遍的一种成型方法。手糊成型工艺的基本原理是以加有固化剂的树脂混合液为基体，以玻璃纤维及其织物为增强材料，在涂有脱模剂的模具上以手工铺放结合，使二者粘接在一起。基体树脂通常采用不饱和聚酯树脂或环氧树脂，增强材料通常采用无碱或中碱玻璃纤维及其织物。根据产品的成本及性能等要求，玻璃钢在成型过程中还可以适当添加一些填料、助剂等，以达到降低成本、阻燃防火、导电等目的。

聚合物基复合材料手糊成型的工艺过程如图 5-1 所示。先在清理好且经过表面处理的模具成型面上涂抹脱模剂；待脱模剂充分干燥好后，将加有固化剂（引发剂）、促进剂、颜料等助剂且搅拌均匀的树脂混合料涂刷在模具成型面上；然后在成型面上铺放一层裁剪好的玻璃布（毡）等增强材料，用刷子、压辊或刮刀压挤织物，使树脂均匀浸入其中并排出气泡；再涂刷树脂混合料和铺贴第二层纤维织物，反复进行上述过程直至达到所需厚度为止；在一定压力作用下加热固化成型（热压成型）或者利用树脂本身固化时放出的热量固化成型（冷压成型）；最后脱模得到复合材料制品。手糊成型工艺的优点是成型不受产品尺寸和形状限制，设备及工艺简单，适宜尺寸大、批量小、形状复杂的产品的生产；但生产效率低、生产周期长，不宜大批量生产，且产品质量不易控制，性能稳定性不高，生产环境差、气味大、加工时粉尘多，易对施工人员造成伤害。

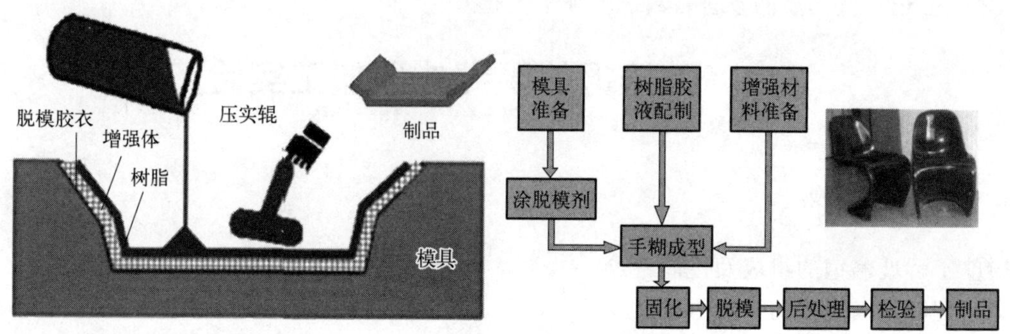

图 5-1　手糊成型工艺过程

生产玻璃钢制品时必须使用模具，制作玻璃钢模具的材料要求易得且价格较低，具有足够的刚度及强度，具有良好的耐腐蚀性能，脱模容易并具有足够长的使用周期，尺寸精度高且表面光洁度满足目标产品要求。制作玻璃钢的模具根据所用材质的不同可分为金属模、水泥模、木模、石膏模、玻璃钢模等，不同材质的模具具有各自的优缺点。如金属模表面光洁度和尺寸精度高，且强度大、模量高，可承受较高的成型压力而不变形以及多次反复使用，但金属模一次性投资成本高；水泥模成本低、形状灵活多变、刚性好、坚固耐用，但其成型后不能移动，表面较粗糙；木模加工制作方便、成本低、形状灵活多变、具有较高的硬度且变形小，但木模不耐用，高温条件下还会开裂；石膏模材料易得且价格低廉，可制作出各种造型的模具，但其强度较低，抗冲击性能差，使用前需进行干燥；玻璃钢模制作周期短、成型方便、质量轻、强度较高、刚性较大、耐腐蚀且维护方便，但成本较高，一些大型的玻璃钢模具还易翘曲变形。

树脂胶液的工艺指标包括凝胶时间、固化程度及黏度 3 个指标。

① 树脂胶液配制好后到开始发热、发黏和失去流动性的时间称凝胶时间。一般希望胶液在糊制完成后停一段时间再凝胶。如果凝胶时间过短，施工中会因胶液发黏浸不透纤维而影响质量；反之，长期不凝胶，会引起树脂胶液流失和交联剂挥发，使固化不完全，强度降低。树脂凝胶的品质与凝胶时间、环境温度、产品厚度、配方等有关。

② 完全固化是保证产品质量的重要条件。从工艺的角度考虑，固化强度分使用强度和脱模强度，前者要求产品达到使用强度，而后者则需要保证制品具有脱模强度，玻璃钢脱模剂决定了制品是否能从模具上完好无损地脱下来。

③ 树脂黏度又叫流动性，是手糊成型工艺中一个重要指标，如果黏度过低会出现流胶现象影响质量；如果黏度过高则会造成涂胶困难。

下面以平板玻璃钢为例介绍聚合物基复合材料的手糊成型加工实验。

5.1.3　实验设备及材料

① 设备：矩形玻璃钢模具；刷子；压辊；剪刀或裁纸刀。

② 材料：玻璃纤维布；环氧树脂；固化剂；催化剂；脱模胶衣。

5.1.4　实验步骤

① 将矩形玻璃钢模具擦拭干净，并将脱模胶衣置于模具底部表面。

② 将环氧树脂和固化剂按 100∶80 配制，然后加入 2～3 滴催化剂，搅拌均匀制备树脂胶液。

③ 按矩形玻璃钢模具尺寸，用剪刀裁剪相应尺寸的玻璃纤维布。

④ 在脱模胶衣上刷涂树脂胶液，然后铺设一层玻璃纤维布，用压辊辊实并排出气体。

⑤ 再继续使用刷子刷涂树脂胶液和铺设玻璃纤维布，涂抹均匀，继续辊实排气，如此往复操作直至达到需要的厚度。

⑥ 固化：在成型制件上面铺设一层胶衣，然后置于 120℃和 150℃分别固化 1h 得到平板玻璃钢。

5.1.5　实验记录与结果分析

① 记录矩形玻璃钢模具的尺寸（长、宽、高）。

② 分组进行实验，记录不同固化温度，根据平板玻璃钢的表面质量及强度分析固化温度对玻璃钢制品性能的影响。

③ 分组进行实验，记录不同环氧树脂、固化剂和催化剂配比，根据平板玻璃钢的表面质量及强度分析树脂黏度对玻璃钢制品性能的影响。

5.1.6　注意事项

① 手糊成型使用的玻璃纤维布尽可能选用经过前处理的纤维增强材料，不论是哪种纤维及制品，使用前一定不能沾上油污，要保持干燥。

② 玻璃纤维布的剪裁设计很重要，一般应集中剪裁，以提高效率和节约用布。剪裁时应注意以下 4 点：a. 对表面起伏变化比较大的产品，要局部将纤维布剪开，但尽量少开刀，并注意把开口部位错开；b. 剪裁玻纤布的大小，要根据产品的尺寸、性能要求和操作难易程度来决定，小块强度低、接头多，如果施工方便的话，尽可能采用大块布糊制；c. 纤维布的经纬向强度不同，根据设计要求，纵横交替铺放，对有方向性强度要求的制品，可使用单向布增强；d. 增强材料的搭接长度一般取 50mm，在厚度要求严格时，可采取对接，但要注意错缝。

③ 使用剪刀或裁纸刀等工具时应注意安全，切勿伤及自己或别人。

④ 树脂自身黏度较高，实验过程中应尽量不要让树脂洒落在操作台及衣服上，操作时应戴上塑料或橡胶手套。若有树脂洒落在操作台或衣服上，应及时擦拭干净，并用丙酮或加洗衣粉的开水及时清洗。特别是加入固化剂和促进剂后的树脂，如果不及时清洗，一旦树脂固化，再进行清洗将变得十分困难。

⑤ 手糊成型制品常采用室温固化，但周期较长。为了缩短固化周期，提高生产效率，可进行高温后固化处理。

⑥ 当制品固化到一定强度后方可进行脱模，操作过程中应注意不要损坏制品的内外表面，不能直接用锤子等工具用力敲砸制品。

⑦ 当发现糊制的制品有缺胶等缺陷时，应在制品固化后将有质量缺陷的部分打磨拉毛，然后再进行手工糊制修复处理。

5.1.7 思考题

① 手糊成型制备玻璃钢过程中加入固化剂和催化剂有什么作用?
② 手糊成型制备聚合物基复合材料与其他成型工艺相比有何优缺点?
③ 凝胶时间、固化程度及黏度是如何影响手糊成型玻璃钢制品性能的?
④ 不饱和聚酯树脂固化机理是什么? 为什么不饱和聚酯树脂一般需要避光低温保存?

5.2 刨花板的热压成型加工实验

5.2.1 实验目的

① 了解刨花板的组成及性能特点。
② 掌握热压成型的基本原理及热压机的操作。
③ 掌握热压成型工艺参数对刨花板质量的影响。

5.2.2 实验原理

刨花板是指以木质纤维为主要原料，经过干燥后施加胶黏剂和其他添加剂，然后在一定的温度和压力下热压成型制成的一种人造板。制作刨花板的原料包括木材或木质纤维材料，以及胶黏剂和添加剂两类，前者占板材干重的90%以上。木材原料多取自木材加工过程中剩下的木片、碎料、刨花、木屑等废料，非木质材料如竹屑、稻壳、麦秆、大豆皮、花生壳、甘蔗渣、麻秆等也可制成板材。胶黏剂多用脲醛树脂胶和酚醛树脂胶。其中脲醛树脂胶色淡，固化温度低，对各种植物原料如麦秆、稻壳等都有良好的胶合效果。人造板的诞生，标志着木材加工现代化时代的开始。人造板还可提高木材的综合利用率，$1m^3$ 人造板可代替 $3\sim5m^3$ 原木使用。

热压成型是塑料加工业中普遍使用的加工方法，加热热压模具后，注入物料，以压力将模型固定于加热板，控制物料熔融温度及时间，以使熔化后硬化、冷却，再取出模型及成品即可。热压成型按施压方式的不同可分为真空成型和压缩成型。压缩成型是将物料置于模具加热软化后，再施加压力以成型；而真空成型所加压力来源，可以是单边抽真空，也可以是一边抽真空，另一边辅以高压。与其他加工法比较，热压成型法具有模具便宜、成品厚度均匀等优点。

热压成型使用的设备是热压机，其结构如图 5-2 所示。热压机的工作原理其实就是在负压的基础上加以正压，配以专用胶水，进行加工处理。热压机还具有压力大、温度低、模压时间短的特性，解决了负压设备加工工件时的变形问题，使工件的变形程度大大降低，保证了产品的质量和性能。此外，热压机通过调整可使进台、升台、加温、真空、模压、脱模、降台的加工工序自动完成。热压机的广泛应用主要体现在各种人造板的应用，如胶合板、细木工板、中纤板、刨花板、表面压贴各类装饰材料、装饰布、木皮、PVC 等，同时还可以用于单板干燥、整平，彩色装饰木片的整平、定型，效果十分显著。

热压成型生产刨花板的主要工艺要求如下：

① 适当的含水率。表层含水率为18%～20%时有利于抗弯强度、抗拉强度和表面光洁度的提高，减小卸压时板坯鼓泡分层的可能性。芯层含水率应适当低于表层，以保持适当的平面抗拉强度。

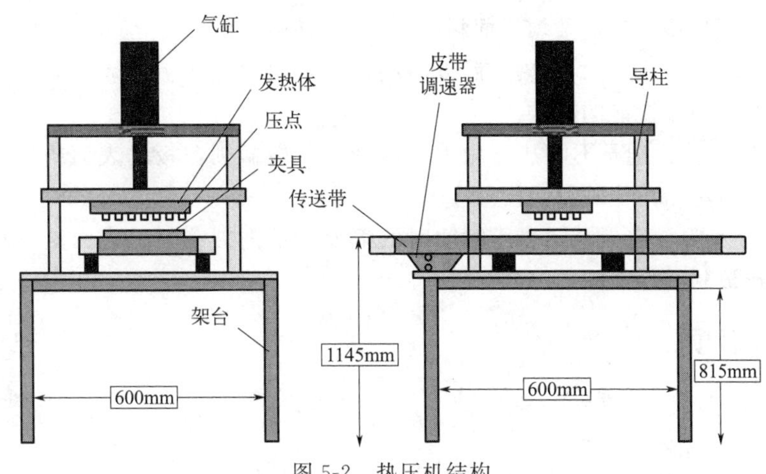

图 5-2　热压机结构

② 适当的热压压力。压力能影响刨花之间接触面积、板材厚度偏差和刨花之间胶料转移程度。按照产品不同密度要求，热压压力一般为 1.2～1.4MPa。

③ 适当的温度。温度过高不仅会使脲醛树脂分解，也会造成升温时板坯局部提前固化而产生废品。

④ 适当的加压时间。时间过短，则中层树脂不能充分固化，成品在厚度方向的弹性恢复加大，平面抗拉强度显著降低。

下面以刨花板为例介绍聚合物基复合材料的热压成型加工实验。

5.2.3　实验设备及材料

① 设备：热压机；搅拌机；干燥箱；成型框（自制）；电子天平。

② 材料：木质刨花；脲醛树脂胶黏剂（固体含量 50%）；固化剂（氯化铵固体，含量 99.5%）；面粉（填料）。

5.2.4　实验步骤

① 将木质刨花置于干燥箱中干燥到工艺所需要的含水率（10%左右）。

② 将固化剂氯化铵配制成 20%的溶液，按照固体胶黏剂 100 份，固化剂 0.2～1 份，面粉 5～10 份的配比将三种原料均匀混合。加入时先将面粉倒入脲醛树脂胶中，边加入边搅拌，搅拌均匀后再加入氯化铵。每加一种材料后都要搅拌均匀后再加入第二种材料，切不可将氯化铵先加入，以免面粉结团。

③ 称取一定量干燥后的木质刨花放入搅拌机中，打开搅拌机，并将配好的胶黏剂缓慢倒入搅拌箱中，通过搅拌使胶黏剂均匀混于木质刨花中。

④ 搅拌均匀后取出木质刨花放入自制成型框中预压，然后放入热压机中进行热压成型，热压压力为 0.8～1.5MPa，热压温度为 110～160℃，热压时间为 0.8～1.5min/mm 板厚＋1min。

⑤ 热压结束后，关闭热压机并取出成板。

⑥ 待板冷却后进行裁边，并根据实验要求裁取后续实验所需试件。

5.2.5　实验记录与结果分析

① 记录热压机型号、自制成型框的尺寸（长、宽、高）以及原料配比（木质刨花、脲

醛树脂胶黏剂、氯化铵固化剂及填料面粉)。

② 分组进行实验，记录不同热压温度时的情况，根据刨花板的表面质量及强度，分析热压温度对刨花板制品性能的影响。

③ 分组进行实验，记录不同热压压力时的情况，根据刨花板的表面质量及强度，分析热压压力对刨花板制品性能的影响。

④ 分组进行实验，记录不同热压时间时的情况，根据刨花板的表面质量及强度，分析热压时间对刨花板制品性能的影响。

5.2.6 注意事项

① 拼板时注意把刨花铺装均匀。

② 热压机温度过高，小心烫伤。

③ 人造板材是利用天然木材和其加工中的边角废料，经过机械加工而成的板材。在生产过程中绝大部分采用的是脲醛树脂或改性的脲醛胶，这类胶黏剂具有胶接强度高、不易开胶的特点，但它在一定条件下会释放甲醛。甲醛被世界卫生组织确定为致癌和致畸性物质，对人体健康的影响主要表现在嗅觉异常、刺激、致敏、肺功能异常、肝功能异常和免疫功能异常等方面。当甲醛浓度达到一定程度，会引起气喘、异味和不适感；可刺激眼睛，引起流泪，引起咽喉不适或疼痛；浓度更高时，可引起恶心呕吐、咳嗽胸闷、气喘、肺水肿，甚至死亡。因此，实验全过程必须戴好相关防护用品（防护服、口罩、手套等）。

5.2.7 思考题

① 热压成型制备刨花板过程中加入固化剂和填料有什么作用?

② 热压成型制备聚合物基复合材料与其他成型工艺相比有何优缺点?

③ 热压温度、热压压力及热压时间是如何影响热压成型刨花板制品性能的?

5.3 摩阻复合材料的模压成型加工实验

5.3.1 实验目的

① 进一步巩固和熟悉模压成型的操作方法。

② 了解摩阻复合材料的常用配方及制造工艺。

③ 了解摩阻复合材料中聚合物基体、增强纤维以及性能调节剂的作用。

5.3.2 实验原理

关于模压成型方法的基本原理、成型设备及其操作、工艺过程及工艺参数对模压制品性能的影响可参考4.3热固性塑料的模压成型加工实验，本次实验是利用模压成型方法制备摩阻复合材料，以进一步巩固和熟悉模压成型的操作方法。

摩阻复合材料是以金属、陶瓷或聚合物为基体，加入各种增强材料及性能调节剂组成的复合材料。摩阻复合材料具有高而稳定的摩擦系数，耐磨性能和磨合性能优良，导热性好，热容大，且具有一定的高温机械强度等性能。因此，摩阻复合材料能在工作中与对偶摩擦产生足够大的摩擦力而达到传递动力、实现离合器的功能，以及产生足够大的阻力实现制动器减速停车的功能。目前广泛应用于车辆交通、工程机械离合器与制动器制造等领域。

聚合物基摩阻复合材料主要由树脂基体、增强纤维和填料组成，具有轻质、节能（摩擦系数小）、无润滑运动、耐磨性好等特点。聚合物基摩阻复合材料各组成部分的作用如下：

① 树脂基体。树脂基体的作用是将摩阻材料的不同组分牢固地黏结在一起，使载荷均匀分布、传递并分配到各种增强材料上。树脂必须有卓越的黏结性和一定的耐高温性以保证次摩擦层有足够的强度，同时应具有突出的柔韧性和适中的硬度；树脂分解后的残留物须具有一定的摩擦性能，以保证稳定的摩擦系数。目前，酚醛改性树脂被广泛用来作为摩阻复合材料的基体材料。

② 增强纤维。增强纤维的性能与摩阻材料的摩擦磨损性能密切相关，其好坏直接影响对基体材料的增强效果。过去常用的增强材料为石棉。但由于石棉粉尘吸入肺中会导致硅肺甚至肺癌，因此石棉渐渐被淘汰。无石棉摩阻材料中的增强材料大多分为两大类：一类是天然或合成纤维，比如玻璃纤维、碳纤维、硅纤维、钢纤维、芳纶纤维等；另一类是几种纤维相混合形成的混杂纤维，比如碳纤维和有机纤维混杂、钢纤维和碳纤维混杂等。其中，混杂纤维能充分发挥各纤维的优点，更好地满足摩阻材料的性能要求，是近年来的发展方向。比如，碳纤维在低温下摩擦系数较小，但随着温度升高，其摩擦系数逐渐增大；而钢纤维在低温下摩擦系数较大，但随着温度升高，其摩擦系数逐渐减小。若将二者混杂，不仅可使材料具有较强的散热能力，而且还可对摩擦系数进行互补，确保材料从高温到低温都能保持稳定的摩擦系数。

③ 填料。填料是摩阻材料中不可缺少的组分，主要起改善材料的物理与力学性能、调节摩擦性能及降低成本的作用。根据摩阻材料对摩擦性能的要求，加入的填料成分有的起增加摩擦系数的作用，即作为增摩剂，如金属氧化物、石英铅、橡胶粉、腰果壳油摩擦粉等；有的起降低摩擦系数的作用，即作为减摩剂，如二硫化钼、铅、锡、硫酸钡等。

下面以摩阻复合材料为例介绍聚合物基复合材料的模压成型加工实验。

5.3.3 实验设备及材料

① 设备：平板硫化机；高速混料机；模具；烧杯；电子天平。

② 材料：酚醛树脂（含固化剂）；金属铜粉；氧化铝粉；硫酸钡（100目）；钢绒纤维；PAN基碳纤维。

5.3.4 实验步骤

① 按照配方要求，称量各个组分原料：含固化剂酚醛树脂（质量份数18～22）、金属铜粉（质量份数1～3）、氧化铝粉（质量份数2～4）、100目硫酸钡（质量份数10～20）、钢绒纤维（质量份数15～30）、PAN基碳纤维（质量份数12～15）。

② 将钢绒纤维和PAN基碳纤维在高速混料机内混合、开松打散，然后加入树脂粉末，搅拌3～5min后，将铜粉、氧化铝粉、100目硫酸钡等倒入其中，搅拌均匀后得到模压粉。

③ 将平板硫化机升温到165℃，给模具涂上脱模剂后将其放到平板硫化机的平板上预热10min。

④ 将模压粉称量后，先在80℃预烘8～10min，然后趁热将其装入模具中，在2～3min内起闭模具放气2～3次。

⑤ 加压至8～10MPa，并保温保压20～30min。

⑥ 取出模具后，冷却、脱模、修边整形。

5.3.5 实验记录与结果分析

① 记录平板硫化机型号，记录模具的尺寸（长、宽、高）以及原料配比（树脂基体、增强纤维及填料）。

② 分组进行实验，记录不同模压温度（其他条件不变），根据所得摩阻复合材料的表面质量分析模压温度对摩阻材料性能的影响。

③ 分组进行实验，记录不同模压压力（其他条件不变），根据所得摩阻复合材料的表面质量分析模压压力对摩阻材料性能的影响。

④ 分组进行实验，记录不同模压时间（其他条件不变），根据所得摩阻复合材料的表面质量分析模压时间对摩阻材料性能的影响。

5.3.6 注意事项

① 在使用平板硫化机的过程中应注意安全，避免被烫伤或受到机械伤害。

② 树脂固化剂的加入量要适当。加入固化剂过多会导致固化过快，不利于成型及制品的性能；加入固化剂过少则固化周期变长，影响实验进程，同时也会对制品性能产生不利影响。固化剂的具体用量，应根据整体配方适当调整。

5.3.7 思考题

① 摩阻复合材料模压成型的工艺流程是什么？

② 摩阻复合材料所用的增强纤维分为哪几种？和单一纤维相比，使用混杂纤维有何优点？试举例说明。

③ 在聚合物基摩阻复合材料中，树脂基体、增强纤维和填料分别起什么作用？

④ 摩阻复合材料在哪些领域有应用？

5.4 玻璃钢罐的纤维缠绕成型加工实验

5.4.1 实验目的

① 了解纤维缠绕成型的工艺过程、特点及应用。

② 了解纤维缠绕成型的方法。

③ 掌握纤维缠绕成型设备缠绕机的操作方法。

5.4.2 实验原理

纤维缠绕成型工艺是树脂基复合材料的主要制造工艺之一。它是一种在控制张力和预定线型的条件下，应用专门的缠绕设备将连续纤维或布带浸渍树脂胶液后连续、均匀且有规律地缠绕在芯模或内衬上，然后在一定温度环境下使之固化，脱模后成为一定形状制品的复合材料成型方法。

纤维缠绕成型具有下列优点：①能够按产品的受力状况设计缠绕规律，能充分发挥纤维的强度；②比强度高，一般来讲，纤维缠绕压力容器与同体积、同压力的钢质容器相比，重量可减轻40%～60%；③可靠性高，纤维缠绕制品易实现机械化和自动化生产，工艺条件确定后，缠出来的产品质量稳定、精确；④生产效率高，采用机械化或自动化生产，需要的操作工人少，缠绕速度快（240m/min），故劳动生产率高；⑤成本低，在同一产品上，可合理配选若干种材料（包括树脂、纤维和内衬），使其再复合，达到最佳的技术经济效果。

但纤维缠绕成型也存在下列缺点：①缠绕成型适应性小，不能缠任意结构形式的制品，特别是表面有凹的制品，因为缠绕时纤维不能紧贴芯模表面而架空；②缠绕成型需要有缠绕机、芯模、固化加热炉、脱模机及熟练的技术工人，需要的投资大，技术要求高，因此只有大批量生产时才能降低成本，获得较高的技术经济效益；③纤维缠绕成型制品的轴向增强比较困难。纤维缠绕成型适合于下列制品的生产：玻璃钢罐、压力容器（图5-3）、导弹发射管、发动机箱、汽车弹簧片、油箱轴承等。

图5-3　纤维缠绕成型法制造的压力容器

纤维缠绕成型的工艺过程如图5-4所示，将纤维增强体排列在纱架上，然后纤维自纱架退绕，通过树脂槽浸渍树脂；缠绕小车往复移动并带动已浸渍纤维缠绕在回转芯轴上；固化后脱模得到回转体制品。根据纤维缠绕成型时树脂基体的物理化学状态不同，分为干法缠绕、湿法缠绕和半干法缠绕三种。

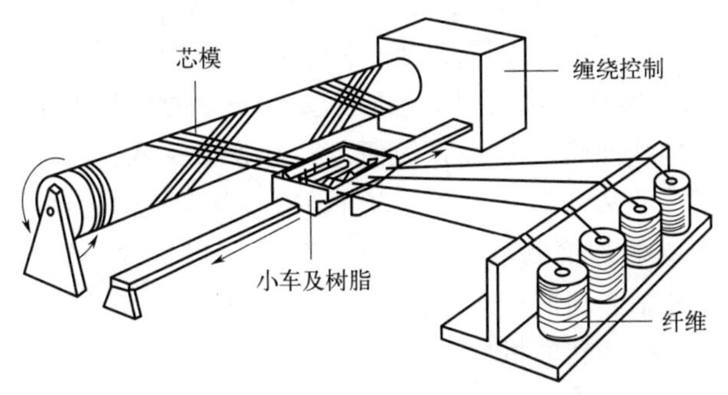

图5-4　纤维缠绕成型工艺过程

① 干法缠绕。干法缠绕是采用经过预浸胶处理的预浸纱或带，在缠绕机上经加热软化至黏流态后缠绕到芯模上。由于预浸纱（或带）是专业生产的，能严格控制树脂含量（精确到2%以内）和预浸纱（或带）质量。因此，干法缠绕能够准确地控制产品质量。干法缠绕工艺的最大特点是生产效率高，缠绕速度可达100～200m/min，缠绕机清洁，劳动卫生条件好，产品质量高。其缺点是缠绕设备贵，需要增加预浸纱制造设备，故投资较大。此外，干法缠绕制品的层间剪切强度较低。

② 湿法缠绕。湿法缠绕是将纤维集束（纱或带）浸胶后，在张力控制下直接缠绕到芯模上。湿法缠绕的优点为：a. 成本比干法缠绕低40%；b. 产品气密性好，因为缠绕张力使多余的树脂胶液将气泡挤出，并填满空隙；c. 纤维排列平行度好；d. 湿法缠绕时，纤维上的树脂胶液可减少纤维磨损；e. 生产效率高（达200m/min）。湿法缠绕的缺点为：a. 树脂浪费大，操作环境差；b. 含胶量及成品质量不易控制；c. 可供湿法缠绕的树脂品种较少。

③ 半干法缠绕。半干法缠绕是纤维浸胶后，到缠绕至芯模的途中，增加一套烘干设备，

将浸胶纱中的溶剂除去。与干法相比，省却了预浸胶工序和设备；与湿法相比，可使制品中的气泡含量降低。

三种缠绕方法中，以湿法缠绕应用最为普遍；干法缠绕仅用于高性能、高精度的尖端技术领域。

使用纤维缠绕成型工艺制备纤维增强树脂基复合材料的三要素：原材料、芯模和缠绕机。

① 原材料。纤维缠绕成型的原材料主要是纤维增强材料、树脂基体和填料。缠绕成型用的增强材料主要是各种纤维纱，如无碱玻璃纤维纱、中碱玻璃纤维纱、碳纤维纱、高强玻璃纤维纱、芳纶纤维纱及表面毡等。树脂基体是指树脂和固化剂组成的胶液体系。缠绕制品的耐热性、耐化学腐蚀性及耐自然老化性主要取决于树脂性能，同时对工艺性、力学性能也有很大影响。缠绕成型常用树脂主要是不饱和聚酯树脂，如环氧树脂、双马来酰亚胺树脂等。填料种类很多，加入后能改善树脂基体的某些性能，如提高耐磨性、增加阻燃性和降低收缩率等。

② 芯模。成型中空制品的内模称芯模。一般情况下，缠绕制品固化后，芯模要从制品内脱出。芯模设计的基本要求是：a. 要有足够的强度和刚度，能够承受制品成型加工过程中施加于芯模的各种载荷，如自重、制品重、缠绕张力、固化应力、二次加工时的切削力等；b. 能满足制品形状和尺寸精度要求，如形状尺寸、同心度、椭圆度、锥度（脱模）、表面光洁度和平整度等；c. 保证产品固化后，能顺利从制品中脱出；d. 制造简单，造价便宜，取材方便。缠绕成型的芯模材料分两类：熔、溶性材料（如石蜡、聚乙烯醇型砂、低熔点金属等）和组装式材料（如铝、钢、夹层结构、木材及石膏等）。

③ 缠绕机。缠绕机是实现缠绕成型工艺的主要设备，对缠绕机的要求是：a. 能够实现制品设计的缠绕规律，排纱准确；b. 操作简便；c. 生产效率高；d. 设备成本低。缠绕机主要由芯模驱动和绕丝嘴驱动两大部分组成。为了消除绕丝嘴反向运动时纤维松线，需要保持张力稳定，并在封头及锥形缠绕制品时精确布置纱带，以实现小缠绕角（0°～15°）缠绕，在缠绕机上设计有垂直芯轴方向的横向进给（伸臂）机构；为防止绕丝嘴反向运动时纱带转拧，伸臂上设有能使绕丝嘴翻转的机构。

下面以玻璃钢罐为例介绍聚合物基复合材料的纤维缠绕成型加工实验。

5.4.3 实验设备及材料

① 设备：计算机控制缠绕机；高压氧气瓶铝内胆缠绕芯模。

② 材料：环氧树脂（含固化剂）；玻璃纤维缠绕纱。

5.4.4 实验步骤

① 将高压氧气瓶铝内胆缠绕芯模固定在缠绕机头架和尾架之间。

② 向浸胶槽中注入已配制好的环氧树脂（含固化剂）胶液。

③ 将几股玻璃纤维缠绕纱集结成束，测量纤维集束宽度。

④ 将玻璃纤维束依次穿过丝孔、浸胶槽、张紧辊、绕丝嘴、导向轮，按一定的缠绕角度缠绕在芯模上。

⑤ 启动电机，让芯模旋转，开始缠绕。

⑥ 当玻璃纤维缠绕达到要求厚度时，关闭电机停止缠绕。

⑦ 待固化结束后脱模，取出玻璃钢罐制品。

5.4.5　实验记录与结果分析

① 记录缠绕机型号，记录高压氧气瓶铝内胆缠绕芯模的尺寸（长、宽、高）以及玻璃纤维缠绕纱集束宽度。

② 分组进行实验，记录不同纤维集束宽度（其他条件不变），根据后期所测玻璃钢罐制品的强度分析纤维集束宽度对纤维缠绕成型制品性能的影响。

③ 分组进行实验，记录不同纤维缠绕角度（其他条件不变），根据后期所测玻璃钢罐制品的强度分析纤维缠绕角度对纤维缠绕成型制品性能的影响。

5.4.6　注意事项

① 纤维缠绕角度和纤维集束宽度不同，使得样品所能承受的强度也不同。因此，纤维缠绕角度和纤维集束宽度的计算和控制尤为重要。

② 缠绕机下面严禁放置任何物体，确保机械安全运行；严格按照操作手册进行操作；缠绕机转动时，严禁将手或者其他物品伸入；操作人员要站在安全区进行操作，在缠绕机作业的时候要离远一点，保持一定距离。

③ 做好防电、接地或者接零线要牢靠，防止设备漏电。

5.4.7　思考题

① 纤维缠绕成型工艺的技术特点是什么?

② 纤维缠绕时纤维张力大小有何影响?

③ 纤维缠绕的模具一定是凸形的吗? 凹形的模具是否能缠绕成型?

5.5　玻璃钢型材的拉挤成型加工实验

5.5.1　实验目的

① 了解拉挤成型的工艺过程、特点及应用。

② 了解拉挤成型设备的组成及拉挤成型工艺的关键工序。

③ 了解拉挤成型玻璃钢型材使用的主要原材料。

5.5.2　实验原理

拉挤成型工艺是一种连续生产复合材料型材的方法，它是通过牵引装置的连续牵引，将纱架上的无捻玻璃纤维粗纱和其他连续增强材料、聚酯表面毡等进行树脂胶液浸渍，然后通过一定截面形状的成型模具，并使其在模内加热固化成型后连续出模，由此形成拉挤复合材料型材制品的一种自动化生产工艺。

拉挤成型的典型工艺流程为：玻璃纤维粗纱排布—浸胶—预成型—挤压模塑及固化—牵引—切割—制品，如图 5-5 所示。首先，将浸渍过树脂胶液的连续纤维束或带状织物在牵引装置作用下通过成型模而定型；其次，继续牵引并在模中或固化炉中加热固化；最后，制成具有特定横截面形状和长度不受限制（将型材牵引出后可按要求长度使用切割机切断）的复合材料，如管材、棒材、槽型材、工字型材、方型材等各种型材。拉挤成型工艺具有下列优点：①生产效率高，易于实现自动化；②制品中增强材料的含量一般为40%～80%，能够充分发挥增强材料的作用，制品性能稳定可靠；③不需要或仅需要进行少量加工，生产过程中树脂损耗少；④制品的纵向和横向强度可任意调整，以适应不同制品的使用要求，其长度可根据需要定长切割。拉挤成型工艺存在的缺点是产品形状单调，而且横向强度不高。拉挤成型制品包括各种杆棒、平板、空心管及型材，应用范围非常广泛。

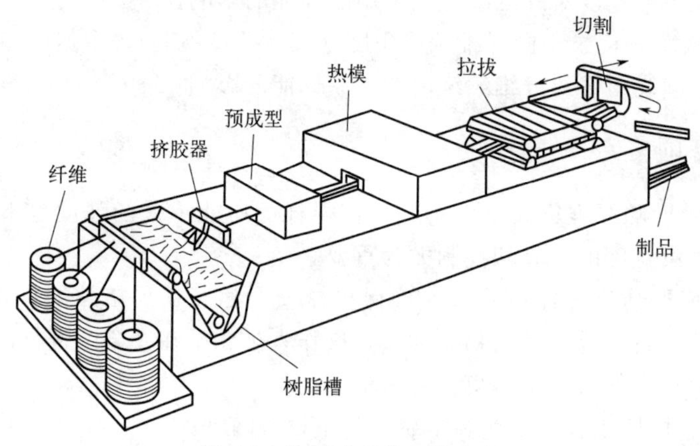

图 5-5 拉挤成型的工艺流程

拉挤成型设备是拉挤成型机，其组成如下：

① 增强材料传送系统：如纱架、毡铺展装置、纱孔等。

② 树脂浸渍装置：直槽浸渍法最常用，在整个浸渍过程中，纤维和毡排列应十分整齐。

③ 预成型装置：浸渍过的增强材料穿过预成型装置，以连续方式谨慎地传递，以确保它们的相对位置，逐渐接近制品的最终形状，并挤出多余的树脂，然后再进入模具，进行成型固化。

④ 模具：模具是在系统确定的条件下进行设计的。根据树脂固化放热曲线及物料与模具的摩擦性能，将模具分成三个不同的加热区，其温度由树脂系统的性能确定。模具是拉挤成型工艺中最关键的部分，其作用是实现坯料的压实、成型和固化；模具通常用电加热，对高性能复合材料采用微波加热；模具入口处需有冷却装置，以防胶液过早固化。典型模具的长度范围在0.6～1.2m之间。

⑤ 牵引装置：牵引装置本身可以是一个履带型拉出器或两个往复运动的夹持装置，以确保连续运动。

⑥ 切割装置：型材由一个自动同步移动的切割锯按需要的长度切割。

拉挤成型工艺的关键工序主要是预成型温度、模具温度分布、牵引力大小（拉挤速度）。

① 预成型温度。预浸料在前进过程中，树脂受热发生交联反应，黏度降低，黏滞阻力增加，并开始凝胶，进入凝胶区；树脂逐渐变硬，发生收缩并与模具脱离。树脂与纤维一起以相同的速度均匀向前移动，在固化区受热继续固化，并保证出模时达到规定的固化度。固化温度通常大于胶液放热峰的峰值，并使温度、凝胶时间和牵引速度相匹配。

② 模具温度分布。拉挤模具一般有三个加热区：预热区、凝胶区和固化区，其温度控制与分布是拉挤工艺的关键工艺参数之一，三区温度不仅影响产品的表面质量而且严重影响产品的力学性能。若预热区温度太高，凝胶点前移，脱离点离模具末端太远，牵引力增加，

可能发生局部粘膜，生产中掉沫严重，制品表面粗糙；若预热区温度太低，材料预热不充分，会造成脱模困难，牵引力增大，甚至堵模，工艺失败。凝胶区的温度也必须控制在适当的范围内，若该区温度太高，同时树脂固化反应时放出大量热量，可能致树脂基体因局部温度过高而裂解，使复合材料性能降低；若凝胶区温度太低，则树脂在凝胶区的固化反应不够充分，从而导致粘膜，牵引力增加，制品表面质量差。固化区的温度控制以使树脂在该区充分固化为原则。温度太低不能使树脂完全固化；温度太高，一是浪费能源，二是可能增大制品的内应力，影响制品的尺寸稳定性以及它的力学性能，甚至可能使树脂基体裂解而影响制品性能。

③ 牵引力大小（拉挤速度）。牵引力是保证制品顺利出模的关键。牵引力的大小取决于产品与模具间的界面剪应力。剪应力随牵引速度的增加而降低，并在模具的入口处、中部和出口处出现三个峰值。入口处的峰值是由该处树脂的黏滞阻力产生的，其大小取决于树脂黏性流体的性质、入口处温度及填料含量。在模具内树脂黏度随温度升高而降低，剪应力下降，随着固化反应的进行，黏度及剪应力增加。第二个峰值与脱离点相对应，并随牵引速度的增加，大幅度降低。第三个峰值在出口处，是制品固化后与模具内壁摩擦而产生的，其值较小。牵引力在工艺控制中很重要。要使制品表面光洁，则要求脱离点处的剪应力（第二个峰值）小，并且尽早脱离模具。牵引力的变化反映了制品在模具中的反应状态，并与纤维含量、制品形状和尺寸、脱模剂、温度、牵引速度等因素有关。

拉挤成型玻璃钢使用的主要原材料是树脂基体、纤维增强材料及辅助材料。拉挤成型玻璃钢主要采用不饱和聚酯树脂和乙烯基酯树脂，其他树脂还有酚醛树脂、环氧树脂、甲基丙烯酸树脂等。拉挤成型玻璃钢所用的纤维增强材料，主要以 E 玻璃纤维无捻粗纱居多；为了特殊用途制品的需要也可选用碳纤维、芳纶纤维、聚酯纤维、维尼纶等合成纤维；为了提高中空制品的横向强度，还可采用连续纤维毡、布、带等作为增强材料。辅助材料主要是各种添加剂（如引发剂、固化剂、着色剂、填料、脱模剂等）。

下面以玻璃钢型材为例介绍聚合物基复合材料的拉挤成型加工实验。

5.5.3　实验设备及材料

① 设备：拉挤成型机。

② 材料：酚醛树脂胶液（含固化剂）；E 玻璃纤维无捻粗纱；脱模剂。

5.5.4　实验步骤

① 开机前检查设备各部位机组的润滑、传动、电气控制等情况，并提前 1～2h 启动加温系统，应按工艺规定设置各区温度，并在开机前进行检查，以防止温度控制过高或过低。

② 检查 E 玻璃纤维无捻粗纱的穿纱是否层次分明，排列有序，有无交叉错乱现象，检查表面毡和内毡是否放置好，轴是否可以顺畅转动出毡。准备好牵引绳，并试机观察气压、牵引转速、树脂槽装置、加温控制系统、各部电气开关、上下水、电、气等情况，确认无问题后方可开机生产。

③ 把搅拌均匀的树脂液加入树脂槽，将纱压入树脂槽，根据工艺规程穿纱过预成型装置，锌棒与模具套要连接牢靠，螺丝旋紧以防铁质镀锌棒芯进模具而使产品不能正常出模具。

④ 树脂液、纱及毡准备就绪，各项要求符合工艺规定后方可开机，开机时要分工操作，密切配合。

⑤ 打开牵引机，启动开关牵引，操作者要注意树脂配料和玻璃纤维纱进模具情况；观察牵引机速度，并注意机器有无异常响动，此时操作者不准离开机台，防止发生问题不能及时发现。

⑥ 玻璃纤维制品从模具口挤出后，要观察玻璃纤维制品的表面、同心度、外径等情况，等玻璃纤维制品正常化时，开始调整牵引机速度（温度和速度成正比），把玻璃纤维制品厚度调节均匀，防止同心度偏差。

⑦ 按工艺规定取样检查玻璃纤维制品，并检查玻璃纤维制品挤出后的质量，如同心度、强度、表面光泽度、直线度、外径、内孔等是否符合工艺要求，横截面不应有肉眼可见的气孔等。

⑧ 生产结束后停机，要及时关掉模具电源，然后再拆除模具，把模具从加热装置中取出，关掉牵引机电源，把玻璃纤维制品从牵引机中取出。

5.5.5 实验记录与结果分析

① 记录拉挤成型机型号，记录拉挤成型过程中的各工艺参数（如预成型温度、模具温度分布、拉挤速度等）。

② 分组进行实验，记录不同预成型温度（其他条件不变），根据玻璃纤维制品拉挤出后的质量，分析预成型温度对拉挤成型制品性能的影响。

③ 分组进行实验，记录不同模具温度分布（其他条件不变），根据玻璃纤维制品拉挤出后的质量，分析模具温度分布对拉挤成型制品性能的影响。

④ 分组进行实验，记录不同拉挤速度（其他条件不变），根据玻璃纤维制品拉挤出后的质量，分析拉挤速度对拉挤成型制品性能的影响。

5.5.6 注意事项

① 模具温度分布加热器共有三个温度段（分别对应预热区、凝胶区和固化区），温度应逐次升高，三段的温差控制在 20～30℃，温度梯度不宜过大。此外，还应考虑固化反应放热的影响，通常三个区域分别用三个加热系统来控温。

② 为了防止成型的玻璃钢制品在模具上黏着的附加荷载，必须在制品与模具之间施加一类隔离膜（即脱模剂）以便制品很容易从模具中脱出，以保证制品表面质量和模具的完好无损。通常，内脱模剂的起始用量为树脂量的 1%，有效添加范围是基于树脂重量的 0.75%～2%，应根据实际情况适当调整。

③ 在拉挤生产中，如果阻力过大又找不到原因时，就需要适当增加脱模剂用量。在使用时应注意加料顺序，在混合时应在加入固化剂、填料和其他树脂添加剂之前，将内脱模剂加入树脂体系中并混合均匀。这样可以达到最佳的脱模效果。

④ 在穿纱过程中，始终遵循“前后对齐、上下左右平行”的原则，使纱不管在哪一阶段，都应层次分明，没有交叉、缠结的现象。

⑤ 为了提高拉挤制品的横向性能，从原材料架上引出进入浸渍工序的还有各种形式的织物，如缝编毡、针刺毡、表面毡、多轴向织物、连续毡等。

5.5.7 思考题

① 拉挤成型工艺的技术特点是什么？

② 拉挤成型过程中使用脱模剂的作用是什么？

③ 如果在拉挤成型工艺过程中出现制品表面剥落、开裂、气泡或色差等问题，试以其中一种缺陷为例，分析其原因并找出解决办法。

5.6 座椅的喷射成型加工实验

5.6.1 实验目的

① 了解喷射成型的工艺过程、特点及应用。

② 掌握喷射成型设备的种类及其操作方法。

③ 了解喷射成型工艺参数对喷射成型制品性能的影响。

5.6.2 实验原理

喷射成型工艺是用喷枪将纤维和雾化树脂同时喷射到模具表面，经辊压、固化制备复合材料的方法。该工艺类似于手糊成型，树脂采用了雾化的形式，并以一定压力喷射到模具表面，故其致密性和均匀性明显提高，是手糊成型的一种半机械化形式，在复合材料成型工艺中所占比例较大。

喷射成型的工艺过程如图 5-6 所示，将分别混有促进剂和引发剂的不饱和聚酯树脂从喷枪两侧（或在喷枪内混合）喷出，同时将玻璃纤维无捻粗纱用切割机切断并由喷枪中心喷出，使其与树脂均匀混合并沉积到模具上，待沉积到一定厚度，用辊轮辊压，使纤维浸透树脂、压实并除去气泡，最后固化成制品。

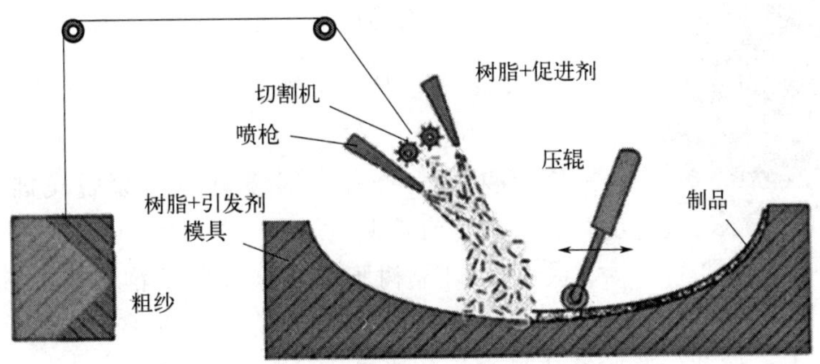

图 5-6　喷射成型的工艺过程

喷射成型工艺的优点是：①用玻纤粗纱代替织物，可降低材料成本；②生产效率比手糊成型高 2～4 倍；③产品整体性好，无接缝，层间剪切强度高，树脂含量高，抗腐蚀、耐渗漏性好；④可减少飞边、裁布屑及剩余胶液的消耗；⑤产品尺寸、形状不受限制。该工艺也有一些不足，如在成型形状比较复杂的制品时，制品厚度和纤维含量较难精确控制，树脂含量一般在 60%以上，孔隙率较高，制品强度较低，施工现场污染和浪费较大，有害工人健康。喷射成型工艺常用于制作座椅、浴盆、汽车壳体、船身、舞台道具、容器、安全帽等。

喷射成型使用的设备是喷射成型机，分压力罐式和泵式两种：

① 压力罐式供胶喷射成型机是将树脂胶液分别装在压力罐中，靠进入罐中的气体压力，使胶液进入喷枪连续喷出。其组成部分包括两个树脂罐、管道、阀门、喷枪、纤维切割喷射

器、小车及支架。工作时，接通压缩空气气源，使压缩空气经过气水分离器进入树脂罐、玻纤切割器和喷枪，使树脂和玻璃纤维连续不断地由喷枪喷出，树脂雾化，玻纤分散，混合均匀后沉落到模具上。这种喷射机是树脂在喷枪外混合，故不易堵塞喷枪嘴。

② 泵式供胶喷射成型机是将树脂引发剂和促进剂分别由泵输送到静态混合器中，充分混合后再由喷枪喷出，称为枪内混合型。其组成部分包括气动控制系统、树脂泵、助剂泵、混合器、喷枪、纤维切割喷射器等。树脂泵和助剂泵由摇臂刚性连接，调节助剂泵在摇臂上的位置，可保证配料比例。在空压机作用下，树脂和助剂在混合器内均匀混合，经喷枪形成雾滴，与切断的纤维连续地喷射到模具表面。这种喷射机只有一个胶液喷枪，结构简单，重量轻，引发剂浪费少，但因系内混合，使用后要立即清洗，以防止喷射堵塞。

喷射成型工艺参数选择如下：①树脂含量，喷射成型的制品中，树脂含量控制在60%左右；②喷雾压力，当树脂黏度为0.2Pa·s，树脂罐压力为0.05～0.15MPa时，雾化压力为0.3～0.55MPa，方能保证组分混合均匀；③喷枪夹角，不同夹角喷出来的混合树脂交距不同，一般选用20°夹角，喷枪与模具的距离为350～400mm。改变距离，喷枪夹角也要改变，以保证各组分在靠近模具表面处交集混合，防止胶液飞失。

下面以座椅为例介绍聚合物基复合材料的喷射成型加工实验。

5.6.3 实验设备及材料

① 设备：多功能数控喷射成型机；座椅制品模具（图5-7）；纱架；树脂胶液配制设备（料桶、台秤、磅秤、取样勺、搅拌机）；后处理工具（手持打磨机、砂纸）。

② 材料：玻璃纤维无捻粗纱；玻纤短切毡；环氧树脂；引发剂；促进剂；颜料；脱模剂（膏）。

图5-7 座椅制品模具

5.6.4 实验步骤

① 玻璃纤维无捻粗纱的穿线：按喷射设备的要求从纱架上将纱引入喷枪内。

② 喷射成型操作：对模具表面涂脱模剂或喷射脱模剂，反复涂擦以免有遗漏。

③ 配制环氧树脂胶液（按照不饱和聚酯树脂常规配方），胶液黏度控制在0.3～0.8Pa·S，触变度1.5～4，将胶液加入喷射机的树脂泵中；调节树脂胶液流量和纱的流量，由数控仪显示。

④ 调节空气泵，开启喷枪，调节形成均匀的20°扇面。先喷射薄层底胶，再将胶液和短切纱喷在模具上，关闭喷枪，用毛刷正压喷射层（不要用力刷涂，以免表面毡走样）。待树脂浸透后，观察不应有明显气泡。

⑤ 待辊压后，可以铺设短切毡，辊压，接着喷射第二层、第三层重复操作，观察数控系统显示的胶液流量和纱的流量，每层之间都不应有1mm以上明显气泡。

⑥ 使用清洗泵清洗管路和喷枪。

⑦ 完毕后待制品达到一定强度后脱模，并修理毛边，美化制品。

5.6.5 实验记录与结果分析

① 记录多功能数控喷射成型机型号，记录喷射成型过程中各工艺参数（如树脂含量、

喷雾压力、喷枪夹角等)。

② 分组进行实验，记录不同树脂含量（其他条件不变）时的情况，根据所得座椅的表观质量分析树脂含量对喷射成型制品性能的影响。

③ 分组进行实验，记录不同喷雾压力（其他条件不变）时的情况，根据所得座椅的表观质量分析喷雾压力对喷射成型制品性能的影响。

5.6.6　注意事项

① 环境温度应控制在（25±5)℃，过高，易引起喷枪堵塞；过低，混合不均匀，固化慢。

② 喷射机系统内不允许有水分存在，否则会影响产品质量。

③ 喷射成型前，模具上先喷一层树脂，然后再喷树脂纤维混合层。

④ 喷射成型前，先调整气压，控制树脂和玻纤含量。

⑤ 喷枪要均匀移动，防止漏喷，不能走弧线，两行之间的重叠小于1/3，要保证覆盖均匀和厚度均匀。

⑥ 喷完一层后，立即用辊轮压实，要注意棱角和凹凸表面，保证每层压平，排出气泡，防止带起纤维造成毛刺。

⑦ 每层喷完后，要进行检查，合格后再喷下一层。

⑧ 最后一层要喷薄些，使表面光滑。

⑨ 喷射机用完后要立即清洗，防止树脂固化，损坏设备。

5.6.7　思考题

① 喷射成型工艺与手糊成型工艺有何异同点?

② 在喷射成型过程中，如何做到均匀喷射?

③ 为什么要调节割辊与气压同步？树脂和纱的流量失调会带来什么后果?

5.7　金属基复合材料的自蔓延燃烧合成实验

5.7.1　实验目的

① 了解金属基复合材料内生型合成方法的特点。

② 掌握自蔓延燃烧反应法的基本原理及工艺特点。

③ 了解自蔓延燃烧反应法在复合材料合成中的应用。

5.7.2　实验原理

金属基复合材料是指以金属及其合金为基体，通过一定工艺方法与增强材料复合而成的多相固体材料。金属基复合材料与传统金属材料相比，具有较高的比强度与比刚度，耐磨损；与陶瓷基材料相比，具有较高的韧性和抗冲击性能，线膨胀系数小；与聚合物基材料相比，具有优良的导电性与导热性，高温性能好。

金属基复合材料的制备方法根据增强体产生的方式不同可分为内生型和外生型两种。内生型法又称原位反应法，其基本原理是在一定的条件下，通过元素与化合物之间的化学反应，在金属基体内原位生成一种或几种高硬度、高弹性模量的陶瓷增强相，从而达到强化金属基体的目的。与传统的金属基复合材料制备工艺相比，该工艺具有以下特点：

① 增强体是从金属基体中原位形核、长大的，具有稳定的热力学特性，而且增强体表面无污染，避免了与基体相溶性不良的问题，可以提高界面的结合强度。

② 通过合理选择反应元素（或化合物）的类型、成分及其反应性，可有效地控制原位生成增强体的种类、大小、分布和数量。

③ 省去了外加增强相需要单独合成、处理和颗粒加入等工序。因此，其制备工艺简单，制造成本较低。

④ 从液态金属基体中原位生成增强相的工艺，可用铸造方法制备形状复杂、尺寸较大的近终形构件。

⑤ 在保证材料具有较好的韧性和高温性能的同时，可较大幅度地提高复合材料的强度和弹性模量（刚度）。

内生型法的不足之处在于：大多数原位反应合成过程中，都伴随有强烈的氧化或放出气体；当难于逸出的气体滞留在材料中时会形成微气孔，还可能形成氧化夹杂或生成某些并不需要的金属间化合物及其他相，从而影响复合材料的组织与性能。内生型法包括自蔓延燃烧反应法、放热弥散法、接触反应法、气-液-固反应法、熔体直接氧化法、机械合金化法、浸渍反应法、LSM 混合盐反应法、微波合成法等。

在金属基复合材料的各种内生型方法中，自蔓延燃烧反应法是指利用物质反应热的自传导作用，使不同的物质之间发生化学反应，在极短的瞬间形成化合物的一种高温合成方法。自蔓延燃烧反应法的基本原理如图 5-8 所示，是将增强相的组分原料 A 与金属粉末 B 充分混合，挤压成型，在真空或惰性气体中预热或室温下点火引燃，使 A、B 之间发生放热化学反应，放出的热量引起未反应的邻近部分相继反应，直至反应全部完成。反应生成的增强相弥散分布于基体中。

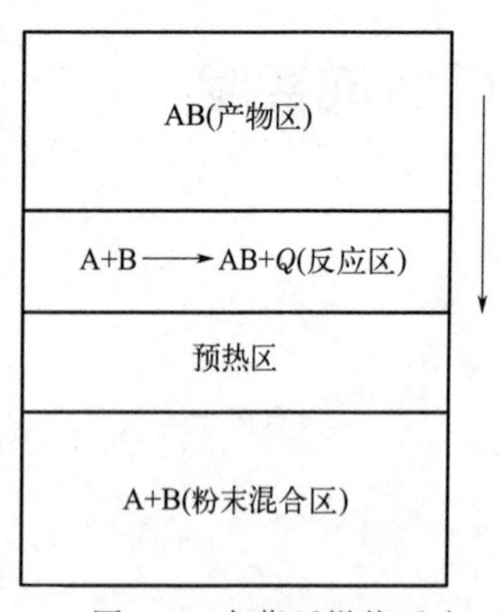

图 5-8 自蔓延燃烧反应

自蔓延燃烧反应需要一定的条件：①组分之间化学反应的热效应可达 167kJ/mol；②反应过程中的热损失（对流、导热、辐射）应小于反应系统的放热量，以保证反应不中断；③在反应过程中应能生成液态或气态反应物，便于生成物的扩散传质，使反应迅速进行。自蔓延燃烧反应的主要影响因素有：预热温度、预热速率、引燃方式、反应物的粒度、致密度等。自蔓延燃烧反应法的优点是生产工艺简单、反应迅速、能耗少、成本低；反应热可熔化、蒸发挥发性杂质，提高反应产物的纯度；能制备单相陶瓷、复相陶瓷或金属陶瓷等高熔点物质。不足的是：需引燃装置；反应产物的孔隙率高；激烈的反应过程难以控制，反应产物中易出现缺陷集中和非平衡过渡相，有的反应需在保护气氛中进行。

自蔓延燃烧反应法可制备各种氮化物、碳化物、硼化物、硅化物、不定比化合物和金属间化合物等，在金属基复合材料、陶瓷基复合材料、硬质合金、形状记忆合金和高温构件用的金属间化合物等领域均有应用。

下面以 Al/TiO_2 复合材料为例介绍金属基复合材料的自蔓延燃烧合成实验。

5.7.3　实验设备及材料

① 设备：自蔓延高温反应实验装置；球磨罐；电子天平。

② 材料：高纯铝粉（平均粒度 10μm）；TiO_2 粉（化学纯，平均粒度 2.0μm）；无水乙醇。

5.7.4　实验步骤

① 将高纯铝粉与 TiO_2 粉按方程式（$4Al+3TiO_2 = 3Ti+2Al_2O_3$）配比进行称量，然后置于氧化铝球磨罐中，加入适量无水乙醇，以氧化铝球为介质球磨混合 24h，然后真空烘干（80℃，4h），真空焙烧（550℃，4h）。

② 将反应物粉末装填于氧化铝坩埚中，用自蔓延高温反应实验装置的点火装置点火，用热电偶测量反应温度，反应完毕后随炉冷却至室温。

③ 将反应物粉末预压成型，自蔓延高温反应可获得 Al/TiO_2 金属陶瓷复合材料。

④ 用 XRD 进行反应产物的物相分析。

5.7.5　实验记录与结果分析

① 记录自蔓延高温反应实验装置型号以及原料配比（高纯铝粉与 TiO_2 粉）。

② 画出反应产物的 XRD 图谱并进行分析，指出衍射峰对应的物相（包括 PDF 卡片编号）。

5.7.6　注意事项

① 高纯铝粉与 TiO_2 粉的称量务必准确，否则会影响反应产物的纯度。

② 自蔓延燃烧反应由于反应比较激烈，且反应过程难以控制，因此点火后人员应远离自蔓延高温反应实验装置。

5.7.7　思考题

① 自蔓延燃烧反应的反应过程是怎样进行的？

② 自蔓延燃烧反应有哪些种类？

③ 自蔓延燃烧反应的工艺参数有哪些？

5.8　金属基复合材料的粉末冶金成型实验

5.8.1　实验目的

① 进一步熟悉和巩固粉末冶金成型的操作方法。

② 了解金属基复合材料外生型固态法的特点。

③ 掌握粉末冶金法制备金属基复合材料的常见固化技术。

5.8.2　实验原理

关于粉末冶金成型方法的基本原理、成型设备及其操作、工艺过程及工艺参数对粉末冶金制品性能的影响可参考3.1铁基粉体材料的粉末冶金实验，本次实验是利用粉末冶金成型方法制备金属基复合材料，以进一步熟悉和巩固粉末冶金成型的操作方法。

上节实验介绍了金属基复合材料内生型法的自蔓延燃烧合成实验。对于金属基复合材料外生型法，指的是增强材料与基体金属无关，需要通过一定的合成工艺制备出来。外生型法包括固态法和液态法。固态法是指基体和增强体均处于固态下制备金属基复合材料的方法，即将金属粉末或金属箔与增强体（纤维、晶须、颗粒等）按设计要求以一定的含量、分布、方向或排布混合在一起，再经加热、加压，将金属基体与增强体复合在一起，形成金属基复合材料。整个工艺过程处于较低的温度，金属基体与增强体均处于固态，尽量避免基体与增强体之间发生不良的界面反应。金属基复合材料外生型固态法包括粉末冶金法、热压扩散结合法、热等静压法、轧制法、拉拔法、爆炸焊接法等。

粉末冶金法是将金属粉末或预合金粉与增强材料均匀混合，制得复合坯料，再经不同的固化技术制成锭块，通过挤压、轧制、锻造等二次加工制成型材。常见的固化技术有以下几种：

① 热压。将复合坯料装入模具中，经冷压、除气后加热至固相线温度以下或固液两相区加压致密化制成复合材料。根据需要，热压可在大气、真空或某气氛下进行。

② 热等静压与准热等静压。热等静压是采用冷等静压工艺将复合坯料加压到一定密度后，再置入热等压机压力腔中，在真空或一定气氛下加热烧结固化至最终密度。热等静压与准热等静压的区别在于热等静压工艺用流体作为压力传递介质，而准热等静压工艺采用固相陶瓷颗粒作为传递介质。

③ 粉末热挤压与喷雾沉积。粉末热挤压工艺是将复合坯料密封于抽真空的罐中，经热挤压制成金属基复合材料。喷雾沉积法是在液态金属的急冷凝固过程中，喷入碳化硅颗粒等增强体，制成共沉积复合材料锭块，再经热挤压二次成型。

④ 烧结。将复合坯料经冷压或冷等静压工艺加压到一定密度后，在真空或一定气氛下加热烧结固化成型。

⑤ 注模成型。将一定化学配比的金属粉末与增强体、黏结剂混合后在黏结剂软化温度下，将复合坯料挤压注模成型，除去黏结剂后加热固化。

⑥ 机械合金化。机械合金化是由延性粉末与陶瓷颗粒组成的复合粉料经高能球磨形成极细的合金粉末，在模具中封装后挤压成复合坯料，再在真空或一定气氛下加热使之固化。

⑦ 粉末布轧制法。该法是将金属粉末与黏结剂混合加热轧制成粉末布，纤维在粉末布上铺排后交替叠合，于真空下加热抽除黏结剂后热压成型。

下面以碳化硅（SiC）颗粒及碳纳米管（CNT）增强7055Al复合材料为例，介绍金属基复合材料的粉末冶金成型实验。

5.8.3 实验设备及材料

① 设备：搅拌球磨机；热压机；布氏硬度计；电子天平。

② 材料：7055Al粉末；增强相为SiC颗粒（粒径7μm）和CNT（管径为10～15nm，长度为2～5μm）；硬脂酸。

5.8.4 实验步骤

① 称取5%SiC+95%7055Al、1%CNT+99%7055Al及5%SiC+1%CNT+94%

7055Al，采用立式搅拌球磨机进行复合材料粉末的分散处理。球磨机主轴转速为 400r/min，球磨时间为 6h。为避免粉末冷焊，加入质量分数为 1.6%的硬脂酸作为过程控制剂。

② 采用热压机将上述三种球磨处理的复合材料粉末分别进行冷压、真空热压制备得到铝基复合材料坯锭。其中，热压温度为 500℃，以避免铝与 CNT 发生过度的界面反应。

③ 使用布氏硬度计对样品进行硬度测试，用于测试的复合材料样品先用砂纸逐级磨光后再进行机械抛光。

④ 实验中采用纯 7055Al 粉末重复上述步骤，作为空白对比实验。

5.8.5　实验记录与结果分析

① 记录搅拌球磨机、热压机和布氏硬度计的型号，记录增强体（SiC 颗粒和 CNT）材料与 7055Al 粉末材料的不同配比。

② 分组进行实验，记录 SiC 颗粒和 CNT 单独增强及混杂增强铝基复合材料两种方式，根据测试的铝基复合材料的硬度，并与不添加任何增强体材料的纯 7055Al 对比，分析增强体单独增强及混杂增强方式对铝基复合材料性能的影响。

5.8.6　注意事项

① 采用立式搅拌球磨机对复合材料粉末进行分散处理时尽量混合均匀。

② 热压固化过程中为防止金属氧化可选择在惰性气氛或真空环境下进行。

③ 热压结束反应冷却至室温再拿出样品，以防烫伤。

5.8.7　思考题

① SiC 颗粒和 CNT 作为金属基复合材料的增强体各具有什么性能特点？

② 粉末冶金成型工艺制备金属基复合材料具有哪些固化技术？

③ 根据实验结果，增强体单独增强及混杂增强两种方式对铝基复合材料的性能有什么影响？

5.9　金属基复合材料的热压扩散结合实验

5.9.1　实验目的

① 进一步巩固和熟悉粉体材料热压成型的操作方法。

② 了解金属基复合材料外生型热压扩散结合法的工艺过程及其特点。

③ 了解碳纤维增强铝基复合材料的性能特点及其应用。

5.9.2　实验原理

关于粉体材料热压成型方法的基本原理、成型设备及其操作、工艺过程及工艺参数对热压成型制品性能的影响可参考 3.6 氮化硼陶瓷的热压烧结实验，本次实验是利用外生型热压扩散结合法制备金属基复合材料，以进一步巩固和熟悉热压成型的操作方法。

热压扩散结合法是一种在加压状态下，通过固态焊接工艺，使同类或不同类的金属基体在高温条件下相互扩散黏结在一起，并使增强体分布其中的方法。该法是连续纤维增强金属基复合材料最具代表性的固态复合工艺。

热压扩散结合法的工艺过程如图 5-9 所示，主要分 3 个阶段：①黏结表面的最初接触，金属基体在加热、热压条件下发生变形、移动、表面膜破坏；②接触界面发生扩散渗透，使接触面形成黏结状态；③扩散结合界面最终消失，黏结过程完成。热压扩散结合法具有过程控制简单，纤维位置、排列方向、体积分数等可按实际性能要求精确控制、充分实现等优点。热压扩散结合法的缺点是手工操作多、成本高、工艺参数控制要求严格。

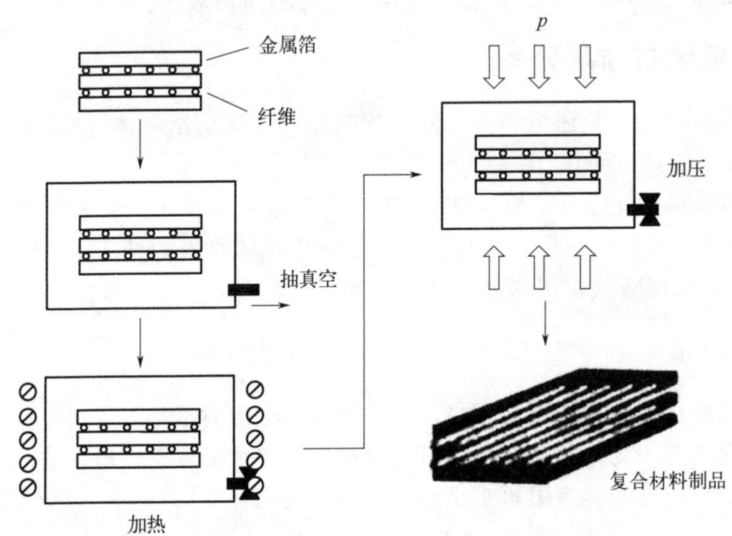

图 5-9 热压扩散结合法的工艺过程

热压扩散结合通常将纤维与金属基体（金属箔）制成复合材料预制片，然后将复合材料预制片按设计要求切割成型，叠层排布置入模具内，加热、加压使其成型，冷却脱模获得所需产品。为提高产品质量，加热、加压过程可在一定气氛中进行。热压扩散结合法也可采用增强纤维表面包裹金属粉末，然后排列进行热压成型。因此，热压扩散结合法的主要工艺参数是热压温度、保温时间和热压压力。

① 热压温度。对于碳纤维增强铝基复合材料，热压扩散结合法中热压温度的选择原则是低于或接近铝的熔点，是一个非常重要的工艺参数。温度过低，则达不到复合材料复合所需温度；温度过高，则将使得碳-铝的界面反应更加剧烈，会产生大量的脆性相 Al_4C_3，且铝箔易熔化，对复合材料的力学性能带来不利影响。

② 保温时间。金属基复合材料的复合效果也受保温时间影响，保温时间太短，复合成型效果较差，易出现分层现象；保温时间太长，则使界面反应过度，产生过多的脆性相，反而易降低复合材料的性能。

③ 热压压力。热压压力对复合材料的性能也有一定的影响。这是由于外加压力会加快致密化进程，使得复合更易进行，从而提高复合材料的力学性能。但是压力大小的选择需在设备和模具的允许范围之内，否则将压碎模具。

碳纤维增强铝基复合材料（C_f/Al 复合材料）是以铝或铝合金为基体，以低密度、高强度、高模量的碳纤维为增强体的铝基复合材料。C_f/Al 复合材料的主要制备方法有熔融浸润法、挤压铸造法、热压扩散结合法、粉末冶金法、真空压力浸渗法等。C_f/Al 复合材料的性能取决于碳纤维的含量、分布、基体铝合金的成分以及制备方法。C_f/Al 复合材料具有比强度高、比模量高、导热导电性好、耐高温、耐磨、热膨胀系数小等优异的综合性能，因而在航空航天、交通运输工具、兵器装备、电子和光学仪器等领域具有广阔的应用前景。

下面以 C_f/Al 复合材料为例介绍金属基复合材料的热压扩散结合实验。

5.9.3　实验设备及材料

① 设备：真空热压炉；热压模具；电子万能试验机；电子天平。

② 材料：基体采用铝合金粉（Al88Si12，熔化温度区间为 575～630℃）与纯铝箔 5056（厚度为 0.2mm，密度为 $2.7g/cm^3$，熔点为 660℃）；增强体采用双向编织而成的碳纤维布（纤维直径约 6～7μm）。

5.9.4　实验步骤

① 基体材料的处理。由于铝箔表面覆盖有一层 Al_2O_3 氧化膜，其熔点在 2000℃以上，远远高出实验所需温度，且 Al_2O_3 氧化膜会阻止铝基体向碳纤维中扩散，影响复合材料的复合，因此需采用溶剂清洗法去除铝箔表面氧化膜。首先使用 1500 目的砂纸，轻拭铝箔表面，去除表面黏附的污染物和氧化皮等，然后使用浓度大约为 10%的 NaOH 溶液进行彻底清洗并干燥（清洗时间不可太长）。

② 预制体的制备。根据模具尺寸将铝箔与碳纤维布裁剪成 ϕ100mm 大小，铝粉按体积分数要求均匀铺排在碳纤维布表面，复合材料预制体制备如图 5-10 所示，铝箔（粉）与碳纤维布交替叠放在模具中。为了不让试样黏结在模具上，在模具内四周均喷上氮化硼，并铺垫石墨纸。根据混合法则，实验过程中以铝箔为基体的复合材料碳纤维体积分数为 20.53%；以铝箔-铝粉为基体的复合材料碳纤维体积分数为 14.45%。

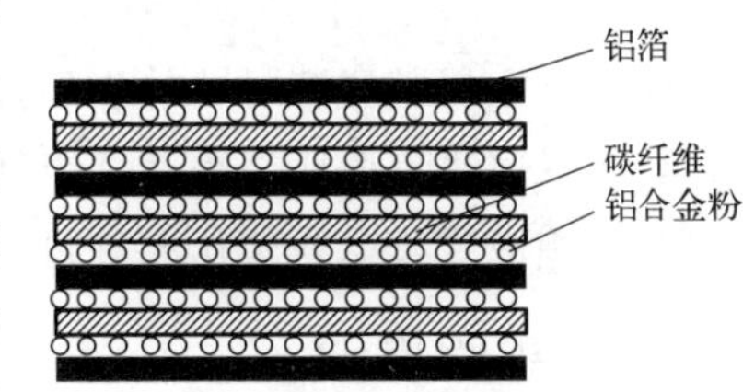

图 5-10　预制体制备

③ 层压编织 C_f/Al 复合材料的制备。将制备的预制体放入热压模具中，然后连同热压模具一起放入真空热压炉；打开真空热压炉的电源，按设定的热压温度、保温时间和热压压力进行热压扩散结合成型。

④ 实验结束后取出热压模具中的样品，并使用电子万能试验机测试样品相关性能。

5.9.5　实验记录与结果分析

① 记录真空热压炉、电子万能试验机的型号、热压模具尺寸，以及增强体碳纤维布与基体铝合金粉、铝箔的铺设用量。

② 分组进行实验，记录不同热压温度（其他条件不变），根据测试样品相关性能分析热压温度对 C_f/Al 复合材料制品性能的影响。

③ 分组进行实验，记录不同保温时间（其他条件不变），根据测试样品相关性能分析保温时间对 C_f/Al 复合材料制品性能的影响。

④ 分组进行实验，记录不同热压压力（其他条件不变），根据测试样品相关性能分析热压压力对 C_f/Al 复合材料制品性能的影响。

5.9.6 注意事项

① 为不影响真空热压炉的使用寿命，建议额定升温速率和降温速率为 10～20℃/min（高温下升温过快，加热元件寿命会缩短）。

② 真空热压炉使用一段时间后，炉膛会出现微小的裂纹，这属于正常现象，不会影响使用，同时可以用氧化铝涂层进行修补。

③ 不建议通入腐蚀性气体，如 S、Na 等。

④ 不能将高温溶液漏到炉底上，避免方案可采用垫板或者氧化铝粉隔离。

⑤ 仪器应放置在空气流通、不潮湿的地方。

5.9.7 思考题

① 热压扩散结合法制备金属基复合材料的基本原理是什么？

② 热压温度、保温时间和热压压力是如何影响热压扩散结合制品性能的？

③ 除了热压扩散结合法，C_f/Al 复合材料还有哪些制备方法？

5.10 金属基复合材料的搅拌铸造成型实验

5.10.1 实验目的

① 了解金属基复合材料外生型液态法的特点。

② 掌握搅拌铸造成型的基本原理及工艺特点。

③ 了解搅拌铸造成型在复合材料合成中的应用。

5.10.2 实验原理

金属基复合材料外生型液态法是指金属基体处于液态或半固态，而增强体处于固态下制备金属基复合材料的方法。液态法包括挤压铸造法、真空吸铸成型法、真空压力浸渍法、共喷沉积法、搅拌铸造法等。

搅拌铸造法是较早用于制备颗粒增强金属基复合材料的一种弥散混合铸造工艺。搅拌铸造有两种方式：一种是在合金液高于液相线温度以上进行搅拌，称为液态搅拌法；另一种是在合金液处于固相线与液相线之间进行搅拌，称为半固态搅拌铸造法。颗粒加入半固态金属中，通过熔体中固相金属粒子将颗粒带入熔体中，通过对加热温度的控制将金属熔体中的固相粒子含量控制在 40%～60%（质量分数），加入的颗粒在半固态金属中与固相金属粒子相互碰撞、摩擦，促进与液态金属的润湿复合，在强烈的搅拌下逐渐均匀地分散在半固态熔体中，形成均匀分布的复合材料。无论是何种方式，其基本原理都是在一定条件下（通常采用保护气氛），对处于熔化或半熔化状态的金属液，施以强烈的机械搅拌，使其形成高速流动的旋涡，并从外部导入增强颗粒，使颗粒随旋涡进入基体金属液中，当增强颗粒在搅拌力作用下弥散分布后浇注成型。该工艺受搅拌温度、时间、速度等因素影响较大。同时，还必须要考虑增强颗粒与基体的润湿性和反应性，还要防止搅拌过程中，基体的氧化和卷入气体。搅拌铸造工艺过程如图 5-11 所示。

搅拌铸造法的优点在于：工艺简单、效率高、成本低、铸锭可重熔进行二次加工，是一

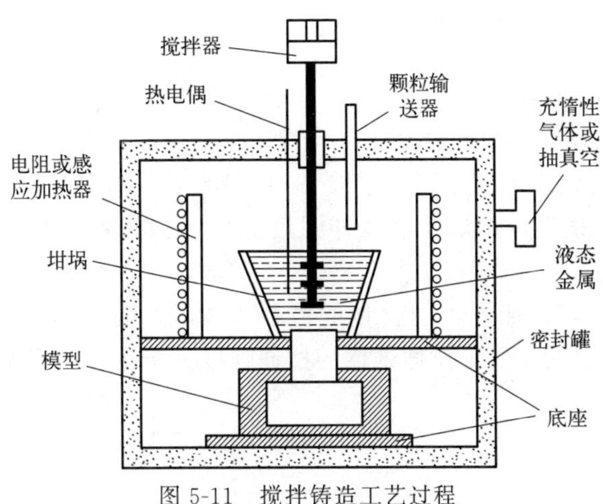

图 5-11　搅拌铸造工艺过程

种可实现商业化规模生产的制备颗粒增强金属基复合材料的技术。其缺点是：颗粒在金属液中易产生比重偏析，凝固时形成枝晶偏析，造成增强颗粒在基体合金中分布不均匀。如果在搅拌过程中卷入气体，可使材料凝固时形成气孔，导致材料致密度降低，影响材料的力学性能。另外，颗粒的尺寸和体积分数也受到一定的限制，颗粒尺寸一般大于 10μm，体积分数小于 25%。

下面以 TiO_2/A356 复合材料为例介绍金属基复合材料的半固态搅拌铸造成型实验。

5.10.3　实验设备及材料

① 设备：电阻炉；搅拌器；超声发生器；钢模具；电子万能试验机；电子天平。

② 材料：纯镁（纯度≥99.6%）、纯铝（纯度≥99.7%）、铝硅中间合金（Si 质量分数 25%）、不同粒径 TiO_2 纳米颗粒（平均粒径分别为 10nm、40nm、100nm，分析纯，99.8%）。

5.10.4　实验步骤

① 根据 A356 铝合金所含各元素化学成分范围，计算并配料，通过电阻炉熔炼制成基体合金备用（参考值：Si 为 7%、Mg 为 0.3%、杂质≤0.4%、余量为 Al）。

② 将预制好的 750g 基体合金装入氧化铝坩埚，并置于电阻炉内加热，通入氩气（纯度 99.9%）进行熔炼全程保护。

③ 待合金温度升温至 625℃，达到熔融半固态后，启动自动搅拌器，转速约 1200r/min，在机械搅拌作用下连续加入 1.0% TiO_2 纳米颗粒，半固态搅拌加料过程持续 15min。

④ 搅拌结束后，对熔体加热升温并控温稳定在 680℃，将超声发生器的铌合金变幅杆伸进熔体液面下 20mm 进行预热，时间约 10min。

⑤ 预热结束后，启动超声波发生器，以 1kW 功率连续作用 12～15min，对熔体中的纳米粒子进行分散以及改善浸润性。

⑥ 超声处理结束后，将熔体表面残渣拨除，静置后升温至 740℃，最后浇注。铸造所用模具为钢模，浇注前预热温度为 350℃。

⑦ 铸模冷却至室温后脱模，对复合材料铸件加工成标准拉伸试棒，并进行拉伸试验（加载速度为 2mm/min）。

5.10.5 实验记录与结果分析

① 记录电阻炉、搅拌器、超声发生器及电子万能试验机的型号，记录基体铝合金熔炼配料配比（纯镁、纯铝及铝硅中间合金）。

② 分组进行实验，记录加入不同粒径的 TiO_2 纳米颗粒（平均粒径分别为 10nm、40nm 和 100nm）时的情况，根据拉伸试棒的拉伸强度分析增强体颗粒粒径大小对颗粒增强铝基复合材料性能的影响。

③ 分组进行实验，记录加入不同含量的粒径为 40nm 的 TiO_2 纳米颗粒（含量分别为 1%、2%和 3%）时的情况，根据拉伸试棒的拉伸强度分析增强体颗粒加入量对颗粒增强铝基复合材料性能的影响。

5.10.6 注意事项

① 由于增强体颗粒与金属熔体的润湿性较差，不易进入和均匀分散在金属熔体中，因而会产生团聚现象。因此，搅拌过程务必充分。

② 由于强烈的搅拌容易造成金属熔体的氧化和大量吸入空气。因此，搅拌过程中务必做好防氧化措施，可在惰性气氛或真空环境下进行搅拌。

5.10.7 思考题

① 半固态搅拌铸造成型过程是怎样进行的？

② 增强体颗粒粒径大小如何影响其与金属熔体的润湿性？

③ 纳米 TiO_2 颗粒的添加是如何影响 A356 铝合金力学性能的？

5.11 陶瓷基复合材料的轧膜成型实验

5.11.1 实验目的

① 了解陶瓷基复合材料的合成方法及性能特点。

② 掌握轧膜成型的基本原理及工艺特点。

③ 了解固体氧化物燃料电池支撑电极的轧膜成型工艺过程。

5.11.2 实验原理

陶瓷材料在耐高温、抗氧化、耐腐蚀、抗热震、尺寸稳定等方面具有很多突出优点，但它的脆性强、韧性差，使其应用受到限制。用颗粒、纤维或晶须增强陶瓷，可有效地降低其脆性，提高韧性，增强陶瓷是一种性能优异、耐高温的结构材料。为了获得高韧性的陶瓷基复合材料，应遵循以下原则：①选用高强度和高模量的增强材料；②在复合材料制造过程中，不损伤增强体材料和基体的性能；③应避免或抑制增强材料与基体之间的界面发生化学反应；④增强材料与基体的热膨胀系数匹配；⑤增强材料与基体的界面结合强度适中。

陶瓷基复合材料的成型方法分为两类：一类是针对陶瓷短纤维、晶须、颗粒等增强体，复合材料的成型工艺与陶瓷基本相同，如轧膜成型法、流延成型法、料浆浇铸法、热压烧结法等；另一类是针对碳、石墨、陶瓷连续纤维增强体，复合材料的成型工艺常采用粉末冶金法、浆料浸渍法和化学气相渗透法等。

轧膜成型是一种可塑成型技术，是将加入黏结剂和增塑剂的坯料放入反向滚动的轧辊之间，使物料不断受到挤压，得到薄膜状坯体的一种成型方法。轧膜成型的基本原理如图 5-12 所示，其工艺流程包括制料、配料、粗轧、精轧以及剪裁五步。首先将黏结剂和增塑剂加入陶瓷氧化物粉料中得到黏稠松软的坯料，使陶瓷粉料和有机黏结剂混合均匀；然后把它们倒在两个反向滚动的轧辊上反复进行混炼，使陶瓷粉体表面均匀地包覆上一层黏结剂和增塑剂；溶解黏结剂的溶剂逐步挥发（必要时可开电风扇加速其挥发），坯料由稀到稠，直至不粘轧辊；混炼好的坯料经过折叠、倒向、反复进行粗轧，经连续挤压作用将坯料中的气泡不断排出，以获得均匀一致的较厚膜层；再将膜片 90°转向，逐渐缩小轧辊间的间距进行多次精轧，使之成为所需厚度的薄膜（厚度可达十微米至几毫米），从而得到具有良好致密度、均匀度、光洁度和厚度的薄膜制品。

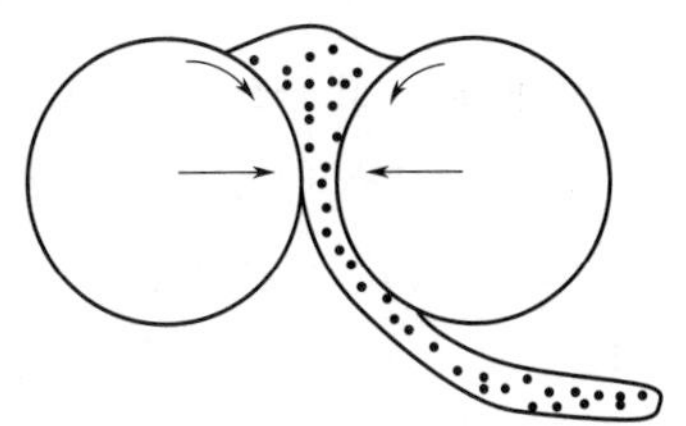

图 5-12　轧膜成型的基本原理

轧膜成型方法的显著特点是炼泥和成型同时进行，为使坯料混合均匀、添加剂与粉料充分接触，必须保证有足够的混炼时间，且不宜过早把轧辊调近。此外，该方法工艺简单，设备简单，生产效率高，轧出的膜片表面光滑、厚度均匀、致密，且产品烧成温度通常比干压成型低 10～20℃，能够成型出厚度很薄的膜片。但轧膜成型方法由于反复轧膜，常会引入少量杂质，有时会对产品电性能产生不利影响，费时也较长，不便连续化操作。轧膜成型方法作为一种可塑成型方法，在制备大面积陶瓷厚膜及薄膜方面具有突出的技术和经济优势，既可以单独制备电解质薄膜，也可以一体成型电极和电解质。轧膜成型主要用于薄片状电容器坯片、压电陶瓷扬声器（蜂鸣片）、滤波器坯片和厚膜电路基板坯片等的生产，特别适宜于生产 1mm 以下的薄片状制品。

轧膜成型方法使用的塑化剂是由黏结剂、增塑剂和溶剂配制而成的。黏结剂要求有足够的黏合力、较好的成膜性能（良好的延展性和韧性）、烧后灰分少、无毒性。轧膜成型方法常用的黏结剂有聚乙烯醇（聚合度以 1400～1700 为宜）水溶液和聚乙酸乙烯酯（聚合度以为 400～600 为宜）。配制轧膜料时，聚乙烯醇水溶液一般用量在 30%～40%之间，聚乙酸乙烯酯在 20%～25%之间。当陶瓷粉料呈中性或弱酸性时，用聚乙烯醇为好；当陶瓷粉料呈中性或弱碱性时，用聚乙酸乙烯酯较好。增塑剂所起的作用是插入高分子化合物的断链之间，减少相互之间的吸引力，使黏结剂受力形变后不致出现弹性收缩和破裂，从而提高坯料的可塑性。增塑剂要求无色、无毒、不易挥发。轧膜成型方法常用的增塑剂是 2%～5%的甘油。此外，溶剂（如水）的主要作用则是溶解黏结剂和增塑剂。

轧膜成型方法对生坯性能影响较大的工艺参数是轧膜次数。如果轧膜的次数过少，会使坯料不够均匀、膜片易干裂、气孔率大、烧成后电解质膜致密度差。随着轧膜次数增加，生坯内陶瓷晶粒接触点增多，生坯密度增大。在烧结过程中，由于黏合剂挥发比较均匀，有利于陶瓷晶粒均匀生长，故密度较高。但如果轧膜次数过多，则轧膜过程中溶剂过度挥发，膜片容易干裂，气孔率增大，难以致密化。

目前，中温固体氧化物燃料电池已经成为固体氧化物燃料电池研究的重点，其中降低电解质的厚度是重要方面，电解质层越薄，其各种损耗越少，表现在电池性能上越好，运行温度越低。电解质薄膜化是关注和研究的热点，无论用什么方法制备电解质薄膜，其工艺都需要电解质层的支撑体，即支撑电极。下面以固体氧化物燃料电池支撑电极为例介绍陶瓷基复合材料的轧膜成型实验。

5.11.3 实验设备及材料

① 设备：轧辊机；球磨机；高温箱式电阻炉；电子天平。

② 材料：NiO 粉体；工业级钇稳定氧化锆粉（YSZ 粉，$D_{50}<1\mu m$，比表面积为 6～15m^2/g）；造孔剂为碳粉（37μm）；黏结剂为 20％聚乙烯醇（PVA）水溶液；增塑剂为甘油。

5.11.4 实验步骤

① 配制粉料。将 NiO 粉体、YSZ 粉和碳粉按 10∶10∶2、10∶10∶3 及 10∶10∶4 的比例分别配制，并将其球磨混合均匀得到阳极材料。

② 配制 20％聚乙烯醇（PVA）水溶液。称取 250g 聚乙烯醇（PVA）溶入 1L 去离子水中，搅拌使聚乙烯醇充分溶胀后，置于水浴中隔水加热，直至充分溶解。

③ 加入塑化剂。每 100g 粉料加入 20％聚乙烯醇（PVA）水溶液 30g 和 6～8g 甘油。

④ 粉料中掺入塑化剂后搅拌均匀，然后放在轧辊机上进行混炼，使粉料与塑化剂充分混合，混炼过程中伴随吹风或红外照射，使塑化剂中的溶剂逐步挥发，经多次反复混炼，保证泥料高度均匀并且排出气泡。最后切割成较厚的膜片，整个过程需 30～60min。

⑤ 再将切好的膜片精轧，逐渐减小轧辊的间距，直至达到所要求的厚度为止。一般每轧一次厚度变为原来的 1/3～1/4 左右。轧辊调整不当、轧辊磨损变形都会引起膜片厚度不均。最后将轧好的膜片冲切成型。

⑥ 采用 1200℃高温箱式电阻炉进行排胶预烧结处理，用阿基米德排水法测试样品孔隙率。

5.11.5 实验记录与结果分析

① 记录轧辊机、球磨机、高温箱式电阻炉型号，记录粉料的不同配比（NiO 粉体、YSZ 粉和碳粉），记录塑化剂（黏结剂、增塑剂和溶剂）的加入量。

② 分组进行实验，记录不同配比粉料时的情况，根据烧结体有无缺陷及测试的样品孔隙率，分析粉料配比对轧膜成型陶瓷膜片质量的影响。

③ 分组进行实验，记录不同轧膜次数时的情况，根据烧结体有无缺陷及测试的样品孔隙率，分析轧膜次数对轧膜成型陶瓷膜片质量的影响。

5.11.6 注意事项

① 由于轧辊的工作方式，使坯料只有在厚度方向和前进方向受到碾压，在宽度方向受力较小，对坯料内粉体和添加剂具有一定的定向作用，使坯体的机械强度和致密度呈现各向异性，导致膜片容易纵向撕裂，干燥和烧结时横向收缩大。故在轧制过程中必须将坯料不断地进行 90°倒向，将各向异性尽量降低。不过，虽经多次倒向，但最后一次精轧留下的定向作用仍无法消除，这也是轧膜成型无法解决的问题。

② 轧膜成型过程中，无论是粗轧阶段还是精轧阶段，都要避免衣服、长发、手套或其他物件被卷入轧辊机中，造成人员伤亡。

5.11.7 思考题

① 轧膜成型的基本原理是什么？
② 轧膜成型使用的黏结剂、增塑剂和溶剂各起什么作用？
③ 轧膜次数对轧膜成型制品的性能有什么影响？

5.12 陶瓷基复合材料的流延成型实验

5.12.1 实验目的

① 了解陶瓷基复合材料的合成方法及性能特点。
② 掌握流延成型的基本原理及工艺特点。
③ 了解氧化锆陶瓷基复合材料的应用。

5.12.2 实验原理

上节介绍的轧膜成型方法对于轧制 50μm 以下的薄膜时，其质量难以控制，容易出现厚薄不均或穿孔等现象，且轧辊磨损也大。因此，在实际生产中，为确保陶瓷基复合材料的产品质量，常采用流延成型法取代轧膜成型法。

流延成型法是一种比较成熟的能够获得高质量、超薄陶瓷片的成型方法，广泛应用于电子陶瓷工业中。流延法成型是指在陶瓷粉料中加入溶剂、分散剂、黏结剂、增塑剂等成分，得到均匀分散的稳定浆料，在流延机上制得要求厚度薄膜的一种成型方法。流延成型工艺过程如图 5-13 所示。先将陶瓷粉料加上溶剂，必要时再加上烧结添加剂、抗凝剂、除泡剂等，进行充分混合，目的在于使可能聚成团块的粉料充分分散、悬浮，各种添加物达到均匀分

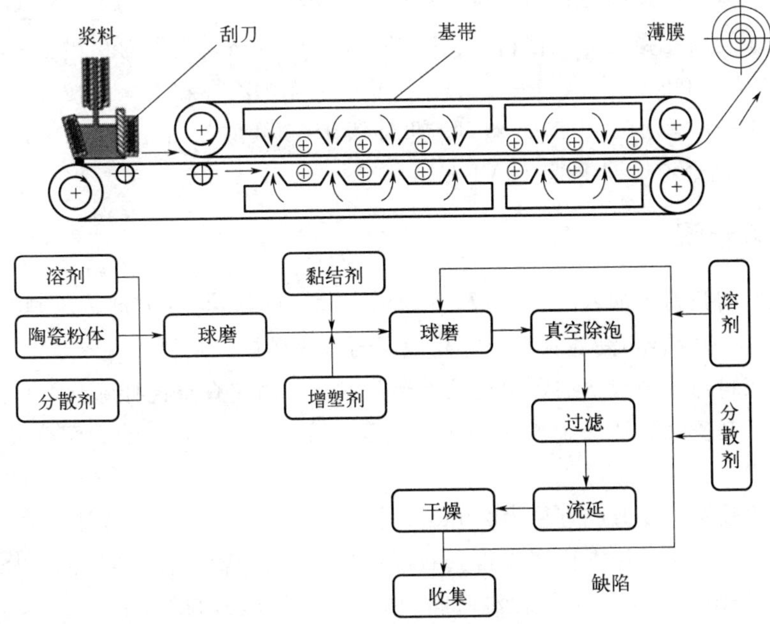

图 5-13　流延成型的工艺过程

布；然后再加入黏结剂、增塑剂、润滑剂等，再充分混合，使这些高分子物质均匀分布于粉体之中，形成稳定、流动性良好的浆料；经过真空除气、过滤除去个别团聚粉料及未溶化的黏结剂后，便可流延成型；浆料在刮刀下流过，便在流延机的运输带上形成平整而连续的薄膜状坯带，坯带缓慢向前移动；经干燥、固化、溶剂逐渐挥发后，即形成比较致密、具有一定韧性的坯带薄膜；然后根据成品的尺寸和形状需要，对生坯带薄膜作冲切、层合等加工处理，得到具有一定形状的待烧结的毛坯成品。为了使浆料保持足够的流动性，要求粉料粒度细小、粒形圆润、颗粒之间较少团聚、有较好的粒度分布等。有时除泡剂并不直接加入粉料中，而是在真空除气之前喷洒于浆料表面，然后搅拌除泡。坯厚由堆积厚度及干燥收缩和烧成收缩等多种因素控制。

流延成型工艺的优点是可以进行材料的微观结构和宏观结构设计。对于界面不相容的两种材料可以用梯度化工艺叠层连接。陶瓷基片的厚度由刮刀的高度控制，可以控制在0.05～0.5mm。此外，流延法成型可连续操作、生产效率高、自动化水平高、工艺稳定、膜坯性能均匀一致且易于控制。缺点是制备成分复杂的材料较为困难。在整个流延成膜工艺过程中，没有外加压力，溶剂和黏结剂的含量又较多，故膜坯密度不够大，烧成收缩也较大，烧成后或多或少残留灰分而影响材料性能。

流延成型多用于氧化锆陶瓷基复合材料的制备。氧化锆陶瓷因力学性能优异而广泛应用于轴承、刀具、研磨介质、义齿等领域。然而，陶瓷的本征脆性仍是限制其进一步应用的主要障碍，提高其断裂韧性依旧是陶瓷领域研究的热点。复合化是提高氧化锆陶瓷韧性的有效途径。石墨烯由于单层碳原子 sp^2 杂化，呈蜂窝状结构而具有高的抗拉强度和大的弹性模量，作为第二相可抑制裂纹扩展，从而提高材料的断裂韧性。

下面以石墨烯增韧氧化锆陶瓷复合材料为例介绍陶瓷基复合材料的流延成型实验。

5.12.3 实验设备及材料

① 设备：流延机；搅拌器；球磨机；烧结炉；电子天平。

② 材料：工业级钇稳定氧化锆粉（YSZ 粉，$D_{50}<1\mu m$，比表面积为 $6\sim15m^2/g$）；工业级石墨烯纳米片（GNS，片径 5～8μm）；流延溶剂无水乙醇和丁酮（按照 1∶1 的质量比混合）；分散剂三乙醇胺（TEOA）；增塑剂邻苯二甲酸二丁酯（DBP）和聚乙二醇（PEG400）；黏结剂聚乙烯缩丁醛（PVB79）。

5.12.4 实验步骤

① 在氧化锆陶瓷粉中加入无水乙醇，球磨后干燥过筛，与分散剂、流延溶剂以及超声90min 的石墨烯溶液混合，高速真空搅拌除泡混匀，获得初步浆料。

② 将初步浆料与预先溶解的黏结剂及增塑剂混合，高速真空搅拌除泡，得到流延浆料。

③ 用流延机制备流延片，干燥后备用。流延速度 0.7m/min，干燥温度 25℃，刮刀高度 100μm。

④ 将流延片叠层后裁剪成直径为 20mm 的圆片，在 500℃空气中脱脂。

⑤ 将脱脂处理的流延片进行烧结得到石墨烯增韧氧化锆复合材料样品，烧结升温速率为 100℃/min，烧结温度 1450℃，保温时间 10min，烧结压力 50MPa。

⑥ 将烧结后的石墨烯增韧氧化锆复合陶瓷片进行硬度及断裂韧性测试。

5.12.5　实验记录与结果分析

① 记录流延机、烧结炉型号，记录石墨烯增韧氧化锆复合陶瓷片配料配比（氧化锆陶瓷粉、石墨烯纳米片、流延溶剂、分散剂、增塑剂及黏结剂）。

② 分组进行实验，记录加入不同含量石墨烯纳米片时的情况，根据所得石墨烯增韧氧化锆复合陶瓷片的硬度及断裂韧性，分析石墨烯增强体含量对石墨烯增韧氧化锆复合陶瓷片性能的影响。

5.12.6　注意事项

① 粉体控制。流延成型的关键是粉体，陶瓷粉体的化学组成和特性能够影响甚至控制最终烧结材料的收缩和显微结构，所以要严格控制粉体的杂质含量。陶瓷粉体的颗粒尺寸对颗粒堆积以及浆料的流变性能会产生重要影响。陶瓷粉体中不能有硬团聚，否则会影响颗粒堆积以及材料烧结后的性能。粉体的选择必须考虑到以下技术参数：a. 化学纯度；b. 颗粒大小、尺寸分布和颗粒形貌；c. 硬团聚和软团聚程度；d. 组分的均一性；e. 烧结活性；f. 规模生产的可能性；g. 制造成本。

② 溶剂。在溶剂的选择上首先要考虑如下几个因素：a. 必须能够溶解分散剂、黏结剂、增塑剂和其他添加剂成分；b. 在浆料中具有一定的化学稳定性，能够充分分散粉料而不与粉料发生反应；c. 能够提供浆料系统合适的黏度；d. 易于挥发与烧除；e. 保证素坯无缺陷地固化；f. 使用安全，对环境污染小且价格便宜。

③ 分散剂。粉料在流延浆料中的分散均匀性直接影响着素胚膜的质量，从而影响材料的致密性、气孔率和力学性能等一系列特性。如果分散剂的加入量增大，浆料的性能在某一特定浓度会突然发生改变；如果加入量小，它以单分子的状态残留在浆料中。

④ 黏结剂。选择黏结剂时应考虑的因素有：a. 素胚膜的厚度；b. 所选溶剂类型及匹配性，有利于溶剂挥发和不产生气泡；c. 应易烧除，不留有残余物；d. 能起到稳定料浆和抑制颗粒沉降的作用；e. 要有较低的塑性转变温度，以确保在室温下不发生凝结；f. 考虑所用基板材料的性质，要不相黏结和易于分离。

⑤ 增塑剂。选择增塑剂应考虑的因素有：a. 与树脂黏结剂具有良好的相容性；b. 高的沸点和低的蒸气压；c. 高的可塑效率；d. 热、光、化学稳定；e. 低温下良好的弯曲性；f. 增塑剂与其他材料接触时不快速移动等。

⑥ 流延机参数控制。根据生带厚度精确调整刮刀间隙及表面光洁度；维持液面高度均衡一致；保证流延速度的稳定。

⑦ 干燥工艺优化。如果干燥工艺不当，会引发气泡、针孔、皱纹、裂痕等一系列缺陷。制订干燥工艺的原则是：确保溶剂缓慢挥发，使膜层内溶剂的扩散速度与表面的挥发速度一致，防止表面过早硬化而引起膜片翘曲、条纹、斑点、针孔、陶瓷膜与 PET 膜附着太紧密、陶瓷膜与 PET 膜脱离以及厚度不均等各种缺陷。

5.12.7　思考题

① 流延成型有哪几种工艺?

② 流延成型制备陶瓷基复合材料的现状及前景是怎样的?

③ 阐述石墨烯增韧氧化锆陶瓷的机理。

5.13 陶瓷基复合材料的浆料浸渍成型实验

5.13.1 实验目的

① 了解浆料浸渍法制备陶瓷基复合材料的工艺过程。

② 了解浆料浸渍法的工艺特点及工艺参数对制品性能的影响。

③ 了解硅酸铝纤维/石英复合隔热材料的性能特点及应用。

5.13.2 实验原理

浆料浸渍法是制造连续纤维增强低熔点陶瓷复合材料的传统方法，其工艺示意图如图 5-14 所示。将纤维（布）增强材料浸渍到含有陶瓷基体粉末的聚合物溶液中，经过缠绕、切断后制成预制件；然后按要求的形状和尺寸堆叠、烧结和加热加压处理得到陶瓷基复合材料制品。

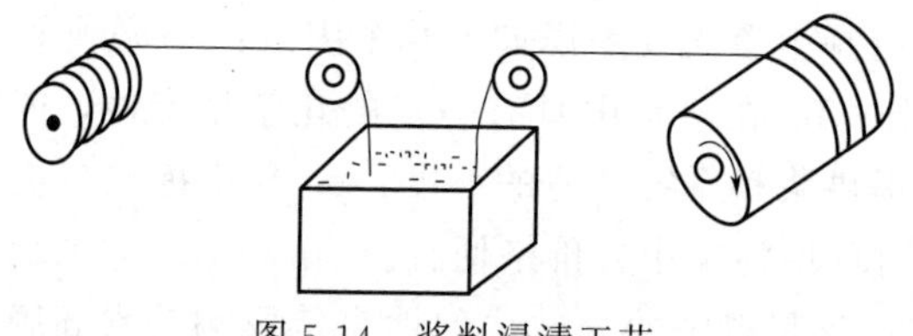

图 5-14 浆料浸渍工艺

在烧结过程中，聚合物分解使陶瓷基体成为连续相，同时也会在陶瓷基体中产生气孔。为此，可使烧结温度接近或略高于陶瓷的软化温度，利用某些陶瓷的玻璃黏性流动来改进陶瓷基体的结构致密化程度，或者采用多次浸渍-热分解的方法，增加材料密度，改进力学性能。对于某些非氧化物陶瓷，烧结过程中的黏性流动性差，为了获得致密的烧结体就需要提高烧结温度，而提高烧结温度又会影响纤维性能以及引起纤维与基体之间发生界面化学反应。虽然采取多次浸渍-热分解工艺有一定效果，但增加了制造过程的难度。因此，浆料浸渍法所适用的陶瓷基体材料不多。由于热压烧结等方面的限制，浆料浸渍缠绕工艺只能制作一些几何形状比较简单的制品。氧化铝、氧化硅、莫来石等陶瓷粉末与铁、镍、铬等金属粉末充分混合后，再加入适量的切削不锈钢短纤维，以挥发性硅溶胶为黏结剂，调制成均匀的糊状浆料，注入一定形状的容器中，硬化后取出干燥，再烧结成复合材料制品。可用来制作真空吸塑模具。

在浆料浸渍法制备连续纤维增强陶瓷复合材料过程中，为了使制备出的复合材料基体分布均匀，使陶瓷粉体尽可能均匀地分布在复合材料中，需要选用合理配比的浸渍浆料。浆料浸渍工艺对浆料的要求主要包括黏度和稳定性两方面：

① 浆料要求具有较低的黏度，流动性较好，以保证在浸渍过程中，浆料可以填充纤维预制件内部；

② 浆料要求具有一定的稳定性，可以保证在浸渍过程中尽可能少地沉降，避免因为粉体沉降、富集在纤维预制件表面，堵塞孔隙，造成封孔，使得材料内部多孔，缺陷较多。

为提高浸渍效率、缩短材料的制备周期、降低材料中的孔隙率，需要对浸渍方法进行优化。可以用直通孔模型描述浆料浸渍过程，浆料浸渍过程中主要存在四种作用力：弯曲液面的附加压力（主要取决于浆料与预制件的浸润性）、浆料流动过程中与孔壁的阻力（取决于浆料的黏度或流动性）、孔隙中残余气体的压力以及外部压力。由于孔隙直径很小，浆料受到的重力可忽略。根据浆料流动过程中受力分析，提高浆料浸渍效率的有效方法包括：①降低浆料黏度；②减少孔隙中残余气体量；③增加外部压力。

以石英为基体的陶瓷基隔热复合材料的热防护机理是：①热防护材料表层为涂层，耐烧蚀、抗冲刷、高辐射散热，它通过高温表面向周围空气介质辐射能量的方式来达到散热的目的；②热防护材料基体为隔热材料，它是一种理想的热沉材料，其相变温度较高，热导率较低，进入材料内部的气动热大部分集中在材料表面的薄层内，较小厚度的防热层能达到较佳的热防护作用，以保护结构件。

下面以硅酸铝纤维/石英复合隔热材料为例介绍陶瓷基复合材料的浆料浸渍成型实验。

5.13.3　实验设备及材料

① 设备：球磨机；旋片式真空泵；电热鼓风干燥箱；实验电阻炉；电子天平。

② 材料：耐热合金丝增强硅酸铝型纤维布及硅酸铝纤维毡；石英粉（$SiO_2 \geqslant 99.7\%$）；硅溶胶（SiO_2 含量在 24%～30%之间，pH 在 2～4 之间）；分散剂柠檬酸铵。

5.13.4　实验步骤

① 浸渍浆料的制备。称取一定量的石英粉、硅溶胶，加入适量的分散剂柠檬酸铵（加入量一般为石英重量的 0.2%～0.5%之间），研磨 72h 得到浸渍浆料。

② 纤维隔热体的真空浸渍。将硅酸铝纤维布和硅酸铝纤维毡隔热体浸入浆料中，采用压力、真空等措施将浆料充分浸入纤维隔热体中。

③ 凝胶化及热处理。在 120℃下进行凝胶化后，在电阻炉中采取不同的烧结温度进行热处理即可制得最终的隔热体。

5.13.5　实验记录与结果分析

① 记录球磨机和电阻炉型号，石英粉、硅溶胶及分散剂的用量，硅酸铝纤维布、硅酸铝纤维毡隔热体的用量，以及烧结温度。

② 分组进行实验，记录不同烧结温度时的情况，根据所得隔热体材料表观质量分析烧结温度对浆料浸渍烧结件性能的影响。

5.13.6　注意事项

① 浸渍浆料随着研磨时间的延长，制品烧结密度有明显增加。在同一烧结温度下，不同研磨时间，可使制品体积密度有明显差别。

② 浸渍浆料研磨时间达到一定时间后，再继续延长，对制品的体积密度增加作用不大，故研磨时间应在一定的时间范围内。

③ 多余的浆料应及时清理干净。

5.13.7　思考题

① 浆料浸渍法制备陶瓷基复合材料的基本原理是什么？

② 烧结温度是如何影响浆料浸渍烧结件性能的?

③ 浆料浸渍工艺对浆料有哪些性能要求?

5.14 陶瓷基复合材料的化学气相渗透实验

5.14.1 实验目的

① 了解化学气相渗透法制备陶瓷基复合材料的工艺过程。

② 了解化学气相渗透法的工艺特点及应用。

③ 了解碳化硅纤维增强碳化硅复合材料的性能特点及应用。

5.14.2 实验原理

化学气相渗透工艺(CVI)是指将一种或几种烃类气体化合物经高温分解、缩聚之后气态反应物沉积在多孔介质内部,使材料致密化的方法(图 5-15)。CVI 是在化学气相沉积工艺(CVD)的基础上发展起来的。CVD 是利用气态物质于一定温度、压力条件下在固体物质表面上进行反应,生成固态沉积物的过程。它主要包括:①气态反应物输送到基体;②反应物被基体表面吸附;③被吸附的物质在基体表面进行反应和扩散;④反应后的气态物质从基体表面脱附并被排除。一般沉积物主要沉积在基体的表面,但当基体为多孔物质如碳毡时,沉积不仅发生在表面,而且也深入到基体内部孔隙中,最后形成复合材料。

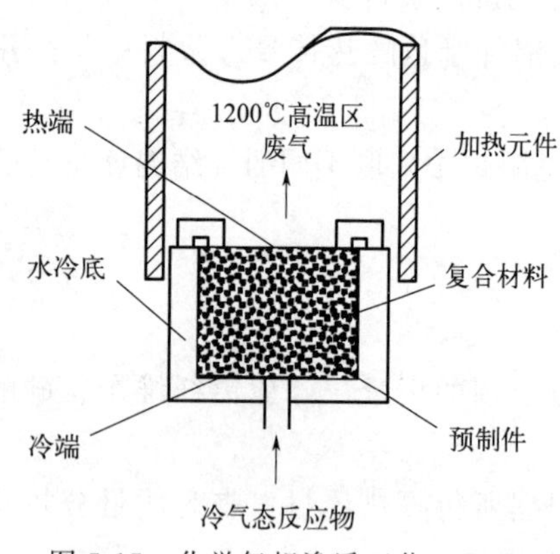

图 5-15 化学气相渗透工艺(CVI)

化学气相渗透工艺(CVI)制造纤维增强陶瓷基复合材料是将先驱体通入反应炉内在多孔预制体内部连续、多次沉积某种物质而形成致密的复合材料,其具体步骤是:①反应气体扩散到纤维预制体孔隙表面;②反应气体扩散进入纤维预制体内部;③反应气体吸附在孔隙的内表面;④在纤维表面发生化学反应并形成涂层;⑤反应副产物脱离纤维表面而挥发;⑥反应副产物向外扩散;⑦反应副产物进入混合气体中。

化学气相渗透工艺(CVI)在制备纤维增强复合材料时具有以下特点:

① CVI 能在较低温度(通常在 1000℃左右)和压力下实现纤维与基体的复合,能沉积出熔点高达 3000℃以上的物质,并可避免在复合过程中由于热力学状态不稳定纤维与基体间发生的化学反应,可以制备出用普通热压烧结难以实现的复合材料。

② CVI 沉积过程中对纤维增强骨架没有任何损害作用,从而保证了材料结构的完整性与高的强度。

③ CVI 方法灵活,可以控制一定的温度梯度和气压梯度,使混合气体在热端发生反应和沉积,即整个复合材料制品的形成是由上至下,适于制作多相、均匀、致密、结构复杂与功能特殊的复合材料,有利于实现材料设计。

但同时 CVI 技术也存在反应和沉积速度慢、生产效率低、成本高且制备的复合材料孔隙率高等缺点。CVI是新发展起来的制备无机材料的新技术，该技术主要用于制备各种高温陶瓷基复合材料，包括碳/碳复合材料和以碳化物、氮化物为基质的材料，这些材料已广泛应用于航空、航天、冶金、化工、原子能等各个领域。

碳化硅纤维增强碳化硅复合材料（SiC_f/SiC）作为新一代纤维增强陶瓷基复合材料，具有高强度、高模量、耐高温、耐冲击、抗氧化、抗蠕变、低活性、耐辐照和低放射余热等诸多优异性能，被认为是21世纪新能源、航空航天和核反应堆等高温部件最有潜力的候选材料之一。此外，SiC_f/SiC复合材料可明显提高聚变堆的能量转换效率、延长其使用寿命、增加环境安全性和可维护性。

下面以碳化硅纤维增强碳化硅复合材料（SiC_f/SiC）为例介绍陶瓷基复合材料的化学气相渗透实验。

5.14.3 实验设备及材料

① 设备：化学气相沉积炉；材料力学试验机。

② 材料：SiC纤维预制体；三氯甲基硅烷（MTS，CH_3Cl_3Si）；氩气（Ar）；氢气（H_2）。

5.14.4 实验步骤

① SiC纤维预制体制作。将SiC纤维编织成预制体，预制体由经纱和纬纱两部分编织而成，其中纬纱呈平行直线排列，经纱以斜角编织方式贯穿锁紧纬纱，呈正弦波的形状。

② 三氯甲基硅烷（MTS）的分解温度低，沉积温度范围宽（800～1700℃），由于分子中Si和C原子比为1∶1，容易制备出化学计量比的碳化硅，是制备SiC基体的常用先驱体。

③ SiC_f/SiC复合材料的CVI制备。将制作的SiC纤维预制体放入化学气相沉积炉中，以H_2作为载气，通过鼓泡的方式将三氯甲基硅烷（MTS）带入沉积炉内，采用高纯Ar和H_2作为稀释气体和反应气体，反应温度为1000℃，SiC基体沉积时间为300～400h。

④ 实验结束后取出制品，采用阿基米德排水法测试SiC_f/SiC复合材料的密度与开孔率，利用材料力学试验机进行轴向抗压强度测试。

5.14.5 实验记录与结果分析

① 记录化学气相沉积炉型号，记录SiC纤维预制作的用量，记录反应温度和沉积时间。

② 测试SiC_f/SiC复合材料制品的密度、开孔率及抗压强度，分析利用CVI制备SiC_f/SiC复合材料的工艺影响因素。

5.14.6 注意事项

① 做实验前一定要通风，请勿将实验室密闭起来，以便在实验过程中有少量气体漏出时可以快速排出室外。

② 安装好气路，先打开氩气检查气路的密闭性，做到不漏气。常压系统检查气密性，可用泡沫水抹到接头处看是否有气泡产生。

③ 高温过程不可以关掉气体，防止排出口的水倒流入管。如果突然停电，立刻将气管从水中拿出，关掉高压气瓶，防止水回流。

④ 使用完气体后确保关掉高压气瓶。一定要按步骤关掉高压气瓶，定期检测气瓶的安全性。

5.14.7 思考题

① 化学气相渗透（CVI）与化学气相沉积（CVD）在工艺流程方面有什么异同点？

② 利用化学气相渗透工艺（CVI）制备纤维增强复合材料具有哪些特点？

③ 除了化学气相渗透法，碳化硅纤维增强碳化硅复合材料（SiC_f/SiC）还有哪些制备方法？

5.15 陶瓷基复合材料的反应烧结实验

5.15.1 实验目的

① 了解反应烧结的工艺过程及其特点。

② 了解工艺参数对反应烧结制品性能的影响。

③ 了解氮化硅/碳化硅复相陶瓷材料的性能特点及应用。

5.15.2 实验原理

反应烧结是指陶瓷原料成形体在一定温度下通过固相、液相和气相相互间发生化学反应，同时进行致密化和规定组分的合成，使坯件质量增加、孔隙减小，并烧结成具有一定强度和尺寸精度的成品的过程。

同其他烧结工艺比较，反应烧结有如下几个特点：

① 反应烧结时，质量增加。普通烧结过程也可能发生化学反应，但质量不增加。

② 烧结坯件不收缩，尺寸不变。因此，可以制造尺寸精确的制品。普通烧结坯件一般会发生体积收缩。

③ 普通烧结物质迁移发生在颗粒之间，在颗粒尺度范围内，而反应烧结的物质迁移过程发生在长距离范围内，反应速度取决于传质和传热过程。

④ 液相反应烧结工艺在形式上同粉末冶金中的熔浸法相似，但熔浸法中的液相和固相不发生化学反应，也不发生相互溶解，或只允许有轻微的溶解。

⑤ 反应烧结能够在较低温度（≤1800℃）制备致密的超高温陶瓷。反应烧结过程中的化学反应放热大，且热力学自发进行，能够在相对较低温度下，产生足够能量和驱动力以达到最终产品的致密化。另外，原位形成的相之间的化学兼容性和分散的均匀性也能够被保证。

⑥ 反应烧结能够制备微观结构呈现各向异性的陶瓷，原位形成的相尺寸小、表面积大，具有很高的活性。另外，可形成瞬态液相，促进质量输运和晶粒的各向异性生长。

反应烧结过程受诸多因素的影响，如粉末粒度、压坯密度、温度、升温速度等。烧结过程希望发生收缩，以获得高致密度的制品，但在有些情况下样品发生膨胀。反应放热使温度升高，促使液相生成和收缩、致密化。收缩与液相量的多少、分布及持续时间相关。膨胀的原因可能是合金化时物质的非平衡扩散，也可能是由液相沿固相晶界穿透造成的。反应烧结过程有化合物的形成，并带有放热特征，使过程变得更为复杂。下面讨论这些因素对过程的影响。

① 升温速度。升温速度是反应烧结过程的重要参数。升温速度慢，粉末间有足够的时

间通过固相扩散反应形成一些中间相，这些中间相的形成阻碍了粉末间进一步反应，减少了反应放热及形成的液相量，对相组成及致密化都产生不利作用。但是，过快的升温速度，会导致反应剧烈，过程难以控制，常导致样品变形，甚至坍塌。

② 烧结温度。合适的烧结温度可获得良好的制品性能。温度偏低时，不发生反应；温度过高，会导致反致密化、性能下降等现象。

③ 粉末粒度。细粉末的比表面积大，储存的表面能高，反应中释放的能量大。同时，细粉末彼此之间接触程度高，也有利于反应的发生。但细粉末发达的比表面，吸附的气体多，氧含量高；此外高的活性，容易通过固相扩散形成中间化合物，影响进一步烧结收缩。研究表明，两种元素粉末存在一个最佳的粒度搭配。

④ 压坯密度。松散粉末在固结过程中，最大的致密化阶段发生在压制成形阶段，即冷固结。一般增大压制压力，可提高压坯密度，相应地烧结后也可得到高的制品密度，如 Fe-Al 系、Ti-Al 系有烧结膨胀的现象。当起始孔隙度低时，烧结产物的孔隙度也低。

⑤ 烧结气氛。为了防止样品的氧化，在反应烧结金属间化合物时需要采用保护气氛（真空或保护性气体）。保护性气体有氩气、氦气等惰性气体和还原性气体氢气。气氛的作用表现在热传导和脱气的效果上。真空有较好的隔热效果和脱气效果，溶解的氢气在随后的烧结过程中可以通过扩散去除，而氩气则不能去除。因此，真空效果最好，氢气次之，氩气较差。真空脱气处理还可以降低氧含量。氩气、氦气和氮气的效果相比，氦气的冷却作用最强，但产物密度在氦气中居中，在氮气中最低，这说明气体的冷却作用并不是影响密度的主要原因。从反应起始温度来看，氮气保护最差，可能是粉末与氮气之间发生了反应，如铝与氮气反应生成氮化铝，从而对反应烧结有所抑制。

Si_3N_4 是性能优异的高温结构陶瓷，具有高强度、高韧性、高热导、抗热震性等优异特点，广泛应用于航空、机械、化工等领域。SiC 陶瓷具有良好的热稳定性、耐磨性、耐腐蚀性和抗蠕变性，广泛应用于密封材料、结构器件及高温耐蚀部件等。Si_3N_4 的反应烧结如图 5-16 所示，它是硅粉多孔坯件在 1400℃左右和氮气反应形成的（反应式：$3Si+2N_2 \longrightarrow Si_3N_4$，$\Delta H=-723.8kJ/mol$）。在反应过程中，硅的氮化有大量的反应热放出，造成硅粉的熔化，Si 熔化堵塞了 N_2 进入工件内部的通道，随着连通气孔的减少，氮气扩散困难，反应很难进行彻底。因此，需要调节 N_2 的消耗量来控制氮化反应速度，而且反应烧结氮化硅坯件厚度受到限制，相对密度也难达到 90%。影响反应过程的因素有坯件原始密度、硅粉粒度和坯件厚度等。对于粗颗粒硅粉，氮气的扩散通道少，扩散到硅颗粒中心需要的时间长，因此反应增重少，反应的厚度薄。坯件原始密度大也不利于反应。

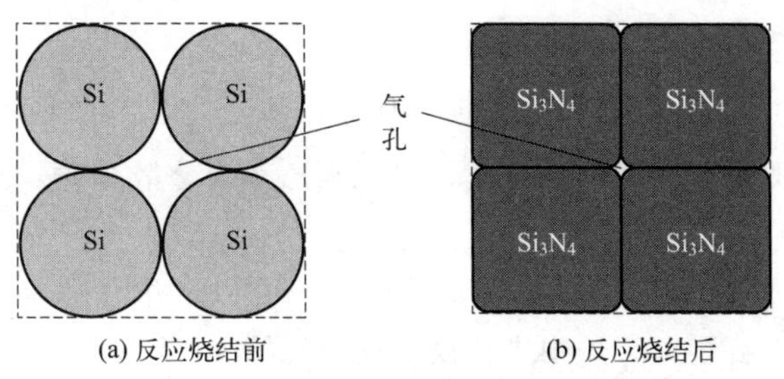

图 5-16　Si_3N_4 的反应烧结

SiC 的反应烧结如图 5-17 所示，先将 α-SiC 粉和石墨碳粉按比例混匀，经干压、挤压或注浆等方法制成多孔坯体；在高温下与液态 Si 接触，坯体中的 C 与渗入的 Si 反应，生成 β-SiC（反应式：Si＋C ⟶β-SiC），并与 α-SiC 相结合，过量的 Si 填充于气孔，从而得到无孔致密的反应烧结体。反应烧结 SiC 通常含有 8%的游离 Si。因此，为保证渗 Si 完全，素坯应具有足够的孔隙度。一般通过调整最初混合料中 α-SiC 和 C 的含量、α-SiC 的粒度级配、C 的形状和粒度以及成型压力等手段，来获得适当的素坯密度。

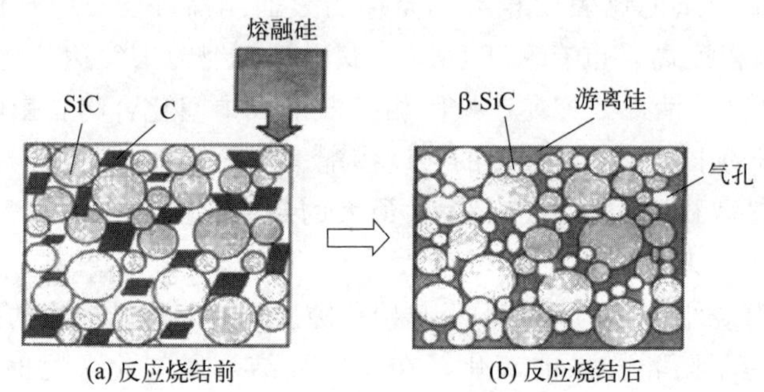

图 5-17　SiC 的反应烧结

氮化硅/碳化硅（Si_3N_4/SiC）复相陶瓷结合了 Si_3N_4 和 SiC 两者的特性，具有抗弯强度高、断裂韧性强、抗氧化性好、耐磨和耐腐蚀性好等优异力学性能。以 Si 粉和 SiC 粉为原料，在 N_2 中通过反应烧结制备 Si_3N_4/SiC 复相陶瓷是常用的制备方法之一，且反应烧结制备的材料具有接近尺寸烧结的显著特点。由于 Si_3N_4 和 SiC 自身具有较强的共价键，原子间扩散比较困难，很难在低温下进行烧结，通常需要添加烧结助剂，如金属氧化物 Al_2O_3 和稀土金属氧化物 Y_2O_3 或 Yb_2O_3 等复合烧结助剂与 Si_3N_4 颗粒表面的 SiO_2 形成低熔点氮氧化物，通过液相烧结降低烧结温度并促进烧结致密化。

下面以氮化硅/碳化硅（Si_3N_4/SiC）复相陶瓷为例介绍陶瓷基复合材料的反应烧结实验。

5.15.3　实验设备及材料

① 设备：石墨碳管炉；球磨机；万能材料试验机；电子天平。

② 材料：Si 粉（纯度＞99.9%，粒径 1.3μm）；SiC 粉（其 α 相含量＞99.4%，平均粒径为 0.5μm）；烧结助剂 Y_2O_3（纯度＞99.99%，平均粒径为 5.0μm）及 Al_2O_3（纯度＞99.9%，平均粒径为 0.6μm）；高纯 N_2（纯度＞99.9%）（以上纯度均为质量分数）。

5.15.4　实验步骤

① 实验采用 Y_2O_3/Al_2O_3 复合烧结助剂体系，将 Si 粉、SiC 粉和烧结助剂按比例称量后倒入球磨机中，以碳化硅球为球磨介质，以无水乙醇为分散介质，球磨 24h，然后将所得的浆料烘干过筛（149μm）。

② 取一定量的混合粉体在 10MPa 的压力下预压成型，并经过 200MPa 冷等静压处理得到素坯体，将坯体放入石墨碳管炉中进行氮化反应烧结。

③ 氮化完成后，将样品取出，放入石墨坩埚中，以 Si_3N_4 粉为粉床埋粉烧结，烧结条件为 1700℃，保温 2h，0.1MPa 高纯氮气气氛，最终得到 Si_3N_4/SiC 复相陶瓷。

④ 采用阿基米德法测试样品的气孔率和体积密度，采用万能材料试验机测试样品的抗

弯强度（加载速率为0.5mm/min，跨距为30mm，样品尺寸为3mm×4mm×36mm，测试试样不少于3根）。

5.15.5 实验记录与结果分析

① 记录石墨碳管炉、球磨机及万能材料试验机型号，Si粉、SiC粉和烧结助剂的用量，反应升温速度、烧结温度和烧结时间。

② 分组进行实验，记录不同升温速度时的情况，根据所得Si_3N_4/SiC复相陶瓷材料的气孔率、体积密度及抗弯强度，分析升温速度对反应烧结制品性能的影响。

③ 分组进行实验，记录不同烧结温度时的情况，根据所得Si_3N_4/SiC复相陶瓷材料的气孔率、体积密度及抗弯强度，分析烧结温度对反应烧结制品性能的影响。

5.15.6 注意事项

① 安装好气路，先打开氮气检查气路的密闭性，做到不漏气。常压系统检查气密性时可用泡沫水抹到接头处看是否有气泡产生。

② 反应烧结过程中不可以关掉气体，防止排出口的水倒流入管。如果突然停电，立刻将气管从水中拿出，关闭掉高压气瓶，防止水回流。

③ 使用完气体后确保关闭高压气瓶。一定要按步骤关掉高压气瓶，定期对气瓶的安全性进行检测。

④ 反应烧结取样过程中注意戴上防护措施，以防烫伤。

5.15.7 思考题

① 无压烧结、热压烧结、热等静压烧结和反应烧结制备SiC陶瓷各具有怎样的工艺特点？

② 氮化硅/碳化硅（Si_3N_4/SiC）复相陶瓷反应烧结过程中为什么要加入烧结助剂？

③ 除了反应烧结，氮化硅/碳化硅（Si_3N_4/SiC）复相陶瓷还有哪些制备方法？

5.16 陶瓷基复合材料的微波烧结实验

5.16.1 实验目的

① 了解微波烧结的基本原理及应用。

② 了解微波烧结的工艺特点。

③ 了解Al_2O_3/TiC基陶瓷刀具的性能特点及应用。

5.16.2 实验原理

微波烧结是利用微波具有的特殊波段与材料的基本细微结构耦合产生损耗，实现微波能向内能的转化，产生热量引起物质温度升高，使得材料整体均匀加热至一定温度而实现致密化烧结的一种方法。微波烧结是一种材料烧结工艺的新方法，是快速制备高质量的新材料和制备具有新性能的传统材料的重要技术手段。微波烧结可制备不锈钢、钢铁合金、铜锌合金、钨铜合金、镍基高温合金、硬质合金及电子陶瓷等。

微波烧结是一种利用微波加热来对材料进行烧结的方法，它同传统的加热方式不同。传统的加热是依靠发热体将热能通过对流、传导或辐射方式传递至被加热物而使其达到某一温度，热量从外向内传递，烧结时间长，很难得到细晶。而微波烧结则是利用微波具有的特殊波段与材料的基本细微结构耦合而产生热量，热量从内向外传递，烧结时间短，材料的介质损耗使其材料整体加热至烧结温度而实现致密化。根据材料在微波场中的吸波特性（图 5-18）可将其分为：①透波型材料，主要是低损耗绝缘体，如大多数高分子材料及部分非金属材料，可使微波部分反射及部分穿透，很少吸收微波；②全反射微波材料，主要是导电性能好的金属材料，这些材料对微波的反射系数接近于1；③微波吸收型材料，主要是一些介于金属与绝缘体之间的反射电介质材料，包括纺织纤维材料、纸张、木材、陶瓷、水、石蜡等。材料对微波的吸收是通过与微波电场或磁场耦合，将微波能转化为热能来实现的。根据麦克斯韦电磁理论，介质对微波的吸收源于介质对微波的电导损耗和极化损耗，且高温下电导损耗将占主要地位。在导电材料中，电磁能量损耗以电导损耗为主。而在介电材料（如陶瓷）中，由于大量的空间电荷能形成电偶极子产生取向极化，且相界面堆积的电荷产生界面极化，在交变电场中，其极化响应会明显落后于迅速变化的外电场，导致极化弛豫。此过程中微观粒子之间的能量交换，在宏观上就表现为能量损耗。

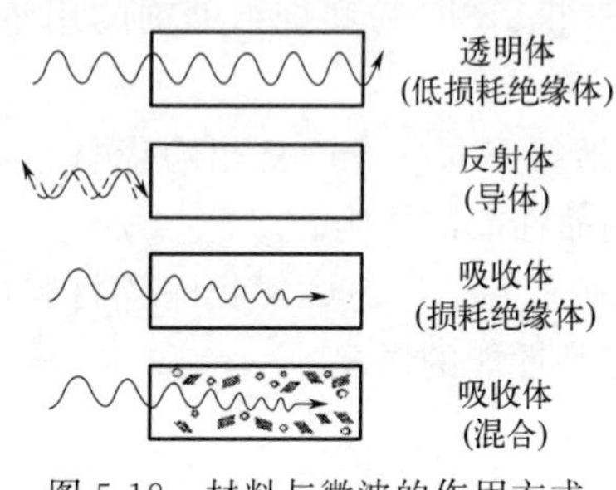

图 5-18　材料与微波的作用方式

与传统的烧结工艺相比，微波烧结具有如下优点：

① 微波与材料直接耦合，使材料整体加热。微波的体积加热，使材料中大区域的零梯度均匀加热得以实现，使材料内部热应力减小，从而减少开裂、变形倾向。同时，由于微波能被材料直接吸收而转化为热能，所以能量利用率极高，比常规烧结节能 80%左右。

② 微波烧结升温速度快，烧结时间短。某些材料在温度高于临界温度后，其损耗因子迅速增大，导致升温极快。另外，微波的存在降低了活化能，加快了材料的烧结进程，缩短了烧结时间。使用微波烧结快速升温和致密化可以抑制晶粒组织长大，易得到均匀的细晶粒显微结构，内部孔隙少，孔隙形状比传统烧结的圆，因而具有更好的延展性和韧性。同时，烧结温度亦有不同程度的降低，与传统烧结相比降温幅度最大可达 500℃。

③ 微波可对物相进行选择性加热。由于不同的材料、不同物质相对微波的吸收存在差异，因此可以通过选择性加热或选择性化学反应获得新材料和新结构（如制备纳米粉末、超细或纳米块体材料）。还可以通过添加吸波物相来控制加热区域，也可利用强吸收材料来预热微波透明材料，利用混合加热烧结低损耗材料。

④ 安全无污染。微波烧结的快速烧结特点使得在烧结过程中作为烧结气氛的气体的使用量大大降低，这不仅降低了成本，也使烧结过程中废气、废热的排放量得到降低。

⑤ 提高致密度，增加晶粒均匀性。微波辐射可提高粒子动能、有效加速粒子扩散。材料烧结过程包括致密化阶段和晶粒生长阶段，致密化速率主要与坯体颗粒间的离子扩散速率有关，晶粒生长速率则主要依赖于晶界扩散速率。所以，微波烧结有助于提高材料致密度，增加晶粒均匀性。但微波烧结也表现出了传统烧结不曾有的一些缺点：加热设备复杂、需特殊设计、成本高；由于不同介质吸收微波的能力及微波耦合不同，出现了微波可吸收材料、半吸收材料、不吸收材料等，选择性加热使得微波透过材料不能烧结，同时出现热斑现象。

Al_2O_3/TiC基陶瓷刀具材料被广泛应用于多种难加工材料的高速切削，如高硬度钢、高温合金、淬硬钢和铸铁等。对于Al_2O_3/TiC基陶瓷刀具材料的烧结，无压烧结工艺简单、成本较低，但烧结时间较长，晶粒易长大，降低了材料的力学性能。与无压烧结相比，热压烧结在加压的同时加热，有利于颗粒的接触、扩散和流动，可获得更高的致密度和较好的力学性能，但热压烧结生产效率低，成本也比较高。相比于传统烧结方法，微波烧结（图5-19）能耗低，烧结速度极快，材料内部热梯度小，不易产生热应力；微波电磁场能显著降低材料烧结活化能，提高扩散系数，促进物质扩散，加速烧结过程，可有效抑制晶粒异常长大，改善烧结材料的微观组织均匀性。

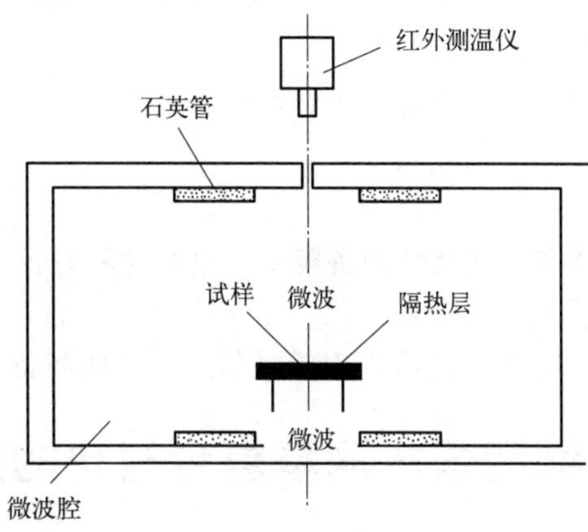

图5-19　微波烧结工艺流程

下面以Al_2O_3/TiC基陶瓷刀具材料为例介绍陶瓷基复合材料的微波烧结实验。

5.16.3　实验设备及材料

① 设备：微波烧结炉；球磨机；硬度计；电子天平。

② 材料：增强体Al_2O_3粉（0.6μm）；基体TiC粉（0.2μm）；金属黏结相Mo粉（2μm）和Ni粉（2μm）；助烧结剂MgO粉（2μm）和Y_2O_3(2μm)。

5.16.4　实验步骤

① 实验选用的粉末原料为60%（质量分数，下同）Al_2O_3、30%TiC、3% Mo、3% Ni以及助烧结剂2% MgO和2%Y_2O_3。将上述粉末按一定质量的球料比（8∶1）放入氧化铝球磨罐中，以酒精为球磨介质，在行星式球磨机中以200r/min的转速球磨48h，球磨完成后，将混料置于干燥箱中烘干，然后过筛。

② 将获得的混料放入模具中，用冷压成型法制得具有一定形状和强度的素坯，其压制压力为180～200MPa，保压时间为2min。

③ 将压制成型的素坯置于真空微波烧结炉内，以50～60℃/min的升温速度快速升温至1700℃并保温10min，烧结完成后随炉冷却。

④ 将烧结所得的刀具材料用阿基米德法测量烧结样品的密度，采用硬度计测试其硬度。

5.16.5　实验记录与结果分析

① 记录微波烧结炉、球磨机、硬度计型号，增强体Al_2O_3粉、基体TiC粉、金属黏结

相 Mo 粉和 Ni 粉、助烧结剂 MgO 粉和 Y_2O_3 的用量，以及冷压成型的压制压力和保压时间、微波烧结升温速度及烧结温度。

② 分组进行实验，记录不同升温速度，根据所得 Al_2O_3/TiC 基陶瓷刀具材料测试的密度及硬度，分析升温速度对微波烧结制品性能的影响。

③ 分组进行实验，记录不同烧结温度，根据所得 Al_2O_3/TiC 基陶瓷刀具材料测试的密度及硬度，分析烧结温度对微波烧结制品性能的影响。

5.16.6 注意事项

① 从微波的作用原理来看，人体也会吸收微波，因此微波会对人体产生一定的危害。因此，微波烧结炉开启后应远离仪器设备。

② 微波烧结取样过程中注意采取防护措施，以防烫伤。

5.16.7 思考题

① 无压烧结、热压烧结和微波烧结制备陶瓷基复合材料时各具有怎样的工艺特点？

② Al_2O_3/TiC 基陶瓷刀具材料微波烧结过程中为什么要加入金属黏结相和助烧结剂？

③ 除了微波烧结，Al_2O_3/TiC 基陶瓷刀具材料还有哪些制备方法？

5.17 纤维增强水泥基复合材料的成型实验

5.17.1 实验目的

① 了解纤维增强水泥基复合材料的组成及性能特点。

② 掌握常用于增强水泥基复合材料的纤维种类。

③ 了解芳纶纤维及其在水泥基复合材料中的应用。

5.17.2 实验原理

纤维增强水泥基复合材料是由水泥净浆、砂浆或水泥混凝土作基材，以非连续的短纤维或连续的长纤维作增强材料组合而成的一种复合材料。纤维在其中起着阻止水泥基体中微裂缝的扩展和跨越裂缝承受拉应力的作用。因此，与未增强的水泥基体相比，纤维增强水泥基复合材料具有下列性能特点：

① 抗拉强度高。内部缺陷是水泥基复合材料破坏的主要因素，任意分布的短切纤维在复合材料硬化过程中改变了其内部结构，减少了内部缺陷，提高了材料的连续性。在水泥基复合材料受力过程中纤维与基体共同受力变形，纤维的牵连作用使基体裂而不断并能进一步承受载荷，可使水泥基材的抗拉强度得到充分保证；当所用纤维的力学性能、几何尺寸与掺量等合适时，可使复合材料的抗拉强度有明显的提高。

② 抗裂性好。在水泥基复合材料新拌初期，增强纤维就能构成一种网状承托体系，产生有效的二级加强效果，从而有效减少材料的内分层和毛细腔的产生；在硬化过程中，当基体内出现第一条隐微裂缝并进一步发展时，如果纤维的拉出抵抗力大于出现第一条裂缝时的荷载，则纤维能承受更大的荷载，纤维的存在阻止了隐微裂缝发展成宏观裂缝的可能。宏观上看，当基体材料受到应力作用产生微裂缝后，纤维能够承担因基体开裂转移给它的应力，

基体收缩产生的能量被高强度、低弹性模量的纤维所吸收，有效增加了材料的韧性，提高了其初裂强度、延迟了裂缝的产生；同时，纤维的乱向分布还有助于减弱水泥基复合材料的塑性收缩及冷冻时的张力。

③ 抗渗性好。内部孔隙率、孔分布和孔特征是影响水泥基复合材料抗渗性的主要因素。以纤维作为增强材料，可以有效控制水泥基复合材料的早期干缩微裂以及离析裂纹的产生及发展，减少材料的收缩裂缝尤其是连通裂缝的产生。另外，纤维起到承托骨料的作用，减少了材料表面的析水现象与集料的离析，有效地降低了材料中的孔隙率，避免了连通毛细孔的形成，提高了水泥基复合材料的抗渗性。

④ 抗冲击及抗变形能力强。在纤维增强水泥基复合材料受拉（弯）时，即使基材中已出现大量的分散裂缝，由于增强纤维的存在，基体也仍可承受一定的外荷并具有假延性，从而使材料的韧性与抗冲击性得以明显提高。

⑤ 抗冻性提高。纤维可以缓解温度变化引起的水泥基复合材料内部应力的作用，从而防止水泥固化过程中微裂纹的形成和扩散，提高材料的抗冻性；同时，水泥基复合材料抗渗能力的提高也有利于其抗冻能力的提高。在水泥基复合材料中加入聚丙烯、玻璃等纤维的研究表明，纤维的加入，可作为一种有效的水泥基复合材料温差补偿抗裂手段。

目前，常用于增强水泥基复合材料的纤维，主要包括钢纤维、碳纤维、玻璃纤维、天然植物纤维及合成纤维等。

① 钢纤维。钢纤维是发展最早的一种增强水泥基复合材料纤维。目前，钢纤维水泥基复合材料因其具有高抗拉强度和弹性模量而得到广泛应用，但其价格较贵、密度大且在基体中不易分散。

② 碳纤维。碳纤维是 20 世纪 60 年代开发研制的一种高性能纤维，具有超高的抗拉强度和弹性模量、化学性质稳定、与水泥基复合材料黏结良好等优点。碳纤维的主要缺点是价格昂贵，因而限制了其应用。

③ 玻璃纤维。玻璃纤维因其具有抗拉强度和弹性模量高的特点，被广泛用于铺设水泥基复合材料路面等方面。但玻璃纤维在新拌水泥基复合材料中不易乱向分散且易受损伤，从而降低了材料强度，同时也存在污染环境的问题。

④ 天然植物纤维。天然植物纤维（如剑麻纤维）具有原料广泛、价格低廉、可再生、无污染的优点。但需要对天然植物纤维进行合适的化学改性才能提高水泥混凝土的断裂韧性，从而起到良好的增强、增韧效果。

⑤ 合成纤维。合成纤维（如尼龙纤维、芳纶纤维、聚乙烯纤维等）成本不高，结构和性能可变度大，与水泥的结合性较好，能减少水泥基复合材料原生裂隙尺度，增强其抗裂能力，有效地改善其耐久性，且工作机理简单，适用范围广泛，在工程界受到了越来越多的关注。

在合成纤维中，芳纶纤维具有比模量大、比强度高、韧性高等特点，能大大提高水泥基材料的性能。芳纶纤维的分子结构（图 5-20）是由苯环和酰胺基按一定规律有序排列而成的，酰胺基的位置接在苯环的对位或间位上；分子间的骨架原子通过强共价键结合，高聚物分子间是酰胺基。由于酰胺基是极性基团，其上的氢可与另一个链段上酰胺基中可提供电子的羰基结合成氢键，构成梯形聚合物，因而该种聚合物具有良好的规整性和高度结晶性。高度结晶性和聚合物链的直线度，使芳纶纤维具有高的堆垛效应和高的弹性模量；平行于分子链方向为强共价键，垂直于分子链方向则为氢键，故轴向强度、模量高；苯环难于旋转，大分子链具有线型刚性伸直链构型，从而赋予其高强度、高模量和耐热性。

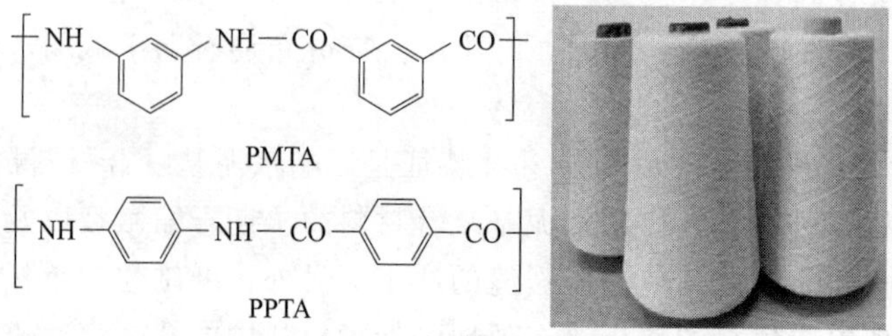

PMTA

PPTA

图 5-20 芳纶纤维的分子结构及其纤维束

下面以芳纶纤维增强水泥基复合材料为例介绍纤维增强水泥基复合材料的成型实验。

5.17.3 实验设备及材料

① 设备：胶砂搅拌机；振动台；试样模具；刮平刀；台秤。

② 材料：普通硅酸盐水泥；石英砂；高效减水剂（稀释至固含量 20%使用）；自来水；芳纶纤维。

5.17.4 实验步骤

① 将芳纶纤维切成三种不同长度（1mm、3mm 及 6mm），纤维掺量分别取 1%、2%及 4%，称量好其他原材料（硅酸盐水泥 960g、石英砂 400g、水 420g、外加剂 2%）。

② 试件制备时先配制胶砂基体，再加入纤维搅拌至分散均匀。胶砂搅拌使用胶砂搅拌机，将胶凝材料水泥和石英砂倒入搅拌锅内，慢速搅拌 30s，随后倒入约 3/4 的水，慢速搅拌 30s，再快速搅拌 1min，得到工作性良好的拌合物；在慢速搅拌过程中，加入剩余的水及适量减水剂，拌合充分。最后，缓慢加入纤维快速搅拌 2min，得到芳纶纤维增强水泥基复合材料拌合物。

③ 将芳纶纤维增强水泥基复合材料拌合物倒入模具中浇铸成型，并适当加以振动 1min 以增进密实。

④ 一天后拆模进行标准养护，即在温度 20℃±2℃、湿度 RH>95%的标准养护室中养护到规定的 3 天龄期（3d），最后测试试件的抗压强度。

5.17.5 实验记录与结果分析

① 记录胶砂搅拌机和振动台型号，记录称量的原材料配比和不同尺寸芳纶纤维的加入量。

② 分组进行实验，记录加入不同尺寸芳纶纤维（纤维掺量保持不变）时的情况，根据所得试样 3d 龄期的抗压强度分析芳纶纤维长度对纤维增强水泥基复合材料性能的影响。

③ 分组进行实验，记录加入不同芳纶纤维掺量（纤维尺寸保持不变）时的情况，根据所得试样 3d 龄期的抗压强度分析芳纶纤维掺量对纤维增强水泥基复合材料性能的影响。

5.17.6 注意事项

① 实验室空气温度和相对湿度及养护池水温在工作期间至少记录一次。

② 实验过程中避免紫外线照射，因为芳纶纤维受紫外线照射时强度会大幅下降。

5.17.7　思考题

① 纤维增强水泥基复合材料与普通混凝土材料相比具有哪些性能特点？

② 纤维增强水泥基复合材料使用的各种纤维具有的优点和存在的问题是什么？

③ 根据实验结果分析芳纶纤维的尺寸及掺量是如何影响纤维增强水泥基复合材料性能的？

5.18　超高性能水泥基复合材料的成型实验

5.18.1　实验目的

① 了解超高性能水泥基复合材料的组成及性能特点。

② 掌握超高性能水泥基复合材料的成型工艺。

③ 了解超高性能水泥基复合材料的应用。

5.18.2　实验原理

超高性能水泥基复合材料（UHPCC）是一种超高强度（抗压强度 150MPa 以上）、高韧性、高耐久性的新型水泥基复合材料。超高性能水泥基复合材料是通过以下措施改善性能的：

① 剔除粗骨料，限制细骨料的最大粒径，从而提高了骨料的均匀性。

② 优化细骨料的级配，使其密布整个颗粒空间，从而增大了骨料的密实度。

③ 添加短而细的优质纤维（如金属纤维、有机纤维、无机非金属纤维等），从而改善了材料的延性。

④ 掺入硅粉、粉煤灰等超细活性矿物掺合料，这些掺合料具有很好的微粉填充效应，可以优化内部孔结构。

⑤ 在硬化过程中通过加压和热养护可改善材料的微观结构。

相比于传统水泥基复合材料，从工程应用角度看，超高性能水泥基复合材料具有如下优越性：

① UHPCC 大大减小了混凝土结构的自重。钢筋混凝土结构的一个主要缺点是自重大，在一般的建筑中结构自重为有效荷载的 8～10 倍。利用 UHPCC 的超高强度与高韧性，在不需要配筋或少量配筋的情况下，能生产薄壁制品和具有创新性截面形状的构件。混凝土强度提高的同时，结构构件的断面减小、自重减轻，故可替代工业厂房的钢屋架和高层建筑的钢结构，进入现有高强混凝土不能进入的领域，从而可以降低工程的综合造价。

② UHPCC 属于高断裂能材料，其断裂能和抗弯强度接近于铝，比钢低一个数量级；与普通水泥混凝土相比，抗弯强度高一个数量级，断裂能高两个数量级以上。用 UHPCC 制作构件，比钢结构的单价低，比用钢筋混凝土和预应力混凝土时的尺寸和质量几乎少 50%。此外，利用 UHPCC 的超高性能，将其用作镶面材料，可提高表层混凝土的抗压、耐磨、耐蚀、抗气渗等功能。

③ UHPCC 的优越性能使其在石油、核电、市政、海洋等工程及军事设施领域有广泛的应用前景。例如，利用 UHPCC 的高抗渗性与高冲击韧性，制造放射性核废料的储存容

器；由于其良好的耐磨性能和低渗透性，可以用于生产各种耐腐蚀的压力管和排水管道；UHPCC早期强度高，后期强度发展空间大，在补强和修补工程中可替代钢材和昂贵的有机聚合物。

超高性能水泥基复合材料的成型方法主要有两种：其一是“先干后湿”拌合工艺（图5-21），其二是在UHPCC湿拌的同时，将钢纤维均匀撒入（图5-22）。前一种制备工艺易于达到均匀分布的目的；后一种如无专用设备，大量生产靠人工操作则难以实现。

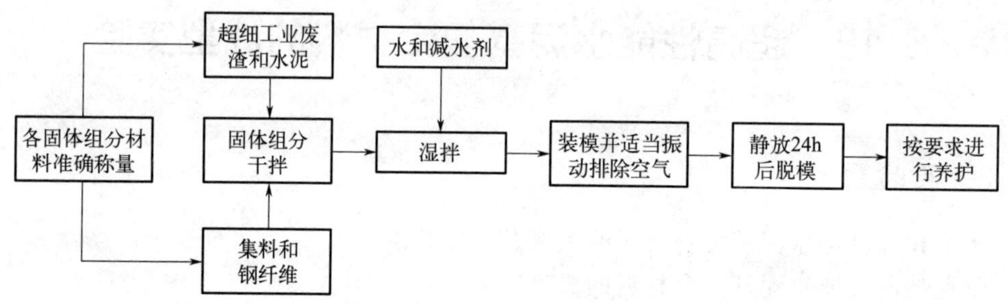

图5-21　先干后湿拌合工艺

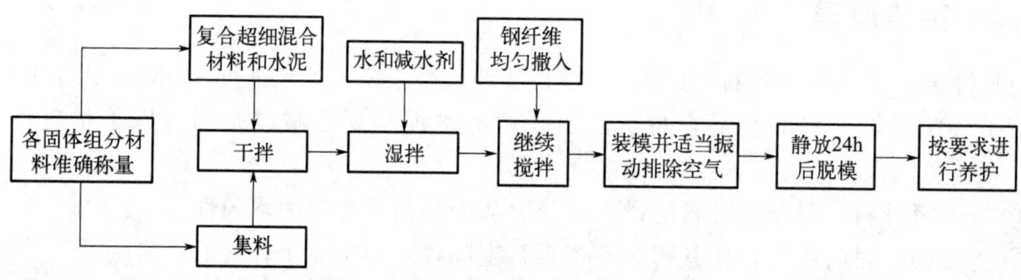

图5-22　湿拌与加钢纤维同步拌合工艺

超高性能水泥基复合材料以其优异的力学性能和耐久性能，在工业和民用建筑的大跨或薄壁结构、国防和人防工程的防护材料、多功能高抗裂轻型复合墙体材料、市政工程材料（压力管、井盖、围栏、雕塑、高速公路标牌和吸音板）及有害废料的固封材料等领域有广泛应用。

下面以纳米SiO_2掺杂超高性能水泥基复合材料为例介绍超高性能水泥基复合材料的成型实验。

5.18.3　实验设备及材料

① 设备：胶砂搅拌机；振动台；试样模具；刮平刀。

② 材料：优质硅酸盐水泥；超细粉煤灰；细集料（最大粒径2.5mm）；纳米SiO_2（平均粒径20nm）；高效减水剂（减水率大于40%）。

5.18.4　实验步骤

① UHPCC材料制备采用先干后湿拌合工艺，即成型过程中先将称量好的原材料（硅酸盐水泥52%、粉煤灰35%，水胶比0.2，胶砂比1∶1.2，外加剂2%）干拌均匀。

② 由于分散均匀的纳米材料可发挥水泥基复合材料的活性，将纳米SiO_2分散均匀混合在水和外加剂混合液中，在超声波下分散20min，随后加入干粉中湿拌3min。

③ 当混合料搅拌进入黏流状态后，继续搅拌 3min，然后在模具中浇注成型，并适当加以振动 1min 以增进密实性。

④ 一天后拆模进行标准养护，即在温度 20℃±2℃、湿度 RH＞95％的标准养护室中养护到规定龄期。

⑤ 到不同龄期后取样进行力学性能及微观性能测试。

5.18.5　实验记录与结果分析

① 记录胶砂搅拌机和振动台型号，记录称量的原材料配比。

② 分组进行实验，记录加入不同量纳米 SiO_2 时的情况，根据所得试样不同龄期的力学性能及微观性能分析纳米 SiO_2 对超高性能水泥基复合材料性能的影响。

5.18.6　注意事项

① 试验用水必须是洁净的纯净水，如蒸馏水。

② 实验室空气温度和相对湿度及养护池水温在工作期间至少记录一次。

③ 如果纳米 SiO_2 粉体与水泥基体的界面结合不够理想，可考虑延长超声波分散时间或对纳米 SiO_2 粉体进行适当表面处理。

5.18.7　思考题

① 可以通过哪些途径或措施获得超高性能水泥基复合材料？

② 超高性能水泥基复合材料相比于传统水泥基复合材料具有哪些优势？

③ 超高性能水泥基复合材料的现状及前景是怎样的？

④ 分析纳米 SiO_2 粉体加入超高性能水泥基复合材料中的作用？

5.19　晶体硅太阳电池板的层压成型实验

5.19.1　实验目的

① 了解层压成型的基本原理及工艺特点。

② 了解晶体硅太阳电池的工作原理。

③ 了解晶体硅太阳电池组件的制作流程。

5.19.2　实验原理

层压成型工艺是将多层附胶片材层叠组成叠合体，并送入层压机内，在一定温度和压力下，压制固化成板材或其他形状简单的复合材料制品的一种方法。这种方法发展较早也比较成熟，所制制品的质量高，也比较稳定。缺点是只能生产板材，而且板材的规格受到设备大小的限制。层压成型采用的增强物主要是棉布、玻璃布、纸张、石棉布等片状材料。选用的树脂大多是酚醛树脂和环氧酚醛树脂。对于要求特殊电性能的制品，可用乙烯-醋酸乙烯酯共聚物（EVA）。

层压成型工艺典型的应用是晶体硅太阳电池板的层压成型。晶体硅太阳电池是以高纯硅为原料通过掺杂制作的半导体复合材料，包括单晶硅太阳电池和多晶硅太阳电池。晶体硅太阳电池的工作原理如图 5-23 所示，可以概括如下：

① 首先是收集太阳光和其他光使之照射到太阳电池表面上。

② 太阳电池吸收具有一定能量的光子，激发出非平衡载流子（光生载流子）——电子-空穴对。这些电子和空穴应有足够的寿命，在它们被分离之前不会复合消失。

③ 这些电性符号相反的光生载流子在太阳电池 PN 结内建电场的作用下，电子-空穴对被分离，电子集中在一边，空穴集中在另一边，在 PN 结两边产生异性电荷的积累，从而产生光生电动势，即光生电压。

④ 在太阳电池 PN 结的两侧引出电极，并接上负载，则在外电路中即有光生电流通过，从而获得功率输出，这样太阳电池就把太阳能（或其他光能）直接转换成了电能。

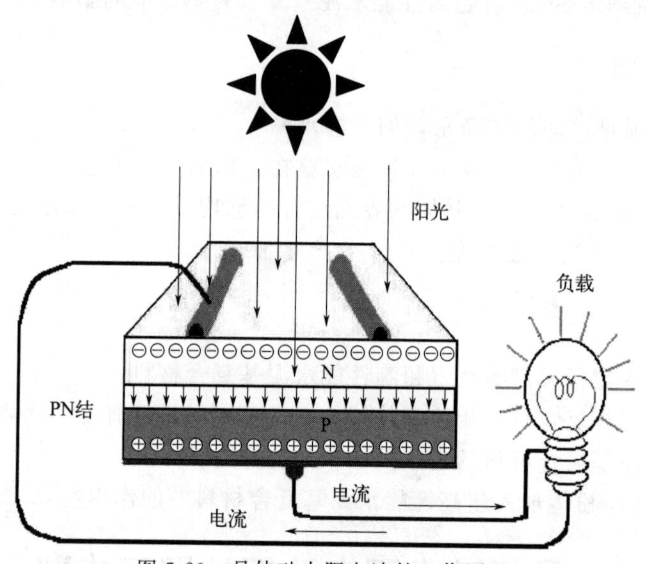

图 5-23　晶体硅太阳电池的工作原理

晶体硅太阳电池板也叫太阳层压板或太阳电池组件，其结构组成如图 5-24 所示，主要由晶体硅太阳电池片、钢化玻璃、聚氟乙烯（TPT）背板、乙烯-醋酸乙烯酯共聚物（EVA）、铝合金边框和接线盒构成。

① 晶体硅太阳电池片。晶体硅太阳电池片的主要作用是把太阳能（或其他光能）直接转换成电能，由若干单体太阳电池片通过串、并联的方式组合而成。这是由于单体太阳电池片的输出电压（约为 0.45～0.5V）、电流（约为 20～25mA/cm^2）和功率（一般只有 1～2W）都很小，很难满足一般用电设备的实际需要，因此不能单独作为电源使用。

② 钢化玻璃。钢化玻璃覆盖在太阳电池组件的正面，构成组件的最外层，是保护电池的主要部分。因此，要求钢化玻璃既要透光率高，尽量减少入射光的损失，又要坚固、耐风霜雨雪、能经受砂砾冰雹的冲击，起到长期保护电池的作用。目前使用的低铁钢化玻璃厚度一般为 3mm 或 4mm，透光率在 90%以上。

③ 聚氟乙烯（TPT）背板。TPT 背板对太阳电池既有保护作用又有支撑作用。对背板要求具有良好的耐候性能，在层压温度下不起任何变化，与黏结材料结合牢固。用于封装的 TPT 至少有三层结构：外层保护层 PVF 具有良好的抗环境侵蚀能力，中间层聚酯薄膜具有良好的绝缘性能，内层 PVF 需经表面处理和 EVA 具有良好的黏结性能。其中 PVF 复合膜要求具有良好的耐气候性能，在层压温度下不起任何变化，与黏结材料结合牢固。

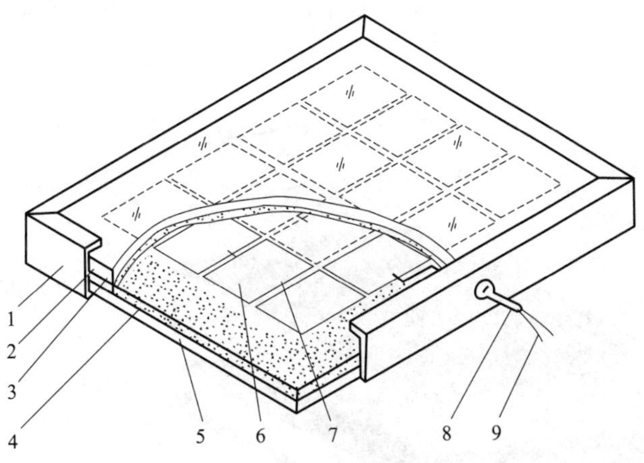

图 5-24　平板式太阳电池组件

1—边框；2—边框封装胶；3—上玻璃盖板；4—黏结剂；5—下底板；
6—硅太阳电池；7—互连条；8—引线护套；9—电极引线

④ 乙烯-醋酸乙烯酯聚合物（EVA）黏结剂。在玻璃与太阳电池及太阳电池与背面之间，需要用黏结剂进行黏合。对黏结剂一般要求其在可见光范围内具有高透光性、弹性、良好的电绝缘性能和化学稳定性，具有优良的气密性以及能适用于自动化的组件封装。目前在标准太阳电池组件中使用的 EVA 胶膜具有透明柔软、熔融温度比较低、流动性好、有热熔黏结性等特征，符合太阳电池封装的要求。

⑤ 铝合金边框。平板式组件必须有边框，以保护组件和便于组件与方阵支架的连接固定。边框与黏结剂实现对组件边缘的密封。边框材料主要有不锈钢、铝合金、橡胶以及增强塑料等。太阳电池组件封装中常用的材料是硬质铝合金边框，表面氧化层厚度大于 10μm，可以保证在室外环境长达 25 年以上的使用，不会被腐蚀，牢固耐用。

⑥ 接线盒。接线盒一般由 ABS 塑料制成，并加有防老化和抗紫外辐射剂，能确保太阳电池板在室外使用 25 年以上不出现老化破裂现象。接线柱由外镀镍层的高导电解铜制成，可以确保电气导通及电气连接的可靠。接线盒用硅胶黏结在背板表面。太阳接线盒为用户提供了太阳电池板的组合连接方案，它是介于太阳电池组件构成的太阳电池方阵和太阳充电控制装置之间的连接器，是一种电气设计、机械设计与材料科学相结合的跨领域的综合设计，属太阳组件的重要部件。

下面以晶体硅太阳电池板的制作为例介绍光伏材料层压成型实验。

5.19.3　实验设备及材料

① 设备：层压机。

② 材料：多晶硅太阳电池片；钢化玻璃；聚氟乙烯（TPT）背板；乙烯-醋酸乙烯酯共聚物（EVA）；铝合金边框；接线盒。

5.19.4　实验步骤

① 叠层敷设。将串接多晶硅太阳电池片、钢化玻璃、切割好的 EVA 膜、TPT 背板等材料按照一定的次序铺设好，为层压作准备。钢化玻璃事先涂一层试剂以增加钢化玻璃和 EVA 膜的黏结强度。铺设时保证电池组件串与钢化玻璃等材料的相对位置，调整好电池间

的距离，为层压打好基础。叠层敷设层次自下而上依次是：TPT 背板、EVA 膜、晶体硅太阳电池片、EVA 膜及钢化玻璃（图 5-25）。

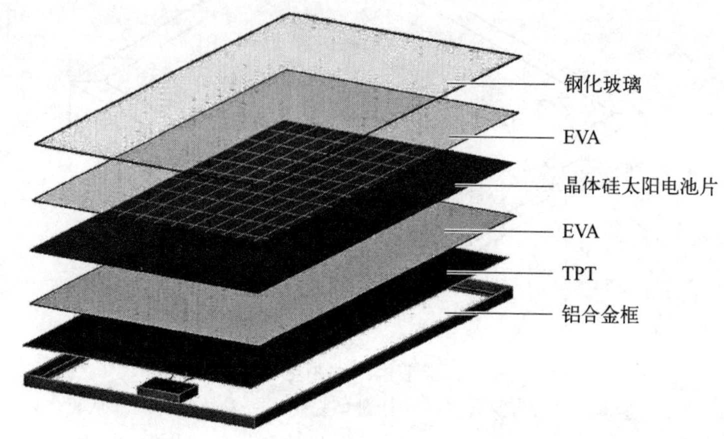

图 5-25 太阳光伏组件结构

② 层压封装。将铺设好的电池放入层压机内，通过抽真空将组件内的空气抽出，然后加热使 EVA 熔化将电池、玻璃和背板粘接在一起；最后冷却取出组件。层压工艺是组件生产的关键一步，层压温度、层压时间根据 EVA 的性质决定。一般使用快速固化 EVA 时，层压循环时间约为 25min，固化温度为 150℃。

③ 修边。层压时 EVA 熔化后由于压力而向外延伸固化形成毛边，所以层压完毕后应将其切除。

④ 边框封装。类似于给玻璃装一个镜框；给玻璃组件装铝合金边框，以增加组件的强度，进一步密封电池组件，延长电池的使用寿命。边框和玻璃组件的缝隙用聚硅氧烷树脂填充，各边框间用角键连接。

⑤ 粘接接线盒。在组件背面引线处粘接一个盒子，以利于电池与其他设备或电池间的连接。

⑥ 组件测试。测试的目的是对电池的输出功率进行标定，测试其输出特性，确定组件的质量等级。

5.19.5 实验记录与结果分析

① 记录层压机型号，以及多晶硅太阳电池片串联数量，测量钢化玻璃、聚氟乙烯（TPT）背板和乙烯-醋酸乙烯酯共聚物（EVA）膜的尺寸。

② 分组进行实验，记录不同加热温度，根据测试组件的开路电压、短路电流和输出功率分析加热温度对晶体硅太阳电池板性能的影响。

③ 分组进行实验，记录不同层压压力，根据测试组件的开路电压、短路电流和输出功率分析层压压力对晶体硅太阳电池板性能的影响。

④ 分组进行实验，记录不同层压时间，根据测试组件的开路电压、短路电流和输出功率分析层压时间对晶体硅太阳电池板性能的影响。

5.19.6 注意事项

① 由于太阳电池属于高科技产品，生产过程中一些细节问题，甚至一些不起眼的问题，

如应该戴手套而不戴、应该均匀地涂刷试剂而潦草完事等，都是影响产品质量的大敌，所以除了制订合理的制作工艺外，实验的认真和严谨是非常重要的。

② 组件的电池上表面颜色应均匀一致，无机械损伤，焊点及互连条表面无氧化斑。

③ 组件的每片电池与互连条应排列整齐，组件的框架应整洁无腐蚀斑点。

④ 组件的封装层中不允许有气泡或脱层，否则在某一片电池与组件边缘会形成一个通路。

5.19.7　思考题

① 晶体硅太阳电池 PN 结的内建电场在光照时起什么作用?

② 晶体硅太阳电池板层压封装时对各材料有什么性能要求?

③ 层压成型工艺除了制作太阳电池板，还能制作哪些产品或器件?

5.20　纳米 TiO_2 染料敏化太阳电池的制作实验

5.20.1　实验目的

① 了解染料敏化纳米薄膜材料的基本性质。

② 了解染料敏化纳米薄膜太阳电池的工作原理。

③ 了解染料敏化纳米薄膜太阳电池的制作流程。

5.20.2　实验原理

在薄膜太阳电池中，染料敏化太阳电池（dye-sensitized solar cell，DSSC）的发电原理不同于传统的 PN 结太阳电池，它主要是一种模仿光合作用原理的新型太阳电池。染料敏化太阳电池是以低成本的纳米二氧化钛和光敏染料为主要原料，模拟自然界中植物利用太阳能进行光合作用，将太阳能转化为电能。

与传统的硅系太阳电池相比，染料敏化纳米薄膜电池具有以下优势：

① 制备工艺简单，成本低。与硅系太阳电池相比，燃料敏化太阳电池没有复杂的制备工艺，也不需要昂贵的原材料，工艺链不长，容易实现成本低的商业化应用。据估计燃料敏化太阳电池的制造成本只有硅系太阳电池的 1/10～1/5。

② 对环境危害小。在硅电池制造中，所用的原料四氟化碳是有毒的，且需要高温和高真空，同时这一过程中需要耗费很多能源；而燃料敏化太阳电池所用的二氧化钛、染料等是无毒的，对环境没有危害，不存在回收问题。

③ 效率转换方面基本上不受温度影响，而传统晶硅太阳电池的性能随温度升高而下降。

④ 光的利用效率高，对光线的入射角度不敏感，可充分利用折射光和反射光。

燃料敏化纳米薄膜太阳电池的工作原理与传统硅太阳电池不同。传统硅太阳电池 PN 结形成电动势主要靠“内建电场”，而染料敏化太阳电池主要靠电子的扩散作用形成电流，类似于光合作用的原理。染料敏化太阳电池的工作原理如图 5-26 所示。在太阳光的照射下，吸附在纳米 TiO_2 表面的光敏染料分子吸收光子能量后，电子由基态（S）跃迁到激发态（S^*）。由于激发态不稳定，释放的电子快速注入到紧邻的 TiO_2 的导带上，此时染料呈氧化状态（S^+）。进入 TiO_2 导带中的电子由于扩散作用进入 TCO 光导电极，然后通过外回路产生光电流，最后到达辅助电极。而被氧化了的染料分子（S^+）会接收来自电解液扩散过来的 I^- 的电子，并还原到基态（S），使染料分子得到再生，I^- 被氧化成 I_3^-；同时电解质中的 I_3^- 会接收辅助电极的电子而重新还原为 I^-，这样就形成了一个完整的循环。在整个过程中，表观上化学物质没有发生变化，而光能转化成了电能。

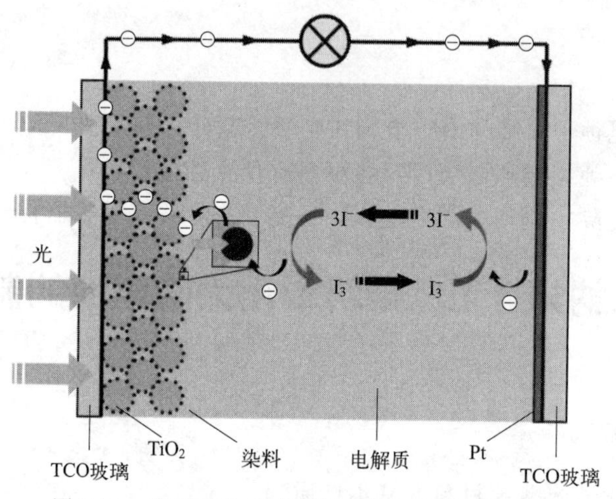

图 5-26 染料敏化纳米薄膜太阳电池的工作原理

染料敏化纳米薄膜太阳电池的结构如图 5-27 所示，主要由透明导电玻璃基板（TCO）、纳米多孔半导体薄膜（如 TiO_2）、染料光敏化剂、电解质溶液和透明辅助电极组成。氧化铟锡（ITO）是常见的 TCO 材料，它在室温时电阻很低，但电阻会随着温度而明显地增加，实际应用中常用掺杂氟的氧化锡（FTO）；纳米多孔 TiO_2 薄膜属于宽带隙半导体（禁带宽度 3.2eV），具有较高的热稳定性和光化学稳定性，不能被可见光激发，但可将合适的染料光敏化剂吸附到这种半导体的表面上，借助于染料对可见光的强吸收，可以将带隙半导体拓宽到可见区，这种现象称为半导体的敏化作用。在透明导电玻璃（TCO）上镀一层多孔纳米晶 TiO_2 薄膜，热处理后吸附上起电荷分离作用的单层染料构成阳极，阴极则由镀有催化剂（如铂 Pt）的导电玻璃构成，两个电极中间充有具有氧化还原作用的电解液（如 I^-/I_3^-），经过密封剂封装后，从电极引出导线即构成染料敏化纳米薄膜太阳电池。

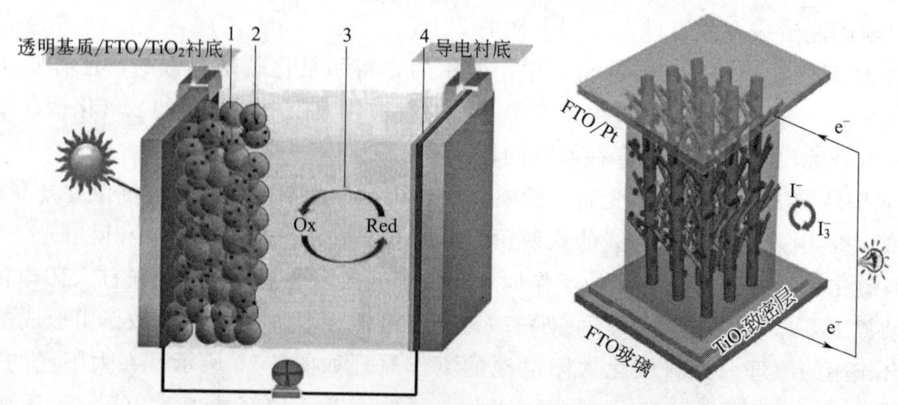

图 5-27 染料敏化纳米薄膜太阳电池的结构

1—纳米晶 TiO_2 薄膜；2—染料；3—氧化还原电解质；4—对电极

下面以纳米 TiO_2 染料复合膜为例介绍染料敏化纳米薄膜太阳电池的制作实验。

5.20.3 实验设备及材料

① 设备：万用表；酒精灯；导电玻璃；电子天平。

② 材料：FTO 玻璃纳米 TiO_2 粉末；硝酸或乙酸；染料（黑莓、山莓、石榴籽或红茶）；石墨棒或软铅笔；含碘离子的溶液；灯泡。

5.20.4 实验步骤

① FTO 玻璃的清洗。将透明 FTO 玻璃分别用丙酮、乙醇、去离子水各超声清洗 5min 并用吹风机吹干，用万用表测其电阻确定导电面。

② 制作二氧化钛膜。称取适量二氧化钛粉放入研钵中，一边研磨一边逐渐加入硝酸或乙酸（pH 值为 3～4），研磨均匀；取一定面积的导电玻璃（透明导电玻璃上已经事先镀有一层透明导电膜二氧化锡 SnO_2），在上面滴 TiO_2 溶液，并用玻璃棒缓慢滚动使其涂覆均匀，再把二氧化钛膜放在酒精灯下烧结 10～15min，然后冷却。

③ 利用天然染料为二氧化钛膜着色。在新鲜或冰冻的黑莓、山莓和石榴籽上滴 3～4 滴水，再进行挤压、过滤，即可得到所需要的初始染料溶液。然后把二氧化钛膜放进去进行着色，大约需要 5min，直到膜层变成深紫色。如果膜层两面着色不均匀，可以再放进去浸泡 5min，然后用乙醇冲洗，并用柔软的纸轻轻地擦干。

④ 制作反电极。太阳电池既需要光阳极也需要一个对电极才能工作。由染料着色的 TiO_2 复合膜为电子流出的一极（即负极）。对电极又称为反电极，是由导电玻璃的导电面（涂有导电的 SnO_2 膜层）构成，利用一个简单的万用表就可以判断玻璃的哪一面是可以导电的，利用手指也可以做出判断，导电面较为粗糙。在非导电面标上“+”，然后用石墨棒或软铅笔在整个反电极的导电面涂上一层碳膜。这层碳膜主要对 I^- 和 I_3^- 起催化剂作用。电极必须用乙醇清洗，并烘干。也可以利用化学方法沉积一层透明致密的铂层来代替碳层作为反电极。

⑤ 加入电解质。利用含碘离子的溶液作为太阳电池的电解质，它主要用于还原和再生染料。一般在二氧化钛膜表面滴加一到两滴电解质即可，由于毛细管作用，电解质很快在电极上均匀扩散。

⑥ 组装电池。把着色后并滴加电解质溶液的二氧化钛膜面朝上放在桌上，然后把正电极的导电面朝下压在二氧化钛膜上。把两片玻璃稍微错开，以便利用暴露在外面的部分作为电极测试用。再利用两个夹子把电池夹住，两片玻璃暴露在外面的部分用以连接导线，这样染料敏化纳米薄膜太阳电池就做成了。

⑦ 将制作的染料敏化纳米薄膜太阳电池放置到室外太阳光下照射，测试其开路电压和短路电流，并在制作的染料敏化纳米薄膜太阳电池的导线上接入灯泡作为负载，观察灯亮情况。

5.20.5 实验记录与结果分析

① 记录万用表型号以及称量的原材料配比（纳米 TiO_2 粉末及染料）。

② 分组进行实验，记录加入不同含量纳米 TiO_2 时的情况，根据测试的开路电压、短路电流和灯泡光亮情况，分析纳米 TiO_2 含量对染料敏化纳米薄膜太阳电池的影响。

5.20.6 注意事项

① 制作二氧化钛膜时，注意清洗后的 FTO 需用镊子夹取，不要用手触碰，以免污染；使用纳米 TiO_2 糊状物之前要充分搅拌，防止有气泡影响结果；涂布后可查看玻璃电极的背面，检查是否有气泡产生；待 TiO_2 薄膜自然晾干后再进行随后的操作，以保证 TiO_2 在 FTO 玻璃上具有最佳的吸附效果。通常，TiO_2 糊状物刚涂布后是白色不透明的薄层，晾干后薄层变成半透明状。

② 二氧化钛膜在酒精灯下烧结时，注意样品加热要缓慢升温，以免升温过快使表面开裂；选择合适的降温速率，避免玻璃碎裂；保持电极温度为 70℃左右，以避免因毛细管作用而导致水蒸气被吸收到电极表面。

③ 利用天然染料为二氧化钛膜着色时，加热敏化剂溶液至 60℃可加速浸染过程，该过程也可在室温下进行；浸染时间取决于 TiO_2 薄膜的实际厚度，为保证电极浸染完全，可适当延长浸染时间。

④ 含碘的液态电解质具有腐蚀性，且本身存在不可逆反应，会导致电池寿命缩短。因此，研制固态电解质染料敏化太阳电池是未来的主要研究方向。

⑤ 染料敏化纳米薄膜太阳电池性能测试时，注意测试过程中光源的热量会使电解质降解并蒸发，故电池需要补充新鲜的电解质，补充电解质的电池与新制电池相比前者测试结果较差，这是因为电解质中的挥发性溶剂会使电池缓慢失效，电池正负极退化；如果染料敏化太阳电池在强光下显示零电压，可能是两电极中的一个不是导电玻璃，检查使用的玻璃板表面的电阻；如果染料敏化太阳电池在强光下显示 0.1～0.3V 的电压，可能是碳膜镀层不足或已被破坏，也可能是酸或盐污染了电池；如果染料敏化太阳电池显示的电流微弱，可能是碳膜镀层不足或电解质中 I^-/I_3^- 氧化还原对不足或被分解，这时需检查电解质或重组一个固化密封良好的电池。

5.20.7 思考题

① 染料敏化纳米薄膜太阳电池与传统晶体硅太阳电池在工作原理方面有何不同？

② 除了纳米 TiO_2，还有哪些纳米材料可以与染料形成复合膜用于染料敏化纳米薄膜太阳电池？

③ 染料敏化纳米薄膜太阳电池的现状及发展前景是怎样的？

④ 分析纳米 TiO_2 粉体在染料敏化纳米薄膜太阳电池中所起的作用。

5.21 纳米复合电极材料的纽扣电池制作实验

5.21.1 实验目的

① 了解纳米复合材料的组成及其类型。

② 了解锂离子电池的工作原理及其应用。

③ 掌握锂离子纽扣电池的组成、制作流程及性能测试方法。

5.21.2　实验原理

纳米复合材料是以金属、树脂、橡胶、陶瓷或碳材料等基体为连续相，以纳米尺寸的金属、金属氧化物、半导体、刚性粒子和其他无机粒子、纤维、碳纳米管等功能体为分散相，通过适当的制备方法将功能体均匀性地分散于基体材料中，形成一种含有纳米尺寸材料的复合体系，这一体系材料称为纳米复合材料。由于纳米材料具有块体材料所不具备的量子尺寸效应、小尺寸效应、表面效应和宏观量子隧道效应，因此纳米复合材料展现出了许多传统复合材料所不具备的优异性能。

纳米复合材料按复合形式可分为 4 种类型：

① 0-0 复合，即不同成分、不同相或不同种类的纳米粒子复合而成的纳米固体，这种复合体的纳米粒子可以由金属与金属、金属与陶瓷、金属与高分子、陶瓷与陶瓷、陶瓷与高分子等构成。

② 0-2 复合，即把纳米粒子分散到二维的薄膜材料中，它又可分为均匀弥散和非均匀弥散两类，这类材料称为纳米复合薄膜材料。均匀弥散是指纳米粒子在薄膜中均匀分布，可以根据需要控制纳米粒子的粒径及粒间距；非均匀弥散是指纳米粒子随机分布于薄膜基体中。

③ 0-3 复合，即纳米粒子分散在常规三维固体中。另外，介质固体也可以作为复合母体通过物理或化学方法将粒子填充在介孔中，形成介孔复合的纳米复合材料。

④ 纳米插层复合，即由不同材质交替形成的组分或结构交替变化的多层膜，各层膜的厚度均为纳米级。纳米插层复合材料与 0-2 复合材料统称为纳米薄膜材料。

纳米复合材料的一个典型应用是在锂离子电池电极材料中的应用。锂离子电池是一种二次电池（充电电池），它主要依靠锂离子在正极和负极之间移动来工作。在充放电过程中，Li^+ 在两个电极之间往返嵌入和脱嵌，充电时，Li^+ 从正极脱嵌，经过电解质嵌入负极，负极处于富锂状态；放电时则相反。锂离子电池因其工作电压高、能量密度大、自放电率低、对环境友好且无记忆效应等特征而受到广泛重视和利用。在当今社会生产和生活中，由锂离子电池提供能量的器件与设备种类繁多，如手机、笔记本电脑、电动自行车及电动车等。

锂离子电池的工作原理如图 5-28 所示。在锂离子电池中，以含锂的化合物（如层状结构的 $LiCoO_2$）作为正极，以碳素材料（如石墨）或其他材料（如合金材料、金属氧化物材料及碳基复合材料等）为负极，以含锂溶液（如 $LiPF_6$）为电解质。电池进行充电过程中，在外部电场的作用下，锂离子从正极材料 $LiCoO_2$ 中层状排列的钴氧八面体的间隙中脱出，通过电解质的传输，穿过隔膜，进入作为负极材料的石墨的层间；与此同时，$LiCoO_2$ 中的 Co^{3+} 氧化成 Co^{4+}，向外释放出一个电子，在这个过程中电能转化为化学能存储在电池中。在放电过程中，锂离子从石墨负极的层间脱出，通过电解质，重新插入到 $LiCoO_2$ 的八面体间隙中，Co^{4+} 还原成 Co^{3+}；与此同时，负极向外放出一个电子，在外电路中形成电流，将储存的化学能转化成为电能。其电极反应如下：

正极反应：$LiCoO_2 \rightleftharpoons Li_{1-x}CoO_2 + xLi^+ + xe^-$

负极反应：$xLi^+ + 6C + xe^- \rightleftharpoons Li_xC_6$

电池总反应：$LiCoO_2 + 6C \rightleftharpoons Li_{1-x}CoO_2 + Li_xC_6$

当对电池进行充电时，嵌入负极的锂离子越多，充电容量越高。同样，当对电池进行放电时（即我们使用电池的过程），嵌在负极中的锂离子脱出回正极的数量越多，放电容量越高。

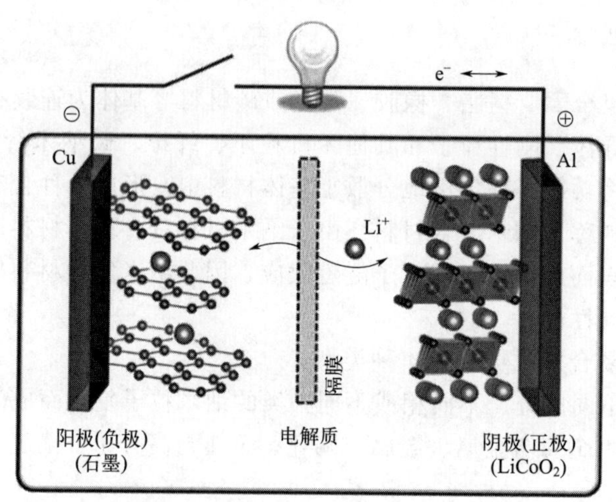

图 5-28　锂离子电池的工作原理

纽扣电池也称扣式电池，是指外形尺寸像一颗小纽扣的电池。纽扣电池因体形较小，在各种微型电子产品（如电脑主板、电子表、电子词典、电子秤、遥控器、电动玩具、心脏起搏器、电子助听器、计数器、照相机等）中得到了广泛的应用。锂离子扣式电池的制作主要分为以下几个步骤：电池设计、正/负极片的涂覆、正负极片的辊压、正/负极片的剪切、电池的组装、电池的封口及电池性能的测试。其中，比较重要的几个工序如下：

① 制浆：用专门的溶剂和黏结剂以及导电剂分别与粉末状的正、负极活性物质混合，经搅拌均匀后，制成浆状的正、负极物质。

② 涂膜：通过自动涂布机将正、负极浆料分别均匀地涂覆在金属箔表面（其中，正极浆料涂覆在金属铝箔上，负极浆料涂覆在金属铜箔上），经自动烘干后，使用切片机剪切制成正、负极极片。

③ 装配：以金属锂片为对电极，在充满氩气的手套箱中组装成纽扣电池。纽扣电池的组装顺序为：正极壳-极片-电解液-隔膜纸-电解液-锂片-负极壳。

④ 电化学性能测试：将装配好并封口的纽扣电池采用相关仪器测试其电化学性能，包括电池容量测试、电池倍率性能测试、电池循环伏安特性测试及电池交流阻抗测试。

壳聚糖（chitosan）是甲壳素 *N*-脱乙酰基的产物，壳聚糖具有生物降解性、细胞亲和性和生物效应等许多独特的性质，尤其是含有游离氨基的壳聚糖，是天然多糖中唯一的碱性多糖。壳聚糖分子结构中的氨基基团比甲壳素分子中的乙酰氨基基团反应活性更强，使得该多糖具有优异的生物学功能并能进行化学修饰反应。此外，壳聚糖分子结构中的氨基基团也为氮掺杂碳材料的制备提供了天然的模板。

下面以基于壳聚糖的纳米复合电极材料为例介绍锂离子纽扣电池的制作实验。

5.21.3　实验设备及材料

① 设备：管式炉；水热反应釜；涂膜机；干燥箱；辊压机；切片机；手套箱；电池性能测试系统；电化学工作站；CR2016 型电池壳；电子天平。

② 材料：羧甲基壳聚糖；十六烷基三甲基溴化铵；四水乙酸钴；正硅酸乙酯；氨水；无水乙醇；去离子水；氢氟酸；黏结剂聚偏氟乙烯（PVDF）；导电剂乙炔黑；*N*-甲基吡咯烷酮（NMP）；电解液 $LiPF_6$；Celgard2400 聚丙烯多孔膜。

5.21.4　实验步骤

① 基于羧甲基壳聚糖氮掺杂多孔碳球的制备。将0.32g十六烷基三甲基溴化铵(CTAB)溶入106mL去离子水和56mL无水乙醇的混合溶剂中，然后加入2mL正硅酸乙酯(TEOS)和2mL氨水搅拌8h形成溶液A；将1g水溶性的羧甲基壳聚糖(黏度10～80mPa·s，羧甲基化度>80%)溶入50mL去离子水中形成溶液B，随后将溶液B倒入溶液A中并在室温下搅拌12h，得到白色悬浮混合溶液；将混合溶液在100℃水浴中搅拌蒸发溶剂后将剩余物于100℃下干燥8h，然后置于管式炉中在N_2气氛下800℃碳化处理4h(升温速率5℃/min)；最后将碳化产物先用10% HF溶液清洗，再使用去离子水清洗，得到氮掺杂多孔碳球。

② 水热法制备氮掺杂多孔碳球/Co_3O_4纳米复合电极材料。将70mg氮掺杂多孔碳球加入70mL无水乙醇中并超声分散30min，再加入0.36g四水乙酸钴、2mL氨水及4mL去离子水后在80℃搅拌20h；然后将此混合物转移到100mL不锈钢反应釜中，在150℃水热反应3h后自然冷却；最后反应产物通过离心分离收集，并用去离子水和无水乙醇各清洗3次，再置于80℃干燥12h，得到氮掺杂多孔碳球/Co_3O_4纳米复合材料。

③ 电极极片的制作。将制备的氮掺杂多孔碳球/Co_3O_4纳米复合材料用于锂离子电池的负极材料(活性材料)，然后将活性材料氮掺杂多孔碳球/Co_3O_4纳米复合材料、导电剂乙炔黑和黏结剂聚偏氟乙烯(PVDF)按照80∶10∶10(质量比)的比例称重。先将活性材料和导电添加剂乙炔黑置于玛瑙研钵中，然后加入黏结剂(PVDF)，在玛瑙研钵中干混、搅拌30min，使得粉体混合均匀；研磨均匀后，滴加适量*N*-甲基吡咯烷酮(NMP)调节黏度，充分搅拌混合均匀获得电极浆料，最终浆料以刚刚流动为宜。浆料调好后，利用涂膜机或刮膜器将混合均匀的浆料涂覆于干燥、平整的集流体铜箔上；将涂好膜的铜箔放入真空烘箱中，于110℃烘干12h，取出后在10MPa下辊压压实；再将压实的电极膜片利用切片机冲切成直径为$\phi=12$mm的圆形电极片，同时切出空白的铜箔圆片，以便准确称量活性物质的量，将冲切的极片放入真空烘箱中，真空60℃烘干4h。

④ 纽扣电池的装配。在充满高纯氩气氛的手套箱中，以金属锂片作为对电极和参比电极，以Celgard 2400聚丙烯多孔膜作为隔膜，以1mol/L的$LiPF_6$/碳酸乙烯酯(EC)+碳酸二甲酯(DMC)+碳酸二乙酯(DEC)(体积比1∶1∶1)作为电解液，由下到上依次按负极壳、锂片、电解液、隔膜、电解液、负极极片、垫片、正极壳的顺序进行装配；将组装好的电池在封口机上压制密封后制得CR2016型纽扣式半电池(图5-29)。

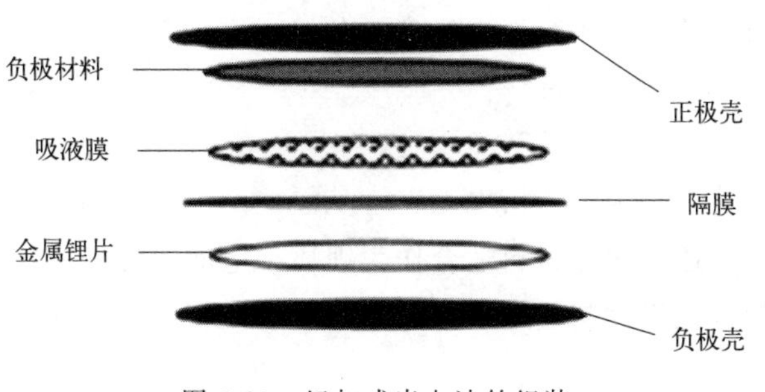

图5-29　纽扣式半电池的组装

⑤ 纽扣电池的电化学性能测试。利用电池测试系统对组装好的CR2016型扣式半电池进行恒流充电/放电测试，测试温度为室温，电压范围为0.01～3V，电流容量为100mA·h/g。充放电测试实验可以研究电池的嵌锂容量、首次充放电效率和循环稳定性能；利用电化学工作站对组装好的CR2016型扣式半电池进行循环伏安（CV）性能测试和交流阻抗性能测试，电压扫描范围为0.01～3V，电压扫描速率为0.1mV/s。

5.21.5 实验记录与结果分析

① 记录材料制备及纽扣电池装配使用的各种仪器设备型号，记录称量的活性物质、导电剂和黏结剂的质量，计算电极极片活性物质的质量。

② 根据测量结果，画出纽扣电池循环充放电20圈的曲线，指出首次放电比容量、首次库仑效率及循环20圈后的比容量。

③ 根据测试结果，画出纽扣电池的循环伏安曲线和交流阻抗曲线。

5.21.6 注意事项

① 负极容量越大，则形成SEI膜时所需要消耗的锂离子就越多，电池的不可逆容量就越大，对电池整体容量的发挥不利。所以在开始电池设计前应熟练掌握锂离子电池的基础知识。

② 在极片的涂覆过程中，极片表面容易产生气泡。因此，将调配的负极材料涂覆到集流体上的过程中，必须保持表面平整，这样才能保证在后续的烘干辊压过程中极片不开裂，以确保能量释放的连续性。

③ 在电池的装配过程中，由于需要在手套箱中组装电池，若操作不熟练，会造成极片错位，这样极易造成电池起始电压以及放电效率低，甚至短路，因此操作时应尽可能地精准。

④ 在电池的测试过程中，容易弄混极片质量和活性物质质量两个概念，造成设置测试条件时出现误差，从而得到错误的测试结果。因此，必须正确计算极片质量和活性物质质量。

⑤ 在电池的测试过程中必须设置电流和电压保护措施。对电池来说，正常使用就是放电的过程，放电电流不能过大，过大的电流会导致电池内部发热，有可能会造成永久性的损害；不能过放电，过度放电会导致不可逆的反应发生，一旦放电电压低于2.7V，将可能导致电池报废。

⑥ 纽扣电池不可堆叠或裸手拿取，注意正负极。

5.21.7 思考题

① 锂离子电池为什么称为“摇椅电池”？

② 除了石墨材料，还有哪些材料适合作为锂离子电池的负极材料？

③ 在锂离子纽扣电池极片制作过程中，导电剂乙炔黑、黏结剂聚偏氟乙烯、*N*-甲基吡咯烷酮分别起什么作用？

④ 如果要求装配正极极片的纽扣电池，其装配顺序与负极极片有差异吗？

5.22　金属-有机框架材料的超级电容器制作实验

5.22.1　实验目的

① 了解超级电容器的结构及其工作原理。

② 了解金属-有机框架复合材料的结构特征。

③ 掌握超级电容器电极的制作流程及性能测试方法。

5.22.2　实验原理

超级电容器是介于蓄电池和传统静电电容器之间的一种新型储能装置，它是一种具有超级储电能力、可提供强大脉冲功率的二次电源。超级电容器主要利用电极/电解质界面电荷分离所形成的双电层，或借助电极表面快速的氧化还原反应所产生的法拉第准电容来实现电荷和能量的储存。与蓄电池和传统物理电容器相比，超级电容器具有功率密度高、循环寿命长、工作温限宽、免维护且绿色环保等优点，在汽车轻型混合动力系统、电脑内存系统、照相机、音频设备和间歇性用电的辅助设施等领域有广阔的应用前景。

超级电容器的结构如图 5-30 所示，由高比表面积的多孔电极材料（一个正极、一个负极）、集流体、多孔性电池隔膜及电解液组成。电极材料与集流体之间要紧密相连，以减小接触电阻；隔膜应满足具有尽可能高的离子电导率和尽可能低的电子电导率的条件，一般为纤维结构的电子绝缘材料，如聚丙烯膜。电解液的类型根据电极材料的性质进行选择。

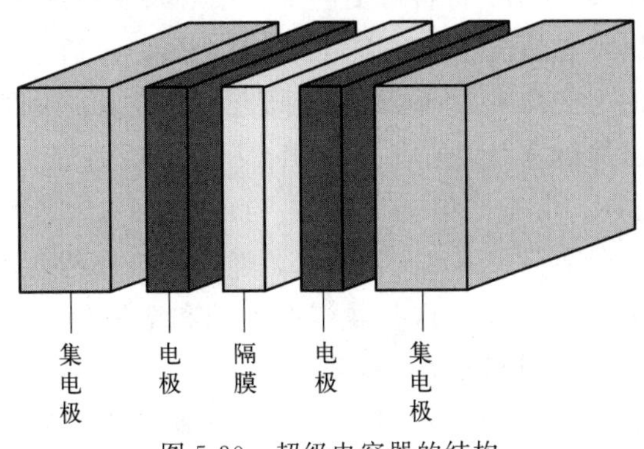

图 5-30　超级电容器的结构

超级电容器的工作原理如下。

① 充电过程（图 5-31）。充电时，电子通过外加电源从正极流向负极；同时，正负离子在固体电极上电荷引力的作用下从溶液体相中分离并分别移动聚集到两个固体电极的表面，形成双电层；充电结束后，电极上的正负电荷与溶液中的相反电荷离子相吸引而使双电层稳定，在正负极间产生相对稳定的电位差。

② 放电过程（图 5-32）。在放电时，电子通过负载从负极流到正极，在外电路中产生电流，正负离子从电极表面释放进入溶液体相呈电中性。这种储能原理允许大电流快速充放电，其容量大小随所选电极材料的有效比表面积的增大而增大。双电层的厚度取决于电解液的浓度和离子大小。

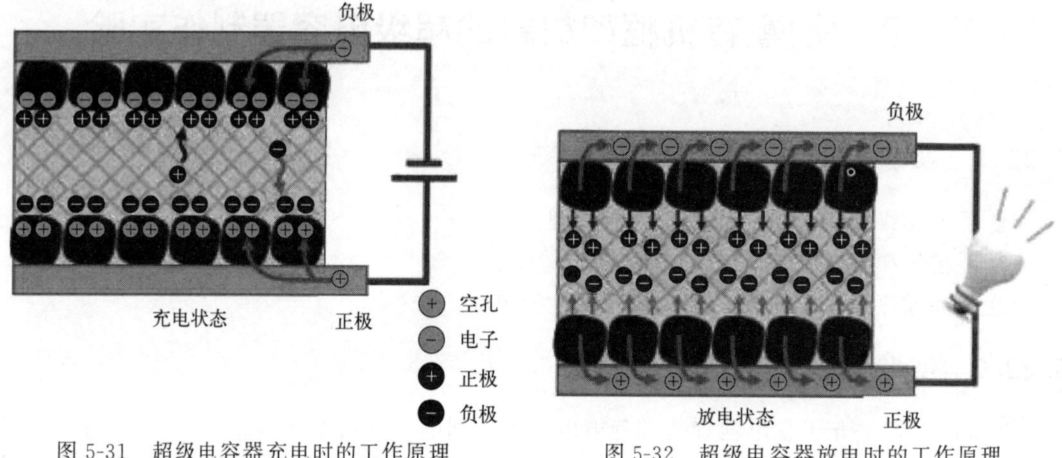

图 5-31 超级电容器充电时的工作原理

图 5-32 超级电容器放电时的工作原理

金属-有机框架（metal-organic Frameworks，MOFs）材料是由有机配体和金属离子或团簇通过配位键自组装形成的有机-无机杂化材料。MOFs 材料的结构特征如下：

① 多孔性及大的比表面积。孔隙是指除去客体分子后留下的多孔材料的空间。多孔性是材料应用于催化、气体吸附与分离的重要性质。材料的孔径大小直接受有机官能团的长度影响，有机配体越长，除去客体分子后材料的孔径越大。在实际应用中，选择不同的有机配体可以得到不同孔径大小的材料。比表面积是评价多孔材料催化性能、吸附能力的另一重要指标。

② 结构与功能多样性。MOFs 材料可变的金属中心及有机配体形成了其结构与功能的多样性。MOFs 材料金属中心的选择几乎覆盖了所有金属，包括主族元素、过渡元素、镧系金属等，其中应用较多的为 Zn、Cu、Fe 等。不同金属的价态、不同配位能力也导致了不同材料的出现，不同官能团的组合大大拓宽了 MOFs 材料的应用范围。

③ 不饱和的金属位点。由于二甲基甲酰胺（DMF）、水、乙醇等小溶剂分子的存在，未饱和的金属中心与其进行结合来满足配位需求，经过加热或真空处理后可以去除这些溶剂分子，从而使不饱和金属位点暴露。这些暴露的不饱和金属位点可以通过与 NH_3、H_2S、CO_2 等气体配位而达到气体吸附和分离的效果。

与传统的多孔材料如介孔碳、沸石等相比，MOFs 材料不仅具有更大的比表面积，而且其结构、孔径等可由金属离子或有机配体来调节，通过分子设计来实现功能的调控。MOFs 材料可以提供丰富而且分布均匀的活性位点，电解质离子可以在其孔内快速扩散，是理想的超级电容器电极材料。

下面以金属-有机框架 MOFs 材料为例介绍超级电容器的制作实验。

5.22.3 实验设备及材料

① 设备：聚四氟乙烯内衬反应釜；真空干燥箱；磁力搅拌器；电化学工作站及相关电极与耗材；电子天平。

② 材料：六水合硝酸镍 $Ni(NO_3)_2 \cdot 6H_2O$、六水合硝酸钴 $Co(NO_3)_2 \cdot 6H_2O$、均苯三甲酸（H_3BTC）、氢氧化钾（KOH）、聚乙烯吡咯烷酮（PVP）、乙炔黑、无水乙醇

(EtOH)、盐酸（HCl)、丙酮（CH_3COCH_3)、N-甲基吡咯烷酮（NMP)、N,N-二甲基甲酰胺（DMF)；聚偏氟乙烯（PVDF)。

5.22.4　实验步骤

① 球形 CoNi-MOF 的合成。将 0.5g $Co(NO_3)_2 \cdot 6H_2O$ 和 0.988g $Ni(NO_3)_2 \cdot 6H_2O$ 溶于 30mL $V(DMF):V(EtOH):V(H_2O)=1:1:1$ 的混合溶液中，搅拌使其完全溶解，随后加入 0.15g H_3BTC 和 0.5g PVP。剧烈搅拌 30min 后，将澄清混合液转移至 50mL 水热反应釜中，置于 150℃烘箱中保持 24h。待自然冷却后，将反应沉淀物分别用去离子水和乙醇离心洗涤数次，最后 70℃真空干燥得 CoNi-MOF 材料。

② 电极制备。

a. 裁剪 3 片 1cm×2cm 长条状泡沫镍放入乙醇中超声 15min，干燥并称重；

b. 用分析天平称取 2mg CoNi-MOF 材料，按照 MOF 材料：乙炔黑：PVDF 黏合剂＝8：1：1 的质量比混合研磨均匀，取适量 N-甲基吡咯烷酮（NMP）滴加于混合粉末中，搅拌使 PVDF 与 NMP 充分接触，将浆料均匀涂抹于处理好的 3 片泡沫镍上；

c. 将制好的电极放入真空干燥箱中烘干，取出后用粉末压片机压片，并称重。

③ 电化学储能性能测试。

a. 将工作电极、铂丝电极、饱和甘汞电极与电化学工作站连接好，并放入 6mol/L 的 KOH 电解质中；

b. 运行电化学工作站中测试循环伏安曲线程序，电压区间设置为 0～0.6V，电位扫描速度设置为 50mV/s，循环次数设置为 100 次进行活化，然后选不同程序对样品电极进行相关测试。

5.22.5　实验记录与结果分析

① 记录 MDFs 材料制备及超级电容器电极制备使用的各种仪器设备型号，以及称量的 MOFs 材料、碳粉及黏合剂的质量，计算电极极片 MOFs 材料的质量。

② 根据测量结果，画出不同扫描速度下的 CV 曲线图及不同电流密度恒电流充放电曲线图。

5.22.6　注意事项

① 外部环境温度对使用寿命有着重要影响。电容器应尽量远离热源。

② 不可处于相对湿度大于 85%或含有有毒气体的场所。这些环境会导致引线及电容器壳体腐蚀，甚至断路。

5.22.7　思考题

① 超级电容器的充放电原理与锂离子电池有什么不同？

② 除了水热方法，金属-有机框架 MOFs 材料还有哪些制备方法？还有哪些材料适合作为锂离子电池的负极材料？

③ 在超级电容器电极制作过程中，碳粉和黏结剂分别起什么作用？

5.23 纳米 Fe_3O_4 磁流体的制作实验

5.23.1 实验目的

① 了解磁流体的组成及其应用。

② 了解磁流体的制备方法。

③ 掌握纳米 Fe_3O_4 磁流体的制作流程。

5.23.2 实验原理

磁流体又称为磁性液体，它是借助于表面活性剂的作用，将纳米磁性粒子高度均匀地分散在载液中形成的稳定的胶体溶液，在重力、离心力和磁场力的作用下不凝聚也不沉淀，是近年来出现的一种新型功能复合材料，既具有磁性材料的磁性又具有液体的流动性。

磁流体由磁性微粒、表面活性剂和载液组成，三者的关系如图 5-33 所示。

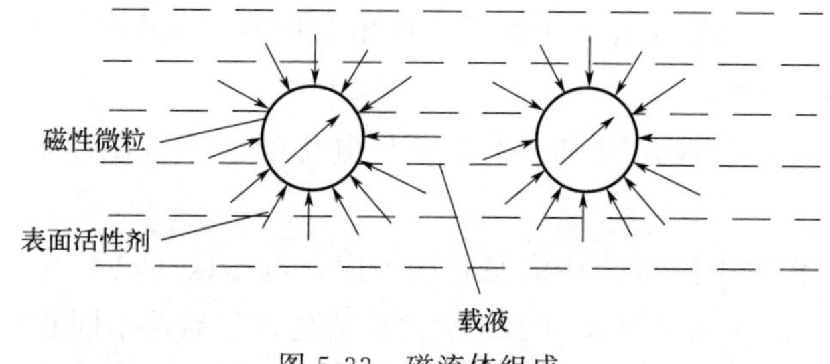

图 5-33 磁流体组成

① 磁性微粒。磁性微粒提供磁流体所具有的磁性，可以是 Fe_3O_4、γ-Fe_2O_3、氮化铁、单一或复合铁氧体、纯铁粉、纯铅粉、铁-钴合金粉等，常用的是 Fe_3O_4 粉。

② 表面活性剂。表面活性剂的作用主要是让相应的磁性微粒能稳定地分散在载液中，这对制备磁流体来说至关重要。典型的表面活性剂一端是极性的，另一端是非极性的，它既能适应于一定的载液性质，又能适应于一定磁性颗粒的界面要求。包覆了合适的表面活性剂的纳米磁性颗粒之间可相互排斥、分隔并均匀地分散在载液之中，成为稳定的胶体溶液。

③ 载液。常用的载液有水、有机溶剂、油等。关于载液的选择，应以低蒸发速率、低黏度、高化学稳定性、耐高温和抗辐射为标准，但同时满足上述条件非常困难。因此，往往根据磁流体的用途及其工作条件来选择具有相应性能的载液。

磁流体与固态磁性材料相比具有超顺磁性、磁光效应、磁热效应、黏磁特性和流变性等性能特点。因此，磁流体在航空航天、电子、化工、机械、能源、制药、分子生物学、密封及环保领域具有广阔的应用前景，同时它也是制备磁性高分子微球的重要原料。磁流体的制备方法主要有研磨法、解胶法、热分解法、蒸发法、放电法等。

① 研磨法。即把磁性材料和活性剂、载液一起研磨成极细的颗粒，然后用离心法或磁分离法将大颗粒分离出来，从而得到所需的磁流体。这种方法是最直接的方法，但很难得到直径 300nm 以下的磁流体颗粒。

② 解胶法。是铁盐或亚铁盐在化学作用下产生 Fe_3O_4 或 γ-Fe_2O_3，然后加分散剂和载

体，并加以搅拌，使磁性颗粒吸附其中，最后加热将胶体和溶液分开，得到磁流体。这种方法可得到较小颗粒的磁流体，且成本不高，但只适用于非水系载体的磁流体的制作。

③ 热分解法。是将磁性材料的原料溶入有机溶剂，然后加热分解出游离金属，再在溶液中加入分散剂后分离，溶入载体就得到磁流体。

④ 蒸发法。是在真空条件下把高纯度的磁性材料加热蒸发，蒸发出来的微粒遇到由分散剂和载体组成的地下液膜后凝固，当地下液膜和磁性微粒运动到下地液中，混合均匀就得到磁流体。这种方法得到的磁流体微粒很细，一般2～10nm的粒子居多。

⑤ 放电法。其原理与电火花加工相仿，是在装满工作液（经常与载体相同）的容器中将磁性材料粗大颗粒放在2个电极之间，然后加上脉冲电压进行电火花放电腐蚀，在工作液中凝固成微小颗粒，把大颗粒滤去后加分散剂即可得到磁流体。

下面以化学沉淀法制备纳米Fe_3O_4颗粒（反应式：$Fe^{2+}+2Fe^{3+}+8OH^- \longrightarrow Fe_3O_4+4H_2O$）为例介绍磁流体的制作实验。

5.23.3 实验设备及材料

① 设备：恒温水浴锅；磁力搅拌器；电动搅拌器；电子天平。

② 材料：$FeCl_3 \cdot 6H_2O$（分析纯）；$FeSO_4 \cdot 7H_2O$（分析纯）；NaOH（分析纯）；聚乙二醇（分析纯）。

5.23.4 实验步骤

① 纳米Fe_3O_4微粒的制备。采用化学沉淀法制备纳米Fe_3O_4微粒，将物质的量浓度$c(Fe^{2+})=0.1mol/L$、$c(Fe^{3+})=0.1mol/L$的溶液加入三口烧瓶中，于30℃边搅拌边滴入$c(NaOH)=1mol/L$的溶液，直至pH≈11，然后将三口烧瓶移入60℃恒温水浴锅中搅拌1h使之熟化；停止搅拌后静置并用强磁体分离出Fe_3O_4微粒，然后用蒸馏水和无水乙醇反复交替清洗至pH=7。

② 纳米Fe_3O_4微粒的表面改性。将所制得的纳米Fe_3O_4微粒加入150g/L的聚乙二醇溶液中，于60℃快速搅拌3h，在强磁场下静置分层，去除上层液体，得到改性好的纳米Fe_3O_4微粒。

③ 磁流体的制备。将改性后的纳米Fe_3O_4微粒加入一定量的蒸馏水中，先用超声波分散15min，再机械搅拌24h，制得固体质量分数约为10%的Fe_3O_4水基磁流体。

5.23.5 实验记录与结果分析

① 记录纳米材料制备及磁流体制备使用的各种仪器设备型号，以及称量的各种化学试剂的质量。

② 将制备的磁流体装入容器中，从容器外部使用磁铁使容器内的磁流体发生各种变形，并拍照或录制短视频。

5.23.6 注意事项

① 人体细胞中富含氢元素，磁场会对其产生影响，从而对神经细胞、肌肉细胞等的发育造成危害。因此，不能长时间接触磁流体。

② 磁流体由直径特别小的（10nm以下）磁性固体颗粒制成，磁流体制作过程中容易将

其误吞，造成窒息、肠穿孔等损伤。因此，在纳米 Fe_3O_4 微粒的制备过程中要加强防护措施。

5.23.7 思考题

① 磁流体中磁性微粒、表面活性剂和载液三者之间的关系是怎样的？

② 除了纳米 Fe_3O_4 微粒，还有哪些磁性材料适合制作磁流体？

③ 分析化学沉淀法制备纳米 Fe_3O_4 微粒的原理。

5.24 阻燃复合材料的熔融共混成型实验

5.24.1 实验目的

① 了解阻燃剂的类型及其阻燃机理。

② 了解几种典型的阻燃复合材料。

③ 掌握熔融共混成型制备 PE/改性水滑石阻燃复合材料的方法。

5.24.2 实验原理

阻燃剂是指赋予易燃聚合物难燃性的功能性助剂，主要是针对高分子材料的阻燃而设计的。阻燃剂按使用方法分为添加型阻燃剂和反应型阻燃剂。添加型阻燃剂是通过机械混合方法加入聚合物中，使聚合物具有阻燃性的。添加型阻燃剂主要有有机阻燃剂和无机阻燃剂，有机阻燃剂是以溴系、磷氮系、氮系和红磷及化合物为代表的一些阻燃剂，无机阻燃剂主要是三氧化二锑、氢氧化镁、氢氧化铝、硅系等阻燃体系。反应型阻燃剂则是作为一种单体参加聚合反应，使聚合物本身含有阻燃成分，其优点是对聚合物材料使用性能影响较小，阻燃性持久。

阻燃剂是通过若干机理发挥其阻燃作用的，如吸热作用、覆盖作用、抑制链反应作用、不燃气体的窒息作用等。多数阻燃剂是通过若干机理共同作用达到阻燃目的的。

① 吸热作用。任何燃烧在较短的时间内所放出的热量是有限的，如果能在较短的时间内吸收火源所放出的一部分热量，那么火焰温度就会降低，辐射到燃烧表面和用于将已经气化的可燃分子裂解成自由基的热量就会减少，燃烧反应就会得到一定程度的抑制。在高温条件下，阻燃剂发生了强烈的吸热反应，吸收燃烧放出的部分热量，降低可燃物表面的温度，有效地抑制可燃性气体的生成，阻止燃烧的蔓延。如 $Al(OH)_3$ 阻燃剂的阻燃机理就是通过提高聚合物的热容，使其在达到热分解温度前吸收更多的热量，从而提高其阻燃性能。这类阻燃剂充分发挥其结合水蒸气时大量吸热的特性，提高其自身的阻燃能力。

② 覆盖作用。在可燃材料中加入阻燃剂后，阻燃剂在高温下能形成玻璃状或稳定泡沫覆盖层，隔绝氧气，具有隔热、隔氧、阻止可燃气体向外逸出的作用，从而达到阻燃目的。如有机磷类阻燃剂受热时能产生结构更趋稳定的交联状固体物质或碳化层。碳化层的形成一方面能阻止聚合物进一步热解，另一方面能阻止其内部的热分解产物进入气相参与燃烧过程。

③ 抑制链反应作用。根据燃烧的链反应理论，维持燃烧所需的是自由基。阻燃剂可作用于气相燃烧区，捕捉燃烧反应中的自由基，从而阻止火焰的传播，使燃烧区的火焰密度下

降，最终使燃烧反应速度下降直至终止。如含卤阻燃剂，它的蒸发温度和聚合物分解温度相同或相近，当聚合物受热分解时，阻燃剂也同时挥发出来。此时含卤阻燃剂与热分解产物同时处于气相燃烧区，卤素便能捕捉燃烧反应中的自由基，干扰燃烧的链反应进行。

④ 不燃气体窒息作用。阻燃剂受热时分解出不燃气体，可将可燃物分解出来的可燃气体的浓度冲淡到燃烧下限以下，同时也对燃烧区内的氧浓度具有稀释作用，阻止燃烧的继续进行，达到阻燃的目的。

添加了阻燃剂，且难燃烧、燃烧时发烟少、产生有害气体少的复合材料称为阻燃复合材料。几种典型的阻燃复合材料如下：

① 添加型硅系阻燃复合材料。该类阻燃复合材料分为有机硅系阻燃剂和无机硅系阻燃剂两大类。有机硅系阻燃剂的研究主要通过改进分子结构、提高分子量等来提高阻燃效果，改善成炭性能和被阻燃材料的加工及物理力学性能。无机硅系阻燃剂的研究，主要是提高其与被阻燃材料的相容性和增加阻燃效率。

② 阻燃聚合物/无机物纳米复合材料。该类阻燃复合材料是将以特殊技术制得的纳米级（至少有一维尺寸小于 100nm）无机物分散于聚合物基体（连续相）中形成的复合材料。当基体中无机物组分含量为 5%～10%时，纳米材料极大的比表面积而产生的一系列效应，使它们具有较常规聚合物/填料复合材料无法比拟的优点，如密度小、机械强度高、吸气性和透气性低等，特别是这类材料的耐热性和阻燃性也大为提高。因此，以聚合物/无机物纳米复合材料作为阻燃材料，不仅有可能达到很多使用场所要求的阻燃等级，而且能够保持甚至改善聚合物基材原有的性能。

③ 石墨阻燃复合材料。可膨胀石墨是近年来出现的一种新型无卤阻燃剂。共混体系中石墨（可膨胀石墨、膨胀石墨）具有吸附作用，当它们与聚合物共混后形成了网络结构。因而，在燃烧过程中起到一定的骨架支撑作用，使得试样燃烧时无滴落，减缓了燃烧的趋势；而且加入石墨（可膨胀石墨、膨胀石墨）后，由于固相碳核的数量增加，它与聚合物燃烧时生成的水以及环境中的水蒸气发生反应生成了 CO_2，所以降低了火焰的强度，增强了气相阻燃作用。

④ 无卤阻燃复合材料。为了防止燃烧产生的烟雾所带来的二次灾害，人们对无卤阻燃材料的使用愈来愈重视，寻求综合性能好的高效无卤阻燃体系，对开发无卤阻燃材料是极为重要的。无卤系阻燃剂的主要品种有氢氧化铝、氢氧化镁和三氧化二锑等。

阻燃复合材料的熔融共混成型又称熔体共混成型，是将共混所需的聚合物组分在它们的黏流温度以上用混炼设备制取均匀聚合物共熔体，然后再冷却、粉碎或造粒的方法。熔融共混成型的优点是对原料在粒度大小和均一性方面的要求不像干粉共混法那样严格，所以原料准备操作较简单。熔融状态下，异种聚合物分子之间打散和对流激化，加之混炼设备的强剪切作用，使得混合效果显著高于干粉共混。此外，它可能形成一部分接枝或嵌段共聚物，从而促进组分间的相容。聚乙烯（PE）作为一种通用热塑性塑料，具有优良的耐低温性和化学稳定性，在日常生活中得以广泛应用，然而 PE 的阻燃性能较差，属于易燃材料。为了改善 PE 的阻燃性能，需要添加阻燃剂，如成本低廉、绿色环保的无机阻燃剂——水滑石。

下面以 PE/改性水滑石阻燃复合材料为例介绍阻燃复合材料的熔融共混成型实验。

5.24.3　实验设备及材料

① 设备：密炼机；平板硫化机；混合机；氧指数测定仪。

② 材料：聚乙烯（PE）；低分子量聚丁烯（LMPB）；水滑石。

5.24.4 实验步骤

① 改性水滑石的制备。采用机械力化学改性的方法将水滑石与LMPB按质量比9∶1在混合机中混合2min即得改性水滑石。

② PE/水滑石阻燃复合材料的制备。将PE分别与未改性水滑石和LMPB包覆改性水滑石按不同质量比在混合机中混合均匀后，于密炼机中熔融共混，制备PE/水滑石阻燃复合材料，密炼机温度设定为190℃，密炼时间为5min。

③ 阻燃性能测试。氧指数测试依据GB/T 2406.2—2009对PE/水滑石阻燃复合材料的阻燃性能进行测试，样条尺寸为80mm×10mm×4mm。

5.24.5 实验记录与结果分析

① 记录密炼机、平板硫化机、混合机及氧指数测定仪的型号，以及称量的聚乙烯（PE）、低分子量聚丁烯（LMPB）及水滑石的质量。

② 分组进行实验，记录PE与LMPB包覆改性水滑石不同质量比熔融共混时的情况，根据测试的氧指数，并将其和PE与未改性水滑石对比，分析聚合物基体与阻燃剂功能体不同配比对其阻燃性能的影响。

5.24.6 注意事项

① 无机阻燃剂及填料与有机聚合物界面相容性差，成型加工时分散效果不佳，会导致物理性能降低。因此，需要对无机阻燃剂及填料进行表面改性。

② 进行材料的阻燃性能测试时注意安全，做好相关防火防护措施。

5.24.7 思考题

① 为什么聚合物本身不能单独作为阻燃材料使用？

② PE/水滑石阻燃复合材料的阻燃机理是什么？

③ PE常用的阻燃剂有哪些？阻燃剂选择注意事项是什么？

5.25 高熵合金的定向凝固成型实验

5.25.1 实验目的

① 了解定向凝固成型的基本原理及方法。

② 了解高熵合金材料的特性。

③ 掌握布里奇曼晶体生长炉的结构及其操作。

5.25.2 实验原理

定向凝固是在凝固过程中采用强制手段，在凝固金属熔体中建立起沿特定方向的温度梯度，从而使熔体在模壁上形核后沿着与热流相反的方向，按要求的结晶取向进行凝固的技术。定向凝固技术的最大优势在于，其制备的合金材料消除了基体相与增强相相界面之间的影响，有效地改善了合金的综合性能。定向凝固技术应用于燃气涡轮发动机叶片的生产，所获得的具有柱状乃至单晶组织的材料具有优良的抗热冲击性能、较长的疲劳寿命、较高的蠕变抗力和中温塑性，因而提高了叶片的使用寿命和使用温度。

实现定向凝固需要两个条件：①热流向单一方向流动并垂直于生长中的固-液界面；②在晶体生长前方的熔液中没有稳定的结晶核心。为此，设计定向凝固炉（图 5-34）时在工艺上必须采取措施避免侧向散热，同时在靠近固-液界面的熔液中应形成较大的温度梯度，这是保证非定向柱晶和单晶生长停止、取向正确的基本要素。

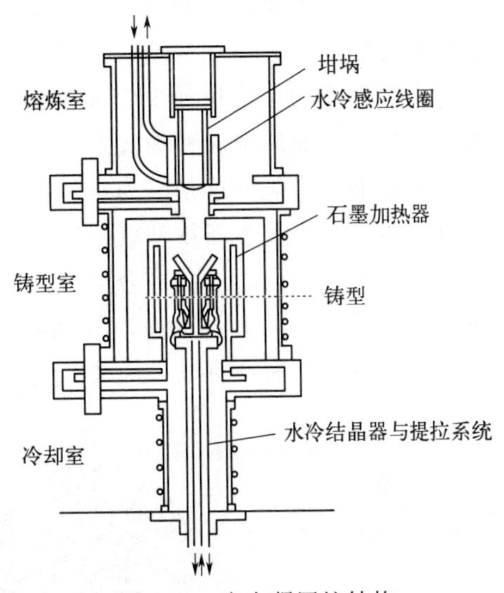

图 5-34　定向凝固炉结构

实现定向凝固应满足凝固界面稳定地定向生长的要求，抑制固-液界面前方可能出现的较大成分过冷区而导致自由晶粒的产生。根据成分过冷理论，固-液界面要以单向的平面生长方式长大时，需要保证 G_L/R 足够大（G_L 为晶体生长前沿液相的温度梯度，R 为界面的生长速度），这就需要通过以下几个基本工艺措施来保证：①严格的单向散热，要使凝固系统始终处于柱状晶生长方向的正温度梯度作用之下，并且要绝对阻止侧向散热，以避免界面前方型壁及其附近的形核和长大；②要减小熔体的异质形核能力以避免界面前方的形核现象，即要提高熔体的纯净度；③要避免液态金属的对流、搅动和振动，以阻止界面前方的晶粒游离。对于晶粒密度大于液态金属的合金，避免自然对流的最好方法就是自下而上地进行单向结晶。

目前，实现合金的定向凝固成型有以下方法：

① 发热剂法。将熔化好的金属液浇入一侧壁绝热、底部冷却、顶部覆盖发热剂的铸型中，在金属液和已凝固金属中建立一个自上而下的温度梯度，使铸件自下而上进行凝固，实现单向凝固。这种方法所能获得的温度梯度不大，并且很难控制，致使凝固组织粗大，铸件性能差，因此，该法不适于大型、优质铸件的生产。但其工艺简单、成本低，可用于制造小批量零件。

② 功率降低法。该法将保温炉的加热器分成几组，保温炉是分段加热的。当熔融的金属液置于保温炉内后，在从底部对铸件冷却的同时，自下而上顺序关闭加热器，金属则自下而上逐渐凝固，从而在铸件中实现定向凝固。通过选择合适的加热器件，可以获得较大的冷却速度，但是在凝固过程中温度梯度是逐渐减小的，致使所能获得的柱状晶区较短，且组织也不够理想。加之设备相对复杂且能耗大，限制了该方法的应用。

③ 高速凝固法。为了改善功率降低法在加热器关闭后冷却速度慢的缺点，在布里奇曼（Bridgman）晶体生长技术的基础上发展了一种新的定向凝固技术，即高速凝固法。该方法的特点是铸件以一定的速度从炉中移出或炉子移离铸件，采用空冷的方式，而且炉子保持加热状态。这种方法由于避免了炉膛的影响，且利用空气冷却，因而获得了较高的温度梯度和冷却速度，所获得的柱状晶间距较长，组织细密挺直，且较均匀，使铸件的性能得以提高，在生产中有一定的应用。

④ 液态金属冷却法。该法是将抽拉出的铸件部分浸入具有高热导率的高沸点、低熔点、

热容大的液态金属中的一种新的定向凝固技术。这种方法提高了铸件的冷却速度和固液界面的温度梯度，而且在较大的生长速度范围内可使界面前沿的温度梯度保持稳定，结晶在相对稳态下进行，能得到比较长的单向柱晶。

定向凝固技术对金属的凝固理论研究与新型高温合金（如高熵合金）等的发展提供了一个极其有效的手段。高熵合金（high-entropy alloys，简称 HEAs）是由 5 种或 5 种以上主要金属元素构成的，且每种主要元素的原子分数在 5%～35%之间（图 5-35）。在过去的概念中，若合金中加的金属种类较多，则会使其材质脆化；但高熵合金和以往的合金不同，有多种金属却不会脆化。这是因为虽然高熵合金组成元素较多，但液态合金的快速降温使其内部的原子还没来得及重新排列就凝固了，被固定在各自的位置，其排列方式依然像液态时那样随机、无序，从而形成高熵合金；此时合金具备了低温下塑性好、不容易因温度过低而脆裂的特性，同时高温下强度高，依然具有较高的机械强度。高熵合金在高温性能、断裂韧性、耐腐蚀性等方面具有显著优势。

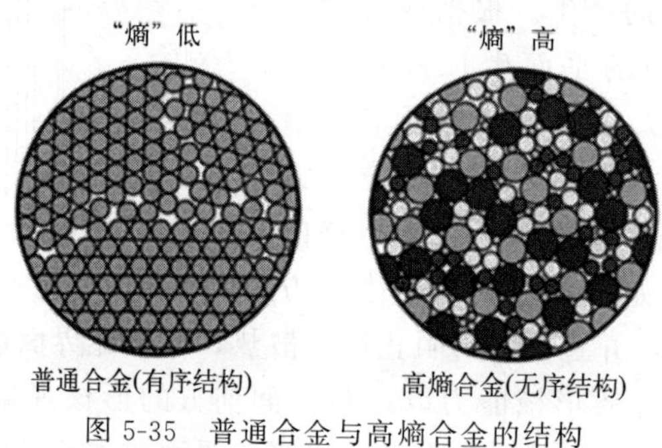

图 5-35 普通合金与高熵合金的结构

高熵合金的优异性能主要体现为四个核心效应：

① 高熵效应。高熵效应是高熵合金的标志性概念，是指在具有 5 个或更多金属元素的近等摩尔合金中，更有利于形成固溶体相而不是形成金属间化合物的一种效应。虽然振动、电子和磁性也影响其熵值，但是最主要的因素仍然是合金的结构。

② 晶格畸变效应。严重的晶格畸变是高熵相中不同原子尺寸导致的。每个晶格位置的位移，取决于占据该位置的原子和局部环境中的原子类型。这些畸变比传统合金严重得多。这些畸变原子位置的不确定性导致合金的形成焓较高，可以降低 X 射线衍射峰的强度、增加硬度、降低电导率、降低合金的温度依赖性。

③ 迟滞扩散效应。在高熵合金中，扩散是缓慢的，在这种迟滞扩散效应的作用下，有助于高熵合金中纳米相及非晶相的形成。

④ 鸡尾酒效应。鸡尾酒效应意指一种协同混合物，最终结果是不可预测，且大于各部分的总和。除了高熵合金，大块金属玻璃、超弹性和超塑性金属也存在鸡尾酒效应。鸡尾酒效应揭示了高熵合金的多元素组成和特殊的微观结构，进而产生非线性的意外结果，为设计具有各种优异性能的高熵合金提供了依据。

$CoCrCuFeNiTi_{0.8}$ 高熵合金是一种由单一面心立方相构成的具有高韧性的合金。高熵合金的性能不仅取决于其相组成，还取决于其加工工艺。其中，利用定向凝固技术不仅能成功地制备高熵合金，还能显著地提高高熵合金的性能。生产中常使用布里奇曼晶体生长炉通过定向凝固技术制备高性能合金。

下面以 $CoCrCuFeNiTi_{0.8}$ 高熵合金为例介绍高熵合金的定向凝固成型实验。

5.25.3　实验设备及材料

① 设备：电弧炉；切割机；布里奇曼炉；XQ-2B 金相试样镶嵌机；金相显微镜；万能力学试验机；电子天平。

② 材料：Co 粉；Cr 粉；Cu 粉；Fe 粉；Ni 粉；Ti 粉（纯度均大于 99.9%）。

5.25.4　实验步骤

① 按 $CoCrCuFeNiTi_{0.8}$ 成分将颗粒状的 Co、Cr、Cu、Fe、Ni 及 Ti 金属粉按摩尔比配制。原料金属粉在使用前需要用酒精和丙酮清洗，以去除表面杂质和油脂。

② 将称取的原料金属粉通过电弧炉熔炼制备铸锭，熔炼过程需在氩气气氛中进行，以避免原料氧化。为了使合金的成分均匀，铸锭需要进行 5 次重复熔炼获得母合金。

③ 使用切割机将熔炼好的母合金切割成棒状试样（7mm×80mm），然后进行定向凝固实验。定向凝固实验使用的是布里奇曼炉，抽拉速率分别为 5.10μm/s 和 25μm/s，温度梯度为 200K/cm。

④ 使用线切割机切割样品，以获得实验所需的横截面与纵截面试样。将切割好的试样放入模具中，并添加适量的金属热固性树脂；将模具放入预热好的 XQ-2B 金相试样镶嵌机加热板上，并轻压使试样与树脂充分接触；待树脂完全固化后，取出模具，将试样从镶嵌模具中取出。然后将镶嵌好的试样先用砂纸打磨再抛光以去除表面划痕；金相试样在观察前需要用王水腐蚀 20s；最后用金相显微镜观察试样的微观组织，使用万能力学试验机测定高熵合金的室温压缩性能。

5.25.5　实验记录与结果分析

① 记录使用的电弧炉、切割机、布里奇曼炉及金相显微镜等仪器型号，以及原料金属粉的配比质量。

② 分组进行实验，记录不同布里奇曼炉抽拉速率时的情况，根据观察的样品金相组织分析布里奇曼炉抽拉速率对高熵合金组织和性能的影响。

5.25.6　注意事项

① 称取高熵合金各原料金属粉进行混合熔炼时务必称量准确，否则将无法得到高熵合金。

② 高熵合金金相样品磨光和抛光必须确保质量，否则将影响高熵合金显微组织的观察。此外，配制王水腐蚀剂时务必小心，做好相关防范措施。

5.25.7　思考题

① 定向凝固成型技术的优点是什么？

② 高熵合金的四个核心效应是什么？

③ 除了定向凝固技术，$CoCrCuFeNiTi_{0.8}$ 高熵合金还有哪些制备方法？

参考文献

[1] 柳秉毅．材料成形工艺基础［M］.3 版．北京：高等教育出版社，2018.

[2] 蒋成禹，胡玉洁，马明臻．材料加工原理［M］. 哈尔滨：哈尔滨工业大学出版社，2003.

[3] 沈新元．高分子材料加工原理［M］.3 版．北京：中国纺织出版社，2014.

[4] 朱和国，王天驰，贾阳，赖建中．复合材料原理［M］.2 版．北京：电子工业出版社，2018.

[5] 尹洪峰，贺格平，孙可为，张强．功能复合材料［M］. 北京：冶金工业出版社，2018.

[6] 林宗寿．水泥工艺学［M］.2 版．武汉：武汉理工大学出版社，2017.

[7] 程新群．化学电源［M］. 北京：化学工业出版社，2018.

[8] 郭连贵，周青，张洪涛．太阳能光伏学［M］. 北京：化学工业出版社，2012.

[9] 雷文．材料成型与加工实验教程［M］. 南京：东南大学出版社，2017.

[10] 戚继球．材料加工成型实验［M］. 徐州：中国矿业大学出版社，2019.

[11] 徐瑞，严青松．金属材料液态成型实验教程［M］. 北京：冶金工业出版社，2012.

[12] 米国发．材料成形及控制工程专业实验教程［M］. 北京：冶金工业出版社，2011.

[13] 李戬．材料成型及控制工程专业实验实训教程［M］. 北京：北京航空航天大学出版社，2019.

[14] 孙建林．材料成型与控制工程专业实验教程［M］. 北京：冶金工业出版社，2014.

[15] 孙德勤．材料基础及成型加工实验教程［M］. 西安：西安电子科技大学出版社，2016.

[16] 夏巨湛．金属塑性成形综合实验［M］. 北京：机械工业出版社，2010.

[17] 钱匡亮．建筑材料实验［M］. 杭州：浙江大学出版社，2013.

[18] 葛山．无机非金属材料实验教程［M］. 北京：冶金工业出版社，2010.

[19] 王涛．无机非金属材料实验［M］. 北京：化学工业出版社，2011.

[20] 孟永德．无机非金属材料综合实验［M］. 广州：暨南大学出版社，2018.

[21] 吴智华．高分子材料加工工程实验教程［M］. 北京：化学工业出版社，2004.

[22] 刘弋潞．高分子材料加工实验［M］. 北京：化学工业出版社，2018.

[23] 陈厚．高分子材料加工与成型实验［M］.2 版．北京：化学工业出版社，2018.

[24] 闫春泽．高分子材料 3D 打印成形原理与实验［M］. 武汉：华中科技大学出版社，2019.

[25] 郭连贵，张洪涛，胡志鹏．泡沫铜与纯铜的钎焊工艺［J］. 焊接技术，2012，41（5）：29-32.

[26] 郭连贵，张洪涛，胡志鹏．泡沫铜与紫铜的钎焊及其应用研究［J］. 焊接，2012，4：39-42.

[27] 刘文勇，李建斌，孙振飞，蒋强国．无压烧结氮化硅陶瓷的致密化过程［J］. 粉末冶金材料科学与工程，2020，25（3）：191-196.

[28] 李晓茸，张武．尼龙 6 的选择性激光烧结成型工艺实验研究［J］. 塑料工业，2020，48（4）：61-66.

[29] 胡文彬，刘业翔，王化章．自蔓延高温合成 Ti/Al_2O_3 金属陶瓷复合材料的研究［J］. 中南矿冶学院学报，1993，24（5）：657-661.

[30] 张军，刘崇宇．粉末冶金法制备 CNT 和 SiC 混杂增强铝基复合材料的摩擦磨损性能［J］. 材料工程，2020，48：131-139.

[31] 帅甜田．真空热压扩散法制备层压编织 C_f/Al 复合材料工艺及组织研究［D］. 南昌：南昌航空大学，2015.

[32] 黄世源，袁丽丽，唐鑫，吴聪．半固态搅拌铸造 TiO_2/A356 复合材料的力学性能研究［J］. 有色合金，2021，70（4）：438-443.

[33] 尹会燕，韩敏芳，缪文婷．轧膜成型法制备 SOFC 支撑电极工艺研究［J］. 稀有金属材料与工程，2008，37：644-647.

[34] 蔡伟金，李青，刘耀，刘绍军．流延制备有序排列石墨烯增韧氧化锆陶瓷的结构与力学性能［J］. 粉末冶金材料科学与工程，2020，25（2）：104-111.

[35] 姚红艳，周文孝，程之强，崔文亮，魏美玲，齐健美，崔唐茵．硅酸铝纤维/石英复合隔热材料的研制［J］. 硅酸盐通报，2006，25（4）：180-183.

[36] 李月，张瑞谦，杨平，陈招科，何宗倍，熊翔．化学气相渗透法制备 2.5D 浅交弯联 SiC_f/SiC 复合材料的结构与力学性能［J］. 粉末冶金材料科学与工程，2018，23（2）：167-171.

[37] 成来飞，解玉鹏，梅辉，张立同．化学气相渗透制备 SiC_w/SiC 层状结构陶瓷［J］. 科学通报，2015，60（3）：

300-308.

[38] 胡海龙，姚冬旭，夏咏锋，左开慧，曾宇平．反应烧结制备 Si_3N_4/SiC 复相陶瓷及其力学性能研究 [J]. 无机材料学报，2014，29 (6)：594-598.

[39] 张勇，程寓，孙士帅，殷增斌．微波烧结 Al_2O_3/TiC 陶瓷刀具切削淬硬钢 40Cr 的试验研究 [J]. 组合机床与自动化加工技术，2017，3：137-139.

[40] 贾哲，姜波，程光旭，杨晓冰．纤维增强水泥基复合材料研究进展 [J]. 混凝土，2007，8：65-68.

[41] 冯雨琛，李地红，卞立波，李紫轩，张亚晴．芳纶纤维增强水泥基复合材料力学性能与冲击性能研究 [J]. 材料导报，2021，35：634-637.

[42] 戎志丹，姜广，孙伟．纳米 SiO_2 和 $CaCO_3$ 对超高性能水泥基复合材料的影响 [J]. 东南大学学报（自然科学版），2015，45 (2)：393-398.

[43] 计亚军，贾承政，邓亚磊．染料敏化太阳能电池的组装与注意要点 [J]. 广州化工，2015，43 (20)：13-15.

[44] 蒋妍．锂离子扣式电池设计、制作与测试实训中的问题探索 [J]. 科教导刊，2020，35：174-176.

[45] 胡志威，孔志博，李霞，王亚珍，胡思前，徐俊晖．金属有机框架材料在超级电容器中的应用研究进展 [J]. 化学与生物工程，2021，38 (2)：1-6.

[46] 谢檩，胡易成，陈世霞，王珺．球形钴镍双金属有机框架材料的制备及其在超级电容器中的应用 [J]. 南昌大学学报（工科版），2020，42 (3)：205-213.

[47] 杨瑞成，郧栋，穆元春．纳米 Fe_3O_4 磁流体的制备及表征 [J]. 兰州理工大学学报，2008，34 (1)：22-25.

[48] 付万璋，詹耿，钟菲，刘海．PE/改性水滑石阻燃复合材料的制备及性能研究 [J]. 现代塑料加工应用，2020，32 (4)：17-20.

[49] 徐义库，李聪玲，黄兆皓，陈永楠，朱丽霞．定向凝固 $CoCrCuFeNiTi_{0.8}$ 高熵合金的组织与力学性能 [J]. 中国有色金属学报，2021，31 (6)：1494-1504.